U0342177

普通高等教育"十四五"规划教材

现代采矿理论与机械化开采技术

李俊平　张遵毅　刘非　汪朝　编著

北　京
冶金工业出版社
2022

内 容 提 要

本书主要介绍了地压控制理论、精细化预裂爆破方法、采场地压控制的特殊方法、极薄矿体开采方法及其实现机械化和无人开采的途径、极破碎松软矿体的机械化开采方法。书中还阐述了智能配(出)矿途径、深部通风与热害防控方法。

本书既可作为高等院校采矿工程专业硕士及博士生的学位课程教材,也可作为高年级本科生选修课教材,并可供采矿工程专业有关技术人员参考。

图书在版编目(CIP)数据

现代采矿理论与机械化开采技术/李俊平等编著.—北京:冶金工业出版社,2022.4

普通高等教育"十四五"规划教材

ISBN 978-7-5024-9100-0

I.①现… II.①李… III.①采矿机械—高等学校—教材 IV.①TD42

中国版本图书馆 CIP 数据核字(2022)第 050365 号

现代采矿理论与机械化开采技术

出版发行	冶金工业出版社	电 话	(010)64027926
地 址	北京市东城区嵩祝院北巷 39 号	邮 编	100009
网 址	www.mip1953.com	电子信箱	service@ mip1953.com

责任编辑 高 娜 美术编辑 彭子赫 版式设计 郑小利
责任校对 梅雨睛 责任印制 禹 蕊
三河市双峰印刷装订有限公司印刷
2022 年 4 月第 1 版,2022 年 4 月第 1 次印刷
787mm×1092mm 1/16;13.75 印张;335 千字;210 页
定价 43.00 元

投稿电话 (010)64027932 投稿信箱 tougao@cnmip.com.cn
营销中心电话 (010)64044283
冶金工业出版社天猫旗舰店 yjgycbs.tmall.com
(本书如有印装质量问题,本社营销中心负责退换)

前　言

　　矿产资源开发与利用是推动人类文明进步的重要动力。每个历史阶段，人类的生活水平和生产力都较前一个阶段有很大提高，主要原因之一就是价值更高、性能更优的矿产资源的开采和利用，为人类提供了效能更高的工具和原材料。纵观历史，非金属矿产资源的开发和利用打开了人类社会文明的大门。旧石器时代，人们发现了石灰石、石英石、砂岩、花岗岩、燧石等非金属矿产；新石器时代，人们借助磨制、钻孔、装木柄等工艺制成了石斧、石锄、带尖石的枪矛等工具，极大地推动了人类社会文明向前发展。随后，金属矿产资源开发促进了人类社会由初级文明向高级文明演化。例如，7000 年前人类发明了铜锡合金，4000 年前尼罗河流域发明了格泽（GERZEH，即匕首）、幼发拉底河流域发明了乌尔（UR，即铁珠），我国商代发明了铁刃青铜，这些都是推动初级文明向高级文明演化的动力。其次，18 世纪末的工业革命使人类开始步入工业文明，也揭开了人类大规模开发、利用矿产资源的新纪元。现代文明有三大支柱，即能源、材料和信息，其中矿产资源是构成能源和材料两大支柱的主体。现代工业 95% 以上的能源、80% 以上的工业原材料、70% 以上的农业生产资料都来自矿产资源。

　　近年来，随着科学技术的发展，通过大量的科技攻关，我国非煤矿山采矿科技水平有了很大提高，取得和创造了许多具有世界先进水平的科技成果、工程速度及效率纪录，并且正在向现代化、机械化和智能化方向迈进。在露天开采领域，国产牙轮钻、潜孔钻等系列化钻机以及新爆破器材、大区多排孔微差爆破、控制爆破技术已在许多矿山获得推广应用，成功研制的大型采、装、运设备和辅助设备已可配套年产 1000 万吨的大型矿山，对露天矿边坡稳定性也能够进行科学设计、测试分析和加固。在井巷掘进领域已逐步实现了机械化作业，如竖井掘进已能够实行机械化配套作业，创造了月成井 100m 的好成绩；重点矿山平巷掘进也已基本上实现了机械化作业。我国黑色金属矿山崩落法占比达到 94.1%；有色金属矿山地下开采约占其采出总矿量的 70%。目前地下开采方法主要包括房柱法、留矿法、阶段矿房法等空场法及充填法、崩落法。针对厚大矿体的露天开采或自然崩落、无底柱分段崩落、有底柱分段崩落、阶段矿方法及充填采矿法开采，已经研发出了可智能控制的凿岩、装药、铲装、锚固、运输、提升、通风、排水等装备，基本掌握了实现全盘机械化采矿或遥控、智能采矿的关键技术。

虽然我国采矿科技水平有了很大提高，但与世界先进水平以及国民经济发展要求相比，还存在一定的差距。加拿大国际镍公司、瑞典基鲁纳（Kiruna）铁矿等国外矿山基本建成了智能化的矿井，除装填雷管与连线爆破外，凿岩、装药、铲装、锚固、运输、提升、通风和排水已基本实现了井下无人或少人作业。我国除个别地下矿山和少数露天矿山实现了遥控凿岩、铲装及无人智能运输外，基本还没有真正的无人或少人智能矿山，还需要充分利用现代化科技成果，探索智能控制的采、掘、支、运、装药等装备的融合与控制技术，探索少人或无人作业智能矿山的建设经验；还需要研究高效率的地下采矿方法，尤其适合小规模矿体机械化采矿的方法，以便实现采矿工艺的现代化和全盘机械化、智能化。

新工科背景下的无人开采、智能开采、绿色开采、深部开采将逐步成为采矿工程发展的方向。如何实现无人开采、智能开采，如何控制深部开采的地压危害及热害，首先必须实现采矿工艺的现代化和设备的机械化。在大规模矿体机械化采矿已基本实现后，1993 年，中国有色金属工业总公司（现中国有色金属工业集团）杨忠炯和何正忠发现，西方国家对于薄窄矿脉采掘机械化发展的总趋势是推进采掘设备微型化、液压化、高效化、无轨化、动力电气化及将双臂液压台车改为单臂。

为了适应薄窄矿脉机械化开采的要求，国外一些矿山、设备公司相继研制、使用了微型或小型液压凿岩台车、无轨化微型铲运机、小型井下自卸汽车。例如：南非 President、Steyn 金矿使用的两台有轨液压凿岩台车，质量只有450kg，最小高度仅 850mm，装有支臂、推进器各两个，台车可在两个方向凿与工作面成 70°的炮孔；秘鲁和加拿大使用宽度仅 950mm、高度不超过 1.85m、长约 4m、斗容 0.4m³ 的微型铲运机，装载 800kg，具有机动性好、生产效率高、成本低的特点，能在约 1.1m 宽的工作面内工作；芬兰、美国、英国的一些矿山已使用了小型井下自卸汽车，用于小断面巷道的运输；瑞典、加拿大及新西兰的一些矿山正在试验单机铰接式液压凿岩台车，该台车可在宽 3.5m、高4.7m 的范围内凿岩，车宽仅 1.22m，整车重 7t，可拆卸成支臂与推进器、前桥、后桥这3大部件，便于在不同的作业面间搬运，凿岩成本大幅度降低。

我国金属矿体的赋存形态极其复杂，不仅有矿体倾角的水平至缓倾斜、倾斜、急倾斜之分，而且还有矿体厚度的厚大、中厚、薄脉和极薄脉之分。除了厚大的铁矿等黑色金属资源外，我国大部分已开采的金、锡、铅、锌、钨等有色金属矿均属薄窄矿脉，这类矿山数量占有色金属矿山数量的80%，尤其部分金矿和绝大多数钨矿，一般矿脉的厚度不超过50cm，几乎达到了微型化矿山采掘机械发展的尺寸极限。针对我国的这些矿床赋存特征，如果照抄西方国家的发展模式，仅重视发展大型、小型和微型化矿山采掘机械，而忽视采矿工艺与方法的变革，很难满足我国薄窄矿脉机械化、智能化开采的发展需要。

充分利用精细化爆破方法，借助精细化预裂爆破提前分离矿岩，并借助抛掷爆破，将采场人工凿岩爆破、人工或半机械化出矿转化为分层、分段或阶段巷道集中凿岩爆破，分层、分段或阶段平底结构等机械化配（出）矿，将是非煤矿山薄窄矿脉、矿岩松软破碎的薄矿脉等实现全盘机械化地下采矿的未来发展方向，这也是未来利用物联网、互联网等技术实现无人、智能开采的必不可少的变革。

因此，在非煤矿山深部地下开采、深凹或大型露天开采中，采场精细化爆破、地压控制、深部通风与热害控制显得尤为重要，它是未来确保安全、高效开采，实现无人化、智能化开采的基础；全盘机械化是实现无人化、智能化开采的工具；智能配（出）矿技术、无人运输技术及机械智能操控技术，是全盘机械化开采转化为无人、智能化开采的唯一途径；装药连线爆破的智能化，是实现无人化、智能化采矿必须突破的瓶颈。

本书紧扣现有地压控制理论，依托精细化预裂爆破等方法及采场地压控制的特殊方法，阐述极薄矿体的开采方法及其实现机械化、无人化开采的途径，阐述极破碎、软弱或不稳固矿体的机械化开采方法，并介绍深部通风及热害防控方法及智能配、出矿等的可能实现途径，以便读者掌握现代采矿理论与新方法，拓展发明、创造思路，为未来采矿方法的发明、创造及改进奠定坚实基础，从而为未来实现无人开采、智能化绿色开采贡献才智。

本书共分七章，分别介绍无人开采、智能化采矿概念及发展现状，地压控制的6大理论及应用概况，精细化爆破方法，采场地压控制的特殊方法，特殊矿体开采方法，智能配、出矿方法及深部通风与热害防控方法。李俊平负责撰写第1~5章，刘非协助整理第3章及第5.3节，汪朝负责编写第6章，张遵毅负责编写第 7 章，全书由李俊平统稿。

　　全书共 32 学时，学习本书的先修课程为"矿山岩石力学""工程爆破""金属矿床地下开采方法""矿井通风""矿业系统工程"。本书的教学目的在于拓宽学生开发特殊矿体开采方法的思路，培养学生实现高效、安全、机械化或无人采矿的能力。因此，教学活动采取老师引讲、学生查阅资料并 PPT 课堂讨论的教学模式。根据学生课堂讨论效果（约 30%）及综述写作情况或结业考试（约 70%）等，评价学习效果。

　　由于作者水平所限，书中不妥之处，诚请读者批评指正。

李俊平

2021 年 9 月于西安

目　　录

1 绪 论

采矿是一个非常古老的产业，但是大数据、云计算、移动互联网等新一代信息技术同机器人、人工智能相互融合，正给全球采矿业带来一场前所未有的革命。实际上，矿业智能化发展并不是从今天才开始的。从20世纪90年代开始，芬兰、加拿大、瑞典等国家为了取得在采矿领域的竞争优势，先后制定了"智能化矿山"和"无人化矿山"的发展规划，开展自动采矿技术研究。21世纪以来，矿山数字化、智能化已成为现代矿山建设的重要标志。

当今遥控采矿、无人工作面甚至无人矿井在加拿大、瑞典、美国、澳大利亚等国已经逐渐成为现实。随着矿产资源开采向深部、海洋甚至太空发展，少人化、无人化作业是未来采矿的必然结果。智能采矿是实现少人化、无人化作业这一目标的重要支撑。

随着信息技术的飞速发展，智能采矿已经成为世界矿业共同关注和优先发展的技术前沿，它的实现将给采矿业带来深远的影响：

（1）实现采矿作业室内化。使大批矿工远离井下工作面，深部开采的工人远离有高温、岩爆危害的恶劣环境。将最大限度地解决矿山井下安全问题。

（2）实现生产过程遥控化。可大幅地减少井下生产人数，降低矿井通风降温费用，全面提高井下的技术装备水平。这对深部开采具有特别重大的意义。

（3）实现矿床开采规模化。智能采矿有利于推进集中强化开采，提高矿山产能，实现矿山规模效益。这有利于使大量低品位金属矿床得以充分地开发利用。

（4）实现技术队伍知识化。传统矿业将向知识型产业过渡，职工素质将大幅提高，工资待遇得到改善。将使矿工这一弱势群体的社会地位得到根本改变。

（5）推动矿业的全面升级。实现矿业的跨越式发展，推动我国从矿业大国向矿业强国过渡。此外，还将带动机械制造与信息技术等产业链的延伸和发展。

随着微电子技术和卫星通信技术的飞速发展，采矿设备自动化与智能化的进程明显加快，无人驾驶的程式化控制和集中控制的采矿设备正逐步进入工业应用阶段，它为智能采矿的实现提供了重要技术条件。

在我国，许多矿山在开采深度增大、开采条件恶化、矿石品位下降、安全环保标准提高、国际金属市场价格波动等情况下，不时陷入困境。针对这种状况，围绕智能采矿开展相关技术研究，转变经济增长方式，逐步提升采矿技术水平，具有重要现实意义。智能采矿是21世纪矿业发展的前瞻性目标，它是个渐进的发展过程，我们首先可在条件较好的大、中型矿山起步，在引进、研发相关智能采矿设备的条件下，开展智能采矿各个专项研究，然后集成已有的研究成果，开辟示范采区，开展综合试验。智能采矿试验可选择采矿工序简单、作业集中、产量大的连续采矿法、自然崩落法、无底柱分段崩落法及平底结构出矿的有底柱分段崩落法、阶段或分段矿房法、两步骤回采的充填法等。这些采矿方法的作业环境比较适应智能采矿的要求，能更好地发挥智能采矿的优越性。

1.1　智能采矿的核心构架

1.1.1　智能采矿的内涵

智能采矿，亦称智能化采矿，又称自动化采矿。在矿床开采中，以开采环境数字化、采掘装备智能化、生产过程遥控化、信息传输网络化和经营管理信息化为特质，以实现安全、高效、经济、环保为目标的采矿工艺过程，称为智能采矿。

智能采矿是世界矿业正在生长发展的、富有知识经济时代特点的采矿模式，其科技内涵大致包括：

（1）矿床建模和矿区绿色开发规划与工程设计；

（2）金属矿山智能化凿岩、装药连线起爆、装载、运输设备；

（3）与智能采矿设备相适应的采矿工艺技术；

（4）矿山通信、视频与数据采集的传输网络；

（5）矿山移动设备遥控与生产过程集中控制；

（6）生产辅助系统随测与设备运行智能控制；

（7）矿山生产计划组织与经营管理信息系统等。

智能采矿是 21 世纪矿业科技创新的重要方向，概括地说，其所追求的综合技术目标是：（1）大型化智能化的遥控采矿装备和与其相适应的高效率采矿技术；（2）矿山生产系统集中控制与生产组织经营管理的信息化和科学化。

1.1.2　智能采矿的核心架构模型

矿山智能化建设需要具备基础信息数字平台、采掘设备智能平台、生产信息管控平台和通信网络传输系统的"三平台一系统"整体结构；还需要融合智能采矿方法和工艺设计，优化采矿工艺参数，从而形成一个闭环的智能采矿架构模型，如图 1.1 所示。以此模

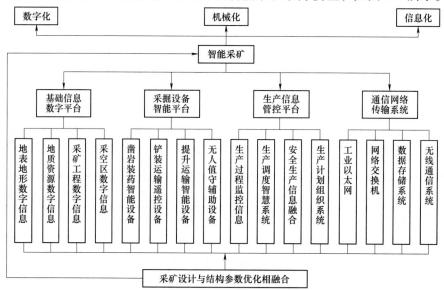

图 1.1　智能采矿架构模型

型架构为蓝图，实现矿山生产信息数字化、生产工艺机械化、生产过程自动化、生产管理智能化和信息传输高速化等特质，以便实现高危岗位的"机械化换人、自动化减人"。

1.2 智能采矿发展现状

从 20 世纪 90 年代开始，芬兰、瑞典、加拿大等国家都先后制定了"智能化矿山"或"无人化矿山"的发展规划，并取得采矿工业的技术竞争优势；后来，南非、澳大利亚、智利、印尼等 10 多个国家也开展了这项研究。下面列举一些国内外的发展实例。

（1）加拿大国际镍公司。1992 年加拿大国际镍公司就研制了一种基于有线电视和无线电发射技术相结合的地下通信系统，并在弗如德·斯托比（Frood Stobie）矿投入试用，这种功能完善的宽带网络与矿山各中段的无线电单元相结合，可传输多频道的视频信号操控每台设备，不仅固定设备已实现自动化，而且除遥控装药以外的其他移动设备，如铲运机、凿岩台车、井下汽车等，均已实现了无人驾驶，工人在地面中央控制室就可直接操作这些设备。例如：该矿使用 tomrock 公司的凿岩机器人进行采矿凿岩，在凿岩地点用一台电视摄像机监视设备，通过宽频带将图像传输到地表控制室的大电视屏幕上，仅凭一个变焦装置便可使操作人员监视凿岩机器人的任何部位，并借助遥控台车操作凿岩机器人凿岩。生产实践表明，每班平均凿岩进度为 132m，比传统液压凿岩台车工人劳动生产率提高 63%，同时每班多运转 1.5h，设备利用率提高了 19%。

（2）瑞典基鲁纳（Kiruna）铁矿。该矿是瑞典国有控股的国际化高科技矿业集团 LKAB 公司旗下的一座地下矿山，位于瑞典北部，深入北极圈内 200km，是世界上纬度最高的矿产基地之一，已探明储量 5.98 亿吨。矿体倾角 50°~70°，走向长 4km，平均厚度 80m，平均埋深 2km，品位 55%~72%。2010 年原矿产量达 2800 万吨/年，品位 65%~68% 的铁精粉达 1700 万吨/年，采纳无底柱崩落法采矿，地表至 775m 水平采纳竖井+斜坡道联合开拓，775m 水平以下采纳盲竖井开拓；矿山的主要运输水平是 1045m 水平，正在开拓 1365m 主运输水平。

凿岩、装运和提升都已实现智能化、自动化作业、无人驾驶，装载和卸载过程远程控制。采用装有三维电子测定仪的凿岩台车凿岩（见图 1.2），可实现激光钻孔精确定位，

(a)	(b)

图 1.2 凿岩台车

（a）掘进台车；（b）深孔台车

4

无人驾驶、遥控凿岩、24h 连续循环作业。巷道掘进采用孔径 64mm、孔深 7.5m 的中深孔掏槽；采场采纳最大孔深 55m、孔径 115mm 的深孔，人工装药车（见图 1.3）装药、连接起爆网络；应用抗水性好、黏度高的乳化炸药爆破，利用分段导爆管雷管或导爆管、导爆索起爆网络。井下破碎站至提升箕斗段矿石采纳胶带智能运输，其他皆为有轨智能运输；实现底卸式矿车、箕斗自动化连续装、卸载；装载和卸载过程实现远程遥控。在铲运机上还装有品位测定仪，能将每铲矿石的品位信息传送到中心计算机，以实现自动配矿和机车调度。

图 1.3　Normet Charmec 600 型深孔装药车及供药车

喷锚网联合支护巷道。喷射混凝土厚一般为 3～10cm，由遥控混凝土喷射机（见图 1.4）施工，锚杆和钢筋网安装使用锚杆台车（见图 1.5）。大量智能遥控机械设备的投入使用，大大减少了支护工作量和成本，提高了支护效果。

图 1.4　遥控混凝土喷射机　　　　图 1.5　锚杆、钢筋网安装台车

（3）智利埃尔·特尼恩特（EL Teniente）铜矿。这是世界最大的地下铜矿，是科德尔科（Codelco）公司仅次于丘基卡马塔露天矿的第二大铜矿，位于圣地亚哥以南 80km 的安第斯山，海拔 1983～2628m。根据科德尔科公司的总体扩建规划，1985 年末采矿和处理能力达到 8 万吨/天，目前已达到 13 万吨/天。

埃尔·特尼恩特铜矿由安斑岩和石英闪长岩这两种含矿岩体的侵入，发生了强烈的蚀变和矿化，形成了巨大的含铂相当高的高品位斑岩型铜矿。主要矿体水平断面为肾状，长约 1800m，宽 300～800m，垂直延深至少 2000m。肾状矿化体四周被布雷登管状安山角砾岩倒锥体所包围。矿山的两座副井开凿在便于通达矿体的这个不含矿的管状岩体中。该矿最早由流亡的西班牙官员于 19 世纪初发现，1906 年威廉姆·布雷登（William Braden）和 E. W. 纳什（E. W. Nash）成立布雷登铜矿公司，开始正规开采。

该矿最早采用留矿法、矿柱崩落法或自然崩落法采矿。由于浅层高品位矿体开采完毕，深层不得不回采品位稍低（0.86%）的坚硬完整原生矿。20 世纪 20 年代开始试验矿块崩落法，1981 年开始引进机械化盘区采矿工艺，2010 年在 4 中段以上全面采用机械化盘区矿块崩落法，并且逐渐演变成重力出矿的矿块崩落法。采下的矿石直接溜进倾角很陡的高溜井，到达主运输水平的装矿横巷装运。目前采场宽 60~80m、长 90~120m、高 120~240m，采用山特维克（Sandvik）的 AutoMine 系统，铲运机、井下汽车、移动破碎锤（见图 1.6）都实现了无人自动与遥控操作。天井钻机配 762mm 扩孔刀后可实现一次性爆破成井。

图 1.6 BTI 移动破碎锤

（4）赞比亚谦比希铜矿。1998 年 6 月中国政府通过国际竞标购得赞比亚谦比希铜矿 85% 的股权，赞占 15% 干股。西矿体走向长 1400~2100m，走向近东西，倾向南，倾角约 30°，真厚度平均 7.36m。矿体中等稳固，底板较稳固，顶板稳固性差~很差。中段按埋深命名。

由于矿体走向长，设计采用 2 条斜坡道+中央副井联合开拓。其中，174 斜坡道作为主斜坡道，中央斜坡道作为副斜坡道，同时兼作上部矿石运输的通道和进风道。中央副井和斜坡道进风、东西两翼回风井抽出式回风，井底水泵集中排水。采用下部废石、上部尾砂加泵压输送的上向进路分层充填采矿法。根据矿体厚度及稳固程度不同采纳单进路沿脉回采或垂直矿体走向多进路两步骤回采，进路尺寸（4.0~6）m×4.0m。矿石采用 LH307 或 410 型柴油铲运机直接装入 MT2010 型井下矿用卡车，经主斜坡道运至 174m 平台，再用装载机装入 30t 的 Bell 型矿车转运至西矿体破碎站。由于进路式充填采矿的采场能力低，无轨设备能力偏小且装矿不配套，3000t/d 难以达产。

用膏体充填替代尾砂充填后中段高度改为 100m；沿矿体走向划分 3 个 360m 长的盘区，采纳盘区独立斜坡道+溜井开拓，每个盘区沿走向布置 2 个采场，回采分层高 5m、分段高 20m、进路尺寸改为（4.5~6）m×4.5m，采场中间联巷与分段联巷连通。增设采区溜井、174m 平台转运溜井及主斜坡道调车硐室，柴油铲运机直接将西矿体 200m 中段以上的矿、废石铲运至采区溜井，经溜井底部振动放矿至 MT2010 型井下矿用卡车，并经主斜坡道转运至 174m 平台转运溜井，最后经振动放矿机放矿至 30t 的 Bell 型矿车转运至西矿体破碎站。西矿体 200m 中段以下矿、废石通过采区溜井下放到 300m 中段，再通过 MT2010 型矿用卡车从 300m 中段运输至主矿体 500m 中段转运溜井，经 500m 中段有轨智能运输到主矿体 3 号竖井溜破系统破碎后提升至地表，缩短无轨运输距离 4.5~5km。改造后达到了 3000t/d 设计产能。

采用 Boomer281 型凿岩台车施工水平平行孔，设计孔数 52~63 个，其中空孔 2 个，孔径 102mm，装药孔孔径为 45mm，周边光爆孔孔距 550mm。采用 Boctec235H 型台车安装管缝锚杆支护采场顶帮，并根据顶板状况补充锚索台车（见图 1.7）施工 4.5m 或 6.5m 长的注浆锚索护顶。安装单根锚索只需 21min。

图 1.7　Cabletec LC 锚索台车

井下固定设施采用融合系统远程监控。融合系统由 SCADA 系统、视频监控系统以及生产调度管理系统组成，实现了透明化生产及协同调度，提高了各种机器设备的利用率，延长了使用寿命，降低了维护费用。

（5）湖北三宁矿业智能采矿。三宁矿业智能采矿的目标是通过对矿井环境监测、通信定位、无线通信等生产子系统远程监控，实现在智能控制中心实施所有设备的状态监视和控制。目前，挑水河磷矿根据岩体力学性质、两步骤充填采矿方法以及凿岩台车一次最大的凿岩宽度，智能优化了采场结构参数；借助每隔 200m 安装的 1 个摄像头，实现了井下布置的 4km 胶带矿石运输系统的远程监控、无人值守；利用智能遥控技术，实现了破碎硐室破碎锤的远程遥控操作；实现了井下风门开关的红外线控制及风量大小的远程控制；但是，凿岩、装药及连线爆破、铲装还有待人工或人工机械操作。

（6）中国"863"项目"地下金属矿智能开采技术"。通过该项目的实施，研制出"智能中深孔全液压凿岩台车""地下高气压智能潜孔钻机""地下智能铲运机""地下智能矿用汽车"和"地下智能装药车"五大智能化无轨装备及泛在信息采集传输控制协议、多层次复合网络传输架构、高实时性移动宽带通信、恶劣环境下网络快速组建与高可靠传输、可视化调度与控制理论、多地质体的工程建模与更新、地下移动设备高精度定位导航、导航路径规划与跟踪控制等关键技术，研发了泛在信息采集系统、井下无线通信系统、地下金属矿开采智能调度与控制系统、设备精确定位与智能导航系统以及智能采矿爆破控制系统五大智能化支撑平台。上述五大智能化无轨装备均可在调度与控制系统的指挥下实现全无人作业和自主行走，且分别具备凿岩台车高精度定位作业、潜孔钻机智能接卸杆和防卡杆、铲运机自动换挡与无人驾驶、铲运机高精度自动称重、铲运机定点卸载、矿用汽车混合动力驱动与智能行驶、装药车自主寻孔与智能耦合装药等功能，实现了地下金属矿关键装备"智能作业"。上述五大智能化支撑平台为五大无轨装备的自动化、智能化和无人化作业提供了技术支撑。

（7）国内外数字化矿山。1999 年首届"国际数字地球"大会上提出了数字矿山（digital mine，简称 DM）概念以来，DM 思想已开始深入人心，DM 科学研究与技术攻关悄然兴起。2004年中国科协专门资助第86次青年科学家论坛讨论"数字矿山战略与未来发展"。目前，中南大学王李管团队开发的DIMINE软件，是非煤矿山应用领域最广、最成熟的软件，它包括系统核心模块、测量应用模块、地质勘探数据分析及矿床建模与储量计算模块、开采设计模块、生产进度计划编排、矿井通风网络设计与优化模块、输出模块等7个模块，集勘测数据三维可视化建模、矿床开采实时设计与计划编排、出图于一体。在DIMINE软件的基础上，王李管团队又研发了"深部金属矿集约化连续采矿理论与技术"，提出旨在有效控制"三高"灾害风险的深部矿床集约化连续采矿新模式。该模式以多个采区组成的大矿段为回采单元，采用智能采掘装运设备和管控技术，将采切、凿岩、爆破、出矿、充填等工序依次在各采区连续协同推进，实现大矿段连续回采，解决深部金属矿安全高效经济开采难题。

总之，国外开展智能采矿研究已有近30年的历史，已经取得了丰富的成果；我国智能采矿研究虽起步较晚，近年也取得了一系列成果。即使如此，目前国内外装药，尤其连线起爆还依赖人工作业；目前国内外矿山仍处于建设"无人矿山"的初级阶段。在此阶段无人采矿的核心技术仍然是传统采矿工艺和生产组织管理的自动化与智能化，而新一代高级无人采矿技术必将涉及采矿工艺及生产过程的自身变革。

1.3 课程学习目标与方法

矿产资源开采是人类获得能源的主要方式，而采矿业也是重要的原料工业之一。近年来，随着全球矿产资源开采领域持续扩展，开采难度不断加大，安全保障意识进一步加强，各国都十分重视采矿业与科技的融合。通过信息化改造传统工业，走工业化与信息化融合的发展道路，是我国矿业未来发展的不二选择。

国家"十三五"规划纲要，对深海、深地、深空、深蓝四大领域做出了重大部署，这是关乎国家命脉、人类未来的战略高地。在"深地"探索领域，矿业面临影响最大，矿业工作者肩负重任。据了解，当前全球采深1000m以上的金属矿山达128座。数量排名前三的国家是加拿大、南非和中国。如果按照现在的发展速度，我国在较短时间内深井矿山数量就会居世界第一。但目前我国矿业工业化尚未完成，正处在重要转折期，一大批"深地"矿业工程正面临种种挑战。首先是受开采环境高应力、高井温、高井深这"三高"及岩性恶化的制约，这些因素可能会诱发岩爆和冒顶，而且导致提升、通风、排水成本大幅提高；其次，"三高"带来的许多科学技术难题，严重影响生产效率和安全，采深越大、难度越大。因此，构建非传统的"深地"开采模式，寻求"智能采矿"技术的新突破，是当代矿业工作者的重大使命，也是"十四五"乃至以后必须落地的紧迫的安全、生产难题。

矿床赋存是一个条件复杂、形态多变、信息隐蔽的大系统，而采矿工程是以矿产资源评估、矿床开采技术和现代经营管理为主线的综合性的工程学科。因此，实现智能采矿需要多学科交叉。这表现在如下三个方面：

（1）在推进智能采矿的过程中，互联网与矿山数字化是基础。矿山数字化为矿山资源评价、开采设计、生产计划管控等提供新的技术平台，互联网为生产过程控制与调度、运输自动化、生产安全和管理决策等提供新的技术平台。它所涉及的领域非常广泛，既需要包括数字矿山、工程地质与水文地质、深井开采地压控制、现代采矿理论与技术、信息与系统工程、机器人与自动控制理论、现代工程管理等多学科交叉与科学技术创新，又需要自动化、信息化、智能化等高技术的强力支撑及多工业部门的密切合作。

（2）在智能采矿实施过程中，采矿工艺变革是核心。它既需要矿业工作者充实、更新智能化的相关知识，更需要在新一代信息技术的基础上，借助矿压理论及精细爆破等新技术，变革矿山设计及施工作业方式，以便实现机械化作业。

（3）在智能采矿实施过程中，采矿工艺机械化是"工具"。各采矿工艺和作业过程首先实现机械化，以智能化装备为工具，否则，智能采矿无从谈起。

借助物联网、互联网技术，智能改造机械作业为无人、智能遥控作业，是高温、高渗透压力、高地压等"三高"环境下克服采矿强力扰动，实现安全、高效、低耗、环保地充分回收利用矿产资源的必由之路。

因此，学习《现代采矿理论与机械化开采技术》，不仅要掌握地压控制理论、精细化预裂爆破方法、地压控制和现代防护方法等现代采矿理论和方法，还要在其指导下，结合智能化采矿的特点，寻求连续采矿法、自然崩落法、无底柱分段崩落及平底结构出矿的有底柱分段崩落法、阶段或分段矿房法、两步骤回采的充填法等传统采矿工艺和生产过程的变革，探索薄脉至极薄脉、极松软破碎等特殊矿体的采矿新工艺及深部通风与热害防控新方法，为非煤矿山建成"智能矿山""无人矿山"奠定基础。

大规模矿体的露天采矿、崩落法采矿、阶段矿方法采矿或充填法采矿，机械化程度较高，解决好凿岩、装药爆破、铲装、运输等作业机械的智能控制与调度管理，实现铲装与称重、品位实时扫描等智能配出矿，就基本建成了"无人矿山"。占我国非煤矿山很大比例的薄脉至极薄脉水平至急倾斜矿体，如部分金、铂、锡矿和几乎所有的极薄脉钨矿等，以及矿岩极破碎、松软的矿体，实现无人化、智能化采矿，还需要创新采矿方法，变革浅孔凿岩等手工采矿工艺，首先实现机械化采矿。这正是开设《现代采矿理论与机械化开采技术》将要面对的主要问题之一，以便彻底打通非煤地下矿山实现机械化采矿的技术瓶颈，为无人化、智能化采矿汇聚力量。

参 考 文 献

［1］原磊．人民日报经济透视：智能化，催生采矿新业态［EB/OL］．人民网-人民日报［2018-04-24］．http：//opinion. people. com. cn/n1/2018/0424/c1003-29944758. html.

［2］李俊平．基于智能采矿的采矿工程本科课程体系探索［J］．中国冶金教育，2020（4）：36～38.

［3］古德生，周科平．现代金属矿业的发展主题［J］．金属矿山，2012（7）：1～8.

［4］金爱兵，赵怡晴，姜琳婧．传统优势非热门学科"新工科"建设［J］．中国冶金教育，2019（4）：58～61.

［5］谢贤平，童光煦．采矿科学和技术向智能化的发展［J］．矿业研究与开发，1996，16（3）：1～6.

［6］吴立新，朱旺喜，张瑞新．数字矿山与我国矿山未来发展［J］．科技导报，2004（7）：29～31.

［7］胡建华，张龙，王学梁，等．井下矿山智能采矿体系的平台架构研究与实现［J］．矿冶工程，2018，38（6）：1～5.

［8］矿道网．我国凿岩技术及设备研发展望［EB/OL］．［2019-09-10］．www. mining120. com/tech/show-htm-itemid-117608. html.

［9］文兴．基律纳铁矿智能采矿技术考察报告［J］．采矿技术，2014，14（1）：4～6.

［10］河北钢铁集团矿业有限公司．瑞典 LKAB 公司基律纳铁矿考察报告［R/OL］．［2017-05-27］.

https：//max. book118. com/html/2017/0526/109362037. shtm.

[11] 方原柏. 金属矿山智能采矿技术的发展［J］. 自动化博览，2018（11）：61~65.

[12] wdyqm 的博客. 世界最大的地下铜矿山——智利埃尔特尼恩特铜矿［EB/OL］.［2010-09-21］. 矿山
档案. http：//blog. sina. com. cn/s/blog_489dd7c80100leyw. html.

[13] 周叔良，王维德. 埃尔特尼恩特——世界最大的地下铜矿［J］. 国外金属矿采矿，1985（8）：
54~56.

[14] 杨清平，陈顺满. 无轨化开采技术在谦比希铜矿的应用与优化［J］. 采矿技术，2019，19（1）：
1~4，9.

[15] 中华人民共和国科技部. 863 计划"地下金属矿智能开采技术"主题项目成果丰硕［EB/OL］.
［2016-07-01］. http：//www. most. gov. cn/kjbgz/201607/t20160701_126230. htm.

[16] 蒋京名，王李管. DIMINE 矿业软件推动我国数字化矿山发展［J］. 中国矿业，2009，18（10）：
90~92.

[17] 王李管. 深部金属矿集约化连续采矿理论与技术项目进展［C］. 中国地球物理学会. 2018 中国地球
科学联合学术年会论文集（四十二）——专题 91：地球科学社会责任、专题 92：深地资源勘查开
采年度进展. 北京：中国和平音像电子出版社，2018，1773.

[18] 谢先启. 精细爆破［M］. 武汉：华中科技大学出版社，2010：213.

[19] 矿业交易网. 智能采矿的发展简述［EB/OL］.［2018-04-07］. https：//www. mining120. com/tech/
show-htm-itemid-99118. html.

2 地压控制理论

本章根据地压分布规律及高应力下矿床开采特征，综述了国内外六种地压控制理论。

2.1 压力拱理论

1879 年 Ritter 从一深埋巷道中观察到上覆岩体对巷道围岩压力的影响微不足道，围岩自身能够支撑覆岩自重。1907 年 M. M. Протодьяконов 创立了普氏理论，认为围岩开挖后自然塌落成抛物线拱形，作用在支架上的压力等于冒落拱内岩石的重力。1928 年 W. Hack 等提出了压力拱概念及压力拱假说。1936 年 Ime 又提出了一些压力拱的观点。

2.1.1 压力拱理论的要点

学者们认为压力拱理论的要点是：地下空间开挖以后覆岩自重重新分布形成了新的平衡的压力拱及拱内部分应力释放区；拱内围岩稍微变形且不再承受拱外上覆岩层的自重；拱外覆岩的自重通过空间四周围岩向下传递到拱脚（拱座），并由采场四周的围岩支撑，在四周围岩中表现为应力集中、轨迹线加密（见图 2.1）；由于顶板弯曲下沉而产生了离

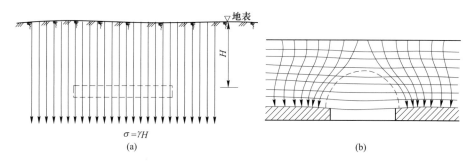

图 2.1　采场支承压力形成过程

（a）自然平衡状态应力轨迹；（b）开挖（采）扰动后应力轨迹

层现象，拱内岩体自下而上分为冒落带、裂隙带和弯曲下沉带（见图 2.2 和图 2.3）。

压力拱理论适合解释开采保护层（解放层）或免压拱内采矿等卸压工艺的力学机制。利用压力拱理论，采矿过程中可将采场和巷道布置在拱内的轻微影响或低压区，以便实现卸压开采。如开采上、下的解放层或保护层；再如先两端巷道式一步骤开采，再在一步骤开采形成的压力拱下进行二步骤卸压开采。

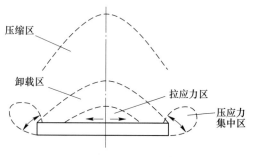

图 2.2　采场顶板应力分区

2.1.2 压力拱理论的工程应用

2.1.2.1 先形成压力拱，再拱下实现卸压开采

湖南锡矿山曾采用免压拱保护，顺利回采了高应力区矿块。如图 2.4（a）所示，当 71～73 采场大冒落后，相邻的 61～69 采场地压剧增，难于回采；当 45～51 采场也冒落后，61～69 采场却可顺利回采。其原因如图 2.4（b）和（c）所示，中间待采矿块先是因高地应力作用而出现大的压缩变形，与此同时顶板也下沉；当顶板下沉出现离层时，小的免压拱合并成大的免压拱，从而使中间待采矿块卸压。

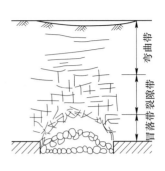

图 2.3　覆岩变形和破坏三带

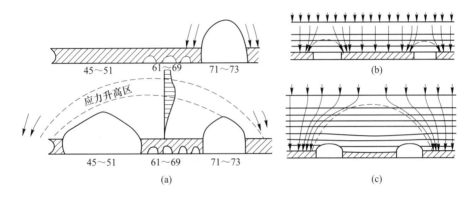

图 2.4　免压拱的形成及免压拱保护下的回采

（a）形成整体大拱的施工过程；（b）未形成整体大拱的地压分布；（c）形成整体大拱的地压分布

在施工中为了判明大的免压拱是否已经形成，可在覆岩中钻观测孔，观测岩层位移或离层情况。法国洛林铁矿曾采用钻孔电视观测发现免压拱内的岩层离层间隙超 0.5m。除此之外，在待采矿块上盘拉切割空间，发现上层采空区或上盘崩落空间也形成了类似的免压拱，使待采矿块均处于其卸压区中。

2.1.2.2 先开采保护层，再在保护层下或上实现卸压开采

华晋焦煤沙曲煤矿地处山西省柳林县地区，矿区可采煤层共 9 层，总厚度约 15.4m，煤质主要为焦煤。经鉴定表明该矿井绝对和相对瓦斯涌出量分别为 479.91m^3/min、103.75m^3/t，煤层透气性系数为 1.78～3.785m^2/（MPa^2 · d），属于典型的低透高突煤层群开采的矿井。该煤矿开采矿井北翼山西组近距离煤层群时，由于矿井南翼未首先开采煤层群上部的 2 号或 3 号薄煤层，当首采 4 号煤层时，本煤层和邻近煤层卸压瓦斯大量涌入工作面，故研究决定开采矿井北翼的山西组煤层群时，先首先开采最上部瓦斯含量较低的 2 号薄煤层，从而为 3 号、4 号煤层的开采形成上部保护层（见图 2.5）。

实践表明，当近距离煤层群以瓦斯含量较低的极薄、薄煤层作为上部保护层进行开采，且留设区段煤柱（见图 2.5（a））时，煤层开采后在遗留煤柱下方的被保护煤层一定范围内将出现卸压盲区，该区域内煤层出现应力集中，煤层进而发生法向挤压变形，导致煤层瓦斯压力和含量增高，后期在开采卸压盲区范围的被保护煤层时，导致煤层开采时存

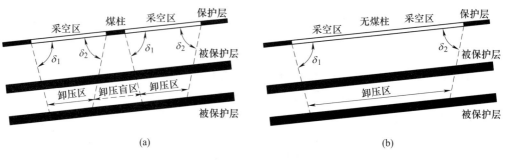

图 2.5　极薄和薄煤层上保护层开采卸压原理图
（a）留煤柱；（b）不留煤柱

在安全隐患；若不留设区段煤柱，煤层开采后在其下方的被保护煤层中将不会出现卸压盲区，不仅充分回收了本煤层的焦煤资源，而且实现了其下保护煤层的全面卸压开采。

根据上部保护层沿倾斜方向的下、上部卸压角（开裂角）δ_1、δ_2 可推导出上部保护层留煤柱开采时，下被保护层中卸压盲区的体积为

$$V = \left[d + l(\cot\delta_1 + \cot\delta_2) \right] LH$$

式中，V 为被保护层中卸压盲区的体积，m^3；d 为上保护煤层留设煤柱的倾斜宽度，m；l 为保护层与被保护层之间的垂距，m；L 为上保护层区段煤柱的走向长度，m；H 为被保护层的煤层厚度，m。

类似地，某煤矿计算了下部保护层在 3307 工作面开采的最小长度 $L_{\min}$，应该为这个下部保护层的 3307 工作面开采后，上覆岩层不断运移最后达到平衡，上部被保护层的被解放范围恰好处在下部保护层 3307 工作面的上部，如图 2.6 所示。

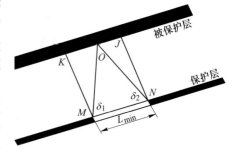

图 2.6　工作面最小长度

$$L_{\min} = l(\cot\delta_1 + \cot\delta_2)$$

式中，$l = KM = JN$ 为保护层与被保护层的垂距，m。

2.1.3　压力拱理论的拱宽、拱高设计

由于采空区上方压力拱的形成，上覆岩层负荷只有少部分（开采层面与拱周边之间包含的岩层质量）作用到直接顶板上，其他覆岩质量会向采区两侧实体岩体（拱脚）转移。英国开采支护委员会认为最大压力拱形状是椭圆形，其高度在采面上、下方分别是采面宽度的 2 倍，如图 2.7 所示。

拱内宽 L_{PA} 主要受埋深 H 的影响，

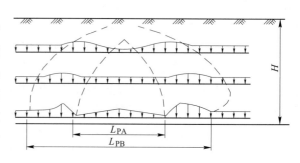

图 2.7　工作面上方的压力拱

拱外宽 L_{PB} 受内组合结构的影响，亦即与支护控制岩层的位移及其几何和力学特性有关。Holland 于 1963 年根据观测资料总结出如下公式：

$$L_{PA} = 3(H/20 + 6.1) \quad (H = 100 \sim 600\text{m}) \tag{2.1}$$

如果采宽大于 L_{PA}，则荷载分布会变得很复杂。该荷载理论几经讨论，多年来人们肯定过也否定过，主要问题在于未考虑岩体内部力学特性（如 C、φ 值，岩体结构面等）和矿柱分布位置的影响，优点是直观、简便。

普氏理论或秦氏理论估算拱宽和拱高的方式更简单，也考虑了 C、φ 值，但仅考虑了普氏系数，计算结果往往很不准确。因此，有人又提出用简化的太沙基理论代替式（2.1），并估算悬空空间的压力拱拱高。

总之，由于岩体赋存环境及结构复杂，还没有统一的理论公式可以合理计算压力拱的拱高、拱宽、压力拱尺寸及借助压力拱理论卸压开采的效果评价还得借助相似模拟、数值模拟或原位测试。

2.2 支承压力理论

在岩层下开掘巷道或硐室时，假设围岩为理想弹塑性介质。Fenner 首先提出轴对称圆形巷道的围岩应力计算方法，随后 Kastner 进行了重要修正，K. B. уппеней 再将 Fenner-Kastner 的轴对称圆形巷道解析解推广到一般圆形巷道和椭圆形巷道，我国学者郑颖人又考虑了凝聚力的影响。萨文采用复变函数保角映射法和光测弹性力学法研究了矩形、直墙拱形等各种形状巷道，并用图表形式给出了它们的应力集中状况。20 世纪 80 年代以来，国内外学者都更注意研究垂直应力在卸压开采中的应用。如德国岩石力学研究中心在面积为 2m×2m 的巷道模型及长达 10m 的采场平面应变模拟试验台上施加千余吨外载，模拟了支架与围岩的相互作用关系，提出用钻孔卸压法控制冲击地压；苏联学者 ШЕМЯКИН 认为钻孔并孔底装药爆破法（钻爆法）能够释放支承压力积聚在巷道围岩中的弹性变形能，并引起支承压力峰值向围岩的深部转移；蒋斌松等针对长圆形巷道，采用摩尔-库仑准则、非关联弹塑性分析获得其应力和变形的封闭解析解，并证明了其围岩出现破裂区后应力才重分布、垂直应力峰值才向围岩深部转移；孟进军等使用复变函数法给出了椭圆形卸压孔的围岩应力分布公式，并发现椭圆卸压孔对水平应力的卸压效果不太明显，对垂直应力的卸压效果很好；陈寿峰等采用全息静光弹实验，模拟了不同围压条件下巷帮钻爆法卸压，发现爆炸空腔与爆生裂隙形成弱化带后，巷道周围应力条纹由无卸压巷道的闭合条纹改变成爆破卸压的发散条纹，巷道周边的应力峰值向围岩深部转移；Wen 等及张兆民认为钻孔直径和孔间距确保钻孔之间因受压而形成基本贯通的弱化带，是实现卸压开采的前提；吴健等用三维相似材料模拟、UDEC 数值模拟计算了工作面前方开凿卸压孔的围岩应力分布；熊祖强等用 FLAC[3D] 静态仿真钻孔爆破卸压，发现端面掘进的超深钻孔达到掘进进尺的 3 倍时卸压效果最好，孔底爆破比仅钻孔不装药爆破的卸压开采效果更明显，巷帮钻孔爆破的卸压效果也不是钻孔越深越好。

2.2.1 支承压力理论的要点

支承压力就是地下空间围岩上高于原岩应力的垂直应力，它仅是围岩地压的一部分。

上述研究进展，奠定了支承压力理论的理论基础。综上所述，认为支承压力理论的要点是：理论核心——地下空间周边的支承压力分布，前提条件——钻孔、切槽或钻孔爆破形成孔间基本贯通的弱化带或大、小断面巷道处在支承压力影响带内，应用基础——钻孔或钻孔爆破引起支承压力降低或向深部转移。

2.2.2　支承压力理论的工程应用

该理论直观表象就是在垂直支承压力的平面内通过切槽、钻孔爆破等形成岩石弱化带而类似于安装一个合适的减震"弹簧"，或使支承压力影响带内掘进的小断面巷道变形而部分释放支承压力。因此，支承压力理论在实际中的应用包括帮墙切槽卸压、钻孔或钻孔爆破卸压、注水软化卸压及在支承压力影响带内掘进小断面巷道实施采掘前移压。

朱万成等应用 RFPA 模拟了水平切槽和不切槽的圆形巷道在垂直加载下的破坏发展过程，发现水平切槽后该圆形巷道的稳定性明显强于不切槽的对应施载工况，如图 2.8 所示。李俊平应用 ANSYS/Ls-DYNA 和 FLAC[3D]动载模块模拟巷帮及掘进端面的钻孔爆破卸压过程，如图 2.9 所示，发现装药越多，卸压效果越好。煤矿和非煤硬岩矿山的现场卸压开采的实践都表明，仅钻孔不爆破，卸压效果短期内很不明显，煤矿软岩的卸压效果也需要等到 2~3 个月后才有微弱显现。具体装药量，要综合考虑爆破振动对巷道帮壁的影响程度而决定。

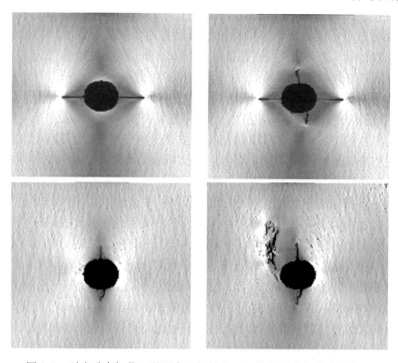

图 2.8　对应垂直加载工况下水平切槽和不切槽的圆形巷道破坏情况

切削卸压或注水软化，是煤矿软岩开采中常用的一种卸压方式，但对非煤矿山硬岩的宏观卸压效果不明显，不过注水软化或施加带压渗流可以引起结构面发育的大理岩的微观声发射现象增多，而且引起其破坏时刻声发射主频最大值较破坏前、后变化不大，如图 2.10 所示，因为不加渗流时岩石破裂前、后的主频最大值一般为 14.89kHz、15.14kHz，

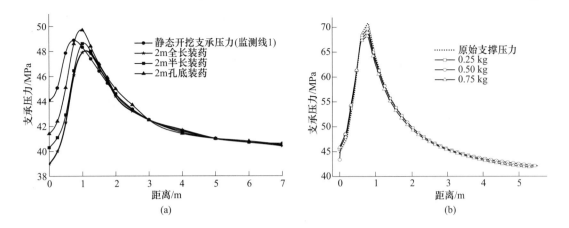

图 2.9 动态模拟巷道掘进端面及巷帮钻孔爆破卸压的效果

（a）掘进端面超深孔装药；（b）巷帮震动孔装药

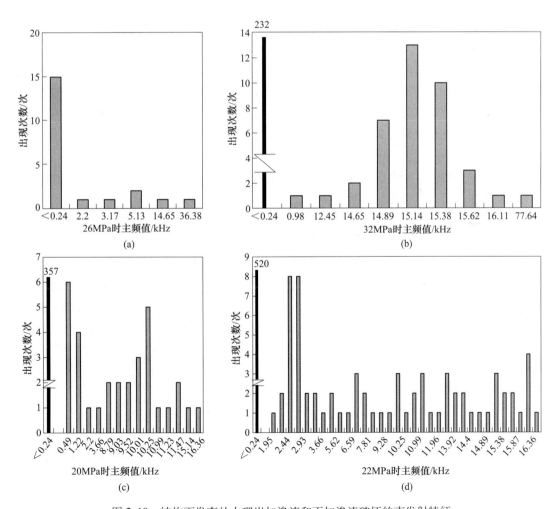

图 2.10 结构面发育的大理岩加渗流和不加渗流破坏的声发射特征

（a）不加渗流初次破裂；（b）不加渗流大范围破裂；（c）加渗流初次破裂；（d）加渗流大范围破裂

但破坏时刻突变到 36.38kHz 或 77.64kHz，加渗流时岩石破裂前、后及破坏时刻的主频最大值一般约为 16.36kHz。

李俊平还借助扇形深孔松动爆破，替代在支承压力影响带内掘进小断面巷道，治理了金川龙首矿的巷道帮臌。如图 2.11 所示，在沿脉巷道两侧的穿脉巷道中，相向施工 3~4 个扇形深孔，并装药松动爆破。一般在巷道帮臌侧或靠近矿体上盘侧的穿脉中实施深孔松动爆破即可。

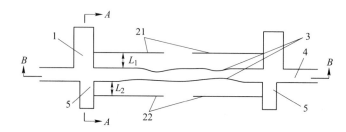

图 2.11　卸压钻孔平面布置示意图
1—川脉（或盘区联络道）；21，22—卸压钻孔；3—帮臌点；4—脉外运输大巷；
5—脉外运输大巷下盘侧卸压钻孔的施工巷道（简称卸压专用施工巷道）

一般孔底间隔约 2m 不穿透，以防非同时起爆时发生爆破冲孔。孔口堵塞黄泥的长度不小于爆破裂纹在该岩体中沿卸压钻孔轴向扩展的深度 $L_{\min}$，以避免深孔松动爆破振动对川脉或盘区联络道造成影响，同时避免炮孔孔口爆破冲孔。按照《卸压开采理论与实践》中爆破裂纹扩展的最小深度公式计算 $L_{\min}$。L_1 不小于爆破裂纹在围岩中沿卸压钻孔径向扩展的深度 R_1，约为 $L_{\min}$ 的 $\sqrt{6}/3$ 倍。

可见，利用切槽、钻孔、钻孔爆破、注水软化与切削帮墙，或在支承压力影响带内掘进小断面巷道，可以削弱不同岩体的支承压力，避免井巷工程过度应力集中。

2.2.3　支承压力峰值及其卸压施工参数设计

应用公式 $k_c = (1+L/b)k_L$、$b/L = k_1 k_r$ 可以估算支承压力的应力集中系数 k_c 及峰值支承压力到巷道周边的近似水平距离或支承压力带的近似宽度 b。式中，k_L 为开采空间的形状影响系数，长、宽比为 1 时 $k_L = 0.7$，长、宽比大于 3 时 $k_L \approx 3$；k_1 为跨度影响系数，$L = 3$m 时 $k_1 = 1$，$L = 30~40$m 时 $k_1 = 0.5$；k_r 为岩性影响系数，硬岩取 0.8，中硬岩取 1.5。

李俊平等应用 ANSYS/Ls-DYNA 和 FLAC^{3D} 动载模块模拟巷帮及掘进端面的钻孔爆破卸压过程，发现掘进端面超深钻孔的深度为掘进循环进尺的 2 倍最好，如图 2.12 所示，这比熊祖强等静态模拟认为的"超深钻孔长度应为掘进循环进尺 3 倍"更准确；发现巷帮震动钻孔的深度处在支承压力峰值位置（$x = 0.8$m）和支承压力区边界（$x = 5.37$m）的中部位置（$x = 3.08$m）时，

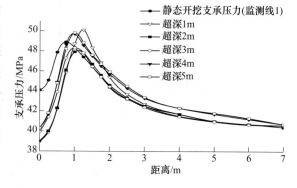

图 2.12　掘进端面不同钻孔超深深度的支承压力分布

支承压力峰值明显降低，这比其 FLAC[3D] 静载仿真的结论更直观、准确，如图 2.13 所示。

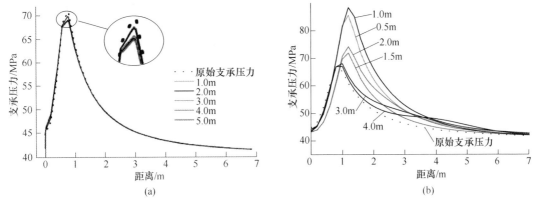

(a)　　　　　　　　　　　　　(b)

图 2.13　巷帮不同震动钻孔深度的支承压力分布
（a）动载模拟；（b）静载模拟

总之，目前还没有精确计算支承压力峰值、设计钻孔爆破卸压参数的理论公式；动载数值模拟由于充分考虑了爆破及开挖的动态响应过程，其结论比静载仿真更准确。

2.3　水平地应力与隔断开采理论

在水平构造应力和垂直地应力都比较大的复杂采矿环境，支承压力和水平构造应力都可诱发岩爆或大变形，单一降低或转移支承压力常难以克服岩爆或大变形，而且支承压力也会通过拱脚转移到深部，从而水平挤压深部待采矿体。因此，这时水平构造应力或转移来的水平挤压力常常是诱发岩爆或大变形的主要因素。

2.3.1　水平地应力理论的要点

水平地应力理论也称隔断开采理论。在卸压开采领域，隔断开采理论的要点是：理论基础——最大水平地应力来自支承压力的拱脚转移来的挤压力，或者来自水平构造应力；应用前提条件——施工隔断能隔开开采矿体的最大水平地应力，从而减小水平地应力对采矿工程和人员的危害。目前将垂直切槽或垂直钻孔爆破弱化岩体的工艺统称为隔断开采。

设置"应力屏障"或隔断开采，如在采场或巷道两侧或仅上盘侧先开采或深孔爆破，或巷道底板深孔爆破防底臌，这都是隔断开采在地压控制中的具体应用。

2.3.2　水平地应力理论的工程应用

王御宇等垂直水平构造应力场布置盘区，先回采盘区两端的采场实现隔断开采，可降低水平应力约 2.5MPa；若同时在盘区内的采场提前拉底而转移垂直应力，可降低水平应力约 4.2MPa、降低垂直应力约 6.0MPa。可见，单一使用水平地应力理论，卸压效果不如垂直开采（切槽）并同时水平切槽释放或转移支承压力。

金川二矿采用下向胶结充填采矿，也类似将中间盘区滞后一个分段并切割其上盘，实现了水平地应力理论与支承压力理论的同时应用。可见，在水平构造应力较大的复杂开采环境下，单一应用隔断开采可降低水平应力的幅度有限，若联合隔断开采理论及压力拱理论，同时隔断和盘区拉底，或者先开采倾斜矿体的近上盘矿体，卸压开采效果更理想。

对比研究采场两侧隔断开采、切顶或拉底、上盘深孔爆破及矿块两步骤回采，谢柚生在广西大厂高峰锡矿急倾斜 5~28m 厚的矿体开采仿真中发现：仅切顶或拉底无卸压作用；仅沿走向布置采场两侧的隔断开采，周边应力降低了 14.8%；上盘深孔爆破隔断开采，周边应力降低了 50.4%；沿走向布置采场并将矿块厚度分两步回采、先采上盘侧时采场周边应力降低了 63.6%。

2.3.3　急倾斜矿体开采的采空区处理与卸压开采研究与设计

2.3.3.1　厂坝铅锌矿卸压开采与采空区处理方案研究

厂坝铅锌矿分厂坝矿区、小厂坝矿区、李家沟矿区、东边坡矿区以及已结束的露天坑，西起 25 线、东至 116 线，全长 2350m。其中 25 线至 43 线是厂坝矿区，43 线至 65 线是小厂坝矿区，65 线以东是李家沟矿区，东边坡矿区位于小厂坝矿区的正上部的下盘方向按 900m 水平推算的移动角（80°）之外。2011 年底厂坝矿区和李家沟矿区已经开采至 1142m 水平；小厂坝矿区 900m 水平以上只留下间柱和顶、底柱，还有品位 8.47% 的残矿约 160 万吨，局部已经开采至 750m 水平。900m 水平以下保有资源储量约为 1248 万吨。此外，由于 2011 年前的民采及以前小厂坝矿区的历史问题，在厂坝矿区和小厂坝矿区间、小厂坝矿区和李家沟矿区间已经没有明确的界限，采空区基本贯通。

由于回收采空区矿柱及开采 900m 水平以下的矿体时常发生飞石伤人等岩爆现象，同时担心因小厂坝矿区 900m 水平以上的采空区顶板冲击地压隐患而诱发厂坝矿区、李家沟矿区、东边坡矿区岩移与崩塌，为此，白银有色集团公司厂坝铅锌矿特邀请李俊平学科组专门开展了"矿柱回收、采空区处理与地压控制"的方案调查，发明了急倾斜矿体开采的采空区处理与卸压开采方法，以便矿柱回收、采空区处理并实现深部采场卸压开采。

小厂坝铅锌矿床隶属于甘肃厂坝矿区，位于甘肃省陇南市成县黄渚镇，地表海拔高度为 1100~1702m，相对高差 576~700m，属中高山区。区内矿产丰富，主要为铅锌矿。该矿床主要矿体为厂1②号矿体，位于 45~65 线之间，赋存标高 817~1220m，矿体走向近东西，走向长约 800m，倾向南，倾角 80°~85°，厚度 6.88~27.31m，如图 2.14 所示。

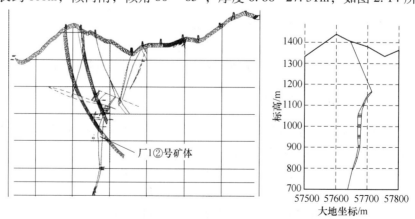

图 2.14　45 线剖面图及厂1②号矿体典型剖面

上盘为结晶灰岩，下盘为黑云母片岩，矿体的覆岩及深部岩性近似按典型剖面中的分界线分开（见图2.14）。除1100m水平以上作为一个非标准中段、段高约为70m外，其他中段高度为50m。900m水平以上5个中段已应用阶段矿房法回采完毕，仅留下高品位的中段顶、底柱和间柱需要回采。顶、底柱厚4m，间柱宽3m，矿房长47m。在矿柱回采和900m以下的深部开采中常发生岩爆。由于矿柱尺寸偏小，900m水平以上的老采空区中顶、底柱基本都沿走向破断，局部间柱倒塌。

矿床属裂隙充水矿床，水文地质类型属第二类型，但深部地下水动态相对稳定，井下及采空区一般较干燥。矿区内断裂构造发育，主要断裂构造有两组，即走向断层和横向断层。矿区地震设防烈度划分为八度区，地区地壳的稳定性较好。岩体力学参数见表2.1。

表 2.1　岩体物理力学参数

介质	容重 r/kN·m^{-3}	弹性模量 E/GPa	泊松比 m	抗压强度 σ_b/MPa	抗拉强度 σ_c/MPa	凝聚力 C/MPa	内摩擦角 f/(°)
结晶灰岩（上盘）	26.46	43.69	0.20	86.22	6.29	11.55	34.50
铅锌矿	33.71	52.68	0.30	83.40	5.90	11.66	29.70
黑云母片岩（下盘）	26.66	42.74	0.22	81.64	5.63	10.72	36.95
上盘爆破弱化带	18.90	0.624	0.20	8.622	0.629	1.155	5.75
下盘爆破弱化带	19.04	0.611	0.22	8.164	0.563	1.072	6.16

ANSYS仿真表明（见图2.15）：矿体开采后矿柱基本都处于拉伸屈服阶段，拉应力一般达1.68~3.91MPa，1100m水平顶、底柱的局部拉应力超过了矿体抗拉强度5.90MPa，但最大值出现在950m中段、达到6.15MPa。在这些拉应力长期疲劳破坏下局部顶、底柱和间柱将会发生断裂破坏，这与现场地压显现调查结果完全一致。显然，前期开采设计脉内运输巷道时，仅取4m厚顶、底柱和3m宽间柱、47m长矿房是不合理的，不能确保矿柱回采的安全。

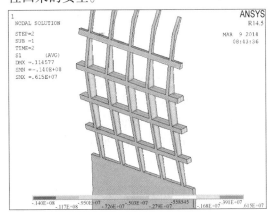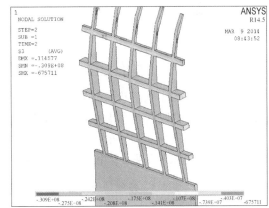

图 2.15　45 线剖面矿柱主应力分布

矿柱回收前900m以下深部待采矿体的水平压应力一般为14.1~17.5MPa，垂直压应力一般为5.03~7.26MPa；矿柱局部水平压应力达到30.9MPa，垂直压应力达到14.0MPa。矿柱回收后深部待采矿体的水平压应力一般为14.3~19.1MPa，垂直压应力一般为4.74~7.38MPa。显然，回收矿柱时局部因压应力超抗压强度的30%~40%会发生岩爆；开采900m以下的深部矿体时，不处理采空区或不卸压也必将发生岩爆。

根据上述采空区应力状态数值分析，发现各中段利用原有脉内巷道回采矿柱是不安全的，必须在下盘脉外10m处沿走向重新掘进巷道，并在间柱对应位置掘进穿过矿体的川脉。为了方便集中出矿，仅在900m水平下盘脉外巷道中沿矿体走向每间隔8~10m布置出矿川脉与采空区相连。回收矿柱，沿穿过矿体的川脉借助上向垂直深孔集中凿岩间柱，同时用水平深孔沿矿体走向集中凿岩未破断、垮塌的顶、底柱，并一次性大区微差爆破。每次沿走向爆破1根间柱及其两侧的残留顶、底柱。水平方向采用从矿体中间向两端退采；垂直方向采用上中段超前下中段回采，或上、下中段同时大区微差爆破。900m水平集中出矿，出不净的极少部分矿石作为深部开采的覆岩。矿柱回收后，及时在900m水平处理采空区并实施卸压开采。因此，实施急倾斜矿体开采的采空区处理与卸压开采，只需研究确定900m水平的压力拱拱宽、其上盘脉外巷道的布置位置及脉外巷道底板爆破隔断开采的条数和隔断开采深度、隔断开采施工工艺。

（1）巷道底板下向爆破的隔断开采深度研究。假设在900m水平上、下盘脉外各离采空区边缘10m布置卸压施工巷道及矿柱回收运输巷道。采纳单元参数弱化来模拟V形松动爆破和巷道底板隔断开采。矿柱回收完后，上、下盘巷道都向采空区V形爆破形成免压拱。在上述V形槽松动爆破的基础上，分别沿距采空区10m的上、下盘脉外巷道底板垂直下向钻孔爆破形成深10m、20m、30m的爆破弱化隔断，深部待采矿体的卸压效果见表2.2。从表2.2可见：隔断开采深度在10m以内时，深部待采矿体的压应力降低较快，超过10m后应力降低速率明显变慢，超过20m后应力降低速率几乎为0。因此，综合分析应力降低效果及施工经费，取钻孔爆破的隔断开采深度不超过20m。

表 2.2　45 线剖面不同隔断开采深度时深部待采矿体的压应力比较　　（MPa）

方　案	深部相同埋深待采矿体的压应力	
	垂　直	水　平
未隔断开采	3.09~5.95	9.04~18.2
10m 深钻孔爆破隔断开采	2.80~5.14	4.94~15.4
20m 深钻孔爆破隔断开采	2.29~4.55	4.75~14.5
30m 深钻孔爆破隔断开采	2.15~4.38	4.75~14.5

（2）上盘卸压施工巷道离矿体的水平距离研究。在900m水平下盘脉外离采空区10m布置矿柱回收的脉外运输巷道后，分别在上盘脉外离采空区10m、20m、30m布置上盘卸压施工巷道。分别计算V形切槽处理采空区及巷道底板下向钻孔10m、20m、30m而实施隔断开采时，深部待采矿体相同深度范围的最大压应力变化见表2.3。

表 2.3　45 线剖面上盘巷道处在不同位置时深部待采矿体的压应力比较　　（MPa）

上盘巷道离矿体的水平距离/m	深部相同埋深处待采矿体的最大压应力							
	V 形切槽		隔断 10m 深		隔断 20m 深		隔断 30m 深	
	垂直	水平	垂直	水平	垂直	水平	垂直	水平
10	5.95	18.2	5.14	15.4	4.55	9.63	4.38	9.64
20	4.99	21.1	3.61	15.5	3.33	12.0	3.21	11.7
30	5.36	16.4	4.78	15.3	4.38	10.2	4.25	10.5

从表2.3可见：上盘脉外巷道间隔采空区的水平距离小于20m与超过20m时，最大压应力变化规律正好相反，因此，取上盘脉外巷道离采空区的水平距离为20m。

（3）上、下盘巷道同时 V 形爆破和底板隔断开采的必要性研究。在上、下盘隔断开采深度都取20m的基础上，开展如下三种仿真。即：1）仅下盘底板不实施隔断开采；2）下盘不实施隔断开采和 V 形切槽；3）仅上盘底板不实施隔断开采。计算结果见表2.4。

表 2.4　45 线剖面 850~870m 水平待采矿体的压应力比较

压应力	都隔断开采	方案 1	方案 2	方案 3
垂直	3.33~5.88	3.32~5.93	2.79~5.41	5.26~8.64
水平	5.89~12.0	5.77~11.80	11.50~17.30	7.0~15.90

将方案1~3分别与都实施隔断开采的方案比较，发现方案1卸压效果与其几乎相当，方案2和方案3的卸压效果较差。因此，应用提出的采空区处理与卸压开采新方法，必须同时在上、下盘巷道向采空区 V 形切槽松动爆破，也可只在上盘巷道底板实施隔断开采。

上述仿真，都是在"采纳单元参数弱化"的前提下实施的，因此，采纳简易松动爆破，弱化爆破处的围岩，就能够对结晶灰岩等硬岩成功实施隔断开采，对结晶灰岩、黑云母片岩成功实施 V 形切槽。

2.3.3.2　东塘子铅锌矿卸压开采与采空区处理设计

东塘子铅锌矿位于陕西省凤县县城东南直距 14km 处。矿区东起 64 线，西至 84 线，东西长 1000m（见图 2.16），控制矿体标高 790~1060m。地形总体为北高南低，东高西低，海拔高度北侧最高为 2051m，东部最低为 1300m，一般高差 300~600m，地形坡度20°~40°。由于埋藏深度大，矿体上盘近 400m 厚的千枚岩隔断了地表水与地下水的水力联系，东塘子铅锌矿仅在开拓时有降水渗入和风化裂隙水影响，目前地下采区基本干燥，地表降雨对地下开采无影响。矿区属于地震活动特征频度低、强度弱地区。

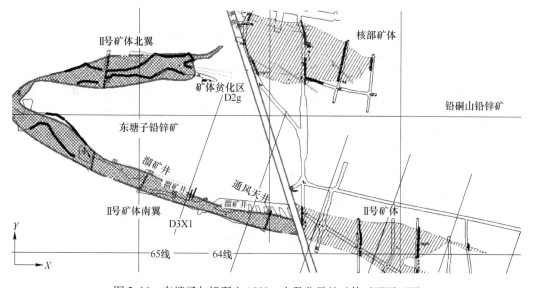

图 2.16　东塘子与铅硐山 1080m 中段分界处矿体对照平面图

矿体完全隐伏于地下500m以下。矿体产状与围岩产状一致，总体走向为285°，矿体南翼向南倾伏，局部直立，倾角为65°~85°。矿体北翼向北倾，相对较缓，倾角一般小于45°。鞍部矿体向西倾伏，倾伏角14°~18°。

矿体上盘为千枚岩，下盘为灰岩。经过采样试验，并经过岩石参数的正交数值模拟折减研究，得到岩体的物理、力学参数见表2.5。依据伍法权的《统计岩体力学原理》，在上述围岩计算参数平均值的基础上，密度折减为1/1.4，泊松比不变，弹性模量折减为1/70，内摩擦角折减为1/6，其他参数折减为1/10，分别得到上盘千枚岩、下盘灰岩爆破弱化体的计算参数，另外，由于采空区的充填体是上、下盘围岩的混合体，按上、下盘围岩的弱化参数取平均值得到采空区充填体的参数。

表2.5　岩体物理力学参数

矿（岩）体参数	密度 $\rho/g \cdot cm^{-3}$	单轴抗压强度 σ_c/MPa	抗拉强度 σ_t/MPa	弹性模量 E/GPa	黏聚力 C/MPa	内摩擦角 $\varphi/(°)$	泊松比 μ
千枚岩（上盘）	2.80	15.82	0.89	11.37	3.73	34.37	0.24
铅锌矿	2.94	60.65	3.74	17.97	3.08	26.90	0.26
灰岩（下盘）	2.71	65.26	3.02	24.28	2.66	38.86	0.24
采空区充填体	1.97	4.05	0.20	0.255	0.32	6.10	0.24
上盘爆破弱化体	2.0	1.58	0.09	0.162	0.37	5.73	0.24
下盘爆破弱化体	1.94	6.53	0.30	0.347	0.27	6.48	0.24

由于开采深度较大，960m中段及其以下巷道常常发生"剥洋葱皮"似的岩爆现象，960m中段采场也常发生顶板千枚岩垮塌而导致贫化过大而无法正常开采，急需实施采空区处理与卸压开采。类似厂坝铅锌矿，应用FLAC³ᴰ仿真矿柱回收、V形切槽采空区处理及垂直深孔下向隔断开采，在下盘脉外巷道位置固定（离矿体的水平距离为10m）的情况下，得到南翼急倾斜矿体采空区处理与卸压开采的参数为：（1）上盘脉外卸压施工巷道距离采空区边缘的水平距离为25m时，既可以实现卸压开采，也可以确保隔断开采施工的爆破裂纹不破坏深部采场顶板；（2）上盘卸压巷道底板的隔断开采的钻孔深度应不小于20m；（3）对上盘千枚岩实施隔断开采，仅松动爆破效果不佳，必须适当抛掷爆破，如图2.17所示。

图2.17的计算过程中，按表2.5取岩体、V形切槽及隔断开采的松动爆破弱化体的参数。从图2.17（a）可见，仅仅按表2.5弱化千枚岩隔断开采的松动爆破参数，隔断开采降低水平应力的效果不明显。在表2.5的基础上，更大幅度地弱化隔断开采的松动爆破参数，将容重折减为1/1.5、泊松比不变、弹性模量折减为1/100、内摩擦角折减为1/10、其他参数折减为1/20，其他条件不变，重复图2.17（a）的计算，得到图2.17（b），发现隔断开采降低水平应力的效果仍然不明显。可见，尽管用松动爆破实施V形切槽能形成压力拱，但深部隔断开采的卸压效果不明显。

应用抛掷爆破等非连续计算，先抛掷、再充填松石，如图2.17（c）所示，发现随着钻孔深度的增加，隔断开采深度超过15m后920~950m标高矿体的水平压应力明显降低，斜率明显增大；尽管910m标高矿体的水平压应力在隔断开采深度小于20m时微弱增大，但隔断开采深度超过20m后其水平压应力也明显降低。可见，对相对软弱的千枚岩，充分松动可实现深部隔断开采。

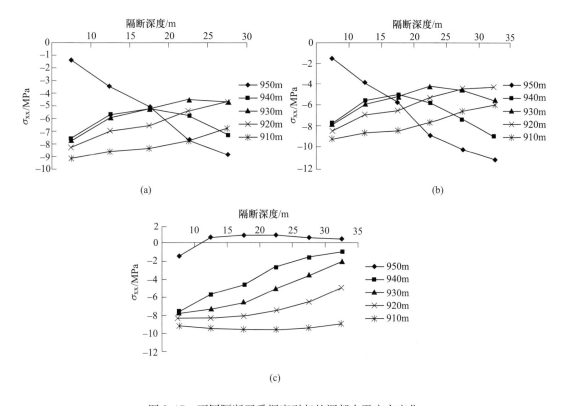

图 2.17　不同隔断开采深度引起的深部水平应力变化

（a）按表 2.5 参数弱化；（b）在表 2.5 基础上深度参数弱化；（c）抛掷爆破

由于在千枚岩中隔断开采卸压必须开挖并填充，底板钻孔爆破隔断开采时，应确保隔断开采部位充分松动与部分抛出，因此，应取 2 排排距 2m、孔间距 3.0~3.5m、深 20m 的装药爆破炮孔，并在 2 排装药孔中间布置一排钻孔间距 2m、深 20.5~21m 的不装药空孔，空孔底部装药长 0.5~1.0m，并相比装药孔延迟 50~75ms 爆破，确保隔断开采部位充分松动。

A　急倾斜采空区矿柱回收与卸压开采效果评价

由于本矿山前期矿柱回采方法不恰当，致使大量矿柱残留采场而无法经济、安全地回收。为了解决上述问题，并消除深部开采的地压灾害，采用间隔间柱抽采法回采矿柱，并在间柱中布置分层顶柱及中段顶柱的水平深孔凿岩硐室，以便水平深孔爆破同时回收间柱两侧的顶柱。矿柱回收，采用集中凿岩，一次性微差爆破，在 960m 中段的平底结构中集中出矿。

出矿的同时，在上盘施工巷道向采空区施工扇形深孔、底板隔断开采的深孔，出矿结束后也在下盘出矿巷道向采空区施工扇形深孔。凿岩完毕后一次性微差爆破松动上、下盘巷道到采空区的扇形部分围岩，以便形成以上、下盘巷道帮墙为拱角的压力拱，同时充分松动上盘巷道的底板，形成深度超过 20m 的隔断，实现深部卸压开采。

应用有限差分软件 FLAC[3D] 模拟东塘子铅锌矿 960m 中段矿柱回收、V 形切槽松动爆破、深部隔断开采（卸压开采）及相邻采空区的分隔间柱再回收 1/3、1/2 或 2/3 时的矿柱和顶板应力分布，从而评价矿柱回收、卸压开采的安全可靠性，判断临近采空区可能安全回收分隔间柱的比例，以便科学地指导安全、经济、合理地回收更多矿柱。为了探索上述宏观规律，排除单元划分、计算建模等造成的畸变，结合现场实际，将采场尺寸统一为：矿房长41m，矿柱宽9m，模型走向方向长250m。计算参数见表2.5。地表和开挖后的矿柱表面采纳自由边界，立体模型的其他5面采纳法向位移约束。应力分布图中拉为"+"，压为"−"，单位为Pa。评价结果分别见图2.18~图2.21。

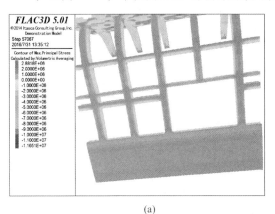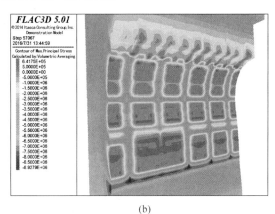

(a)　　　　　　　　　　　　　　　(b)

图2.18　65线矿柱、上盘顶板应力分布
（a）矿柱主应力；（b）上盘主应力

　　间隔抽采矿柱后，矿柱、上盘顶板应力分布见图2.18。从图中可见：除了1010m中段第一分层及960m中段顶柱上表面个别单元受拉不超过1MPa外，1010m中段以下的矿柱表面应力基本都处于拉压平衡状态，也就是说，矿柱间隔抽采后1010m中段以下的保留矿柱不会垮塌，能确保出矿安全；但局部上盘千枚岩拉应力达到0.64MPa，达到其抗拉强度的72%，不加快出矿过程，受拉的上盘千枚岩会因长期疲劳破坏冒落，造成出矿贫化。

　　在960m中段的平底结构中出完一次性微差爆破回收的矿柱后，上、下盘巷道同时向采空区实施V形松动爆破，并上盘底板实施超过20m深度的强松动爆破，这样对910m中段形成免压拱及隔断开采后，910m中段的应力明显降低，如图2.19所示。从图2.19可

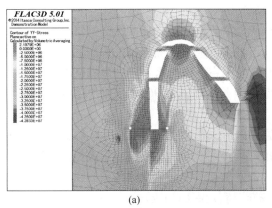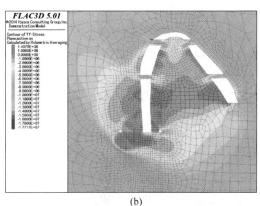

(a)　　　　　　　　　　　　　　　(b)

图2.19　68线卸压后垂直应力和水平应力分布
（a）垂直应力分布；（b）水平应力分布

见：卸压开采，即 V 形松动爆破并上盘底板强松动隔断开采后，深部 910~960m 之间矿体的垂直应力都降低到约 2MPa，水平应力降低到约 9MPa，这基本消除了 910m 中段开采时发生岩爆的应力条件；但间隔采场回收 1 根间柱及其 2 侧顶柱，并卸压开采后，采空区上盘的千枚岩会大面积受拉破坏、垮塌，进而充填已经回采并卸压开采后的采空区。

为了避免间隔间柱抽采并卸压开采后垮塌的千枚岩贫化相邻采空区中矿柱爆破产生的矿石，临近采场的分隔间柱必须保留一部分，以便隔开垮塌的千枚岩。应用 FLAC^{3D} 数值模拟临近采空区回收分隔间柱的比例分别为其宽度的 1/3、1/2 或 2/3 时，矿柱、上盘应力分布如图 2.20 所示。

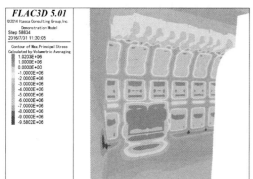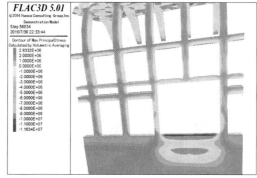

(a)

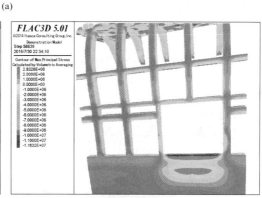

(b)

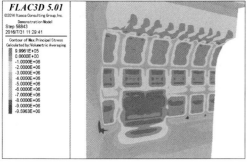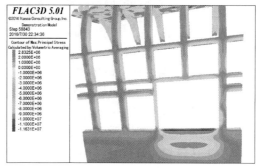

(c)

图 2.20　65 线临近采空区中分隔间柱部分回采后上盘及矿柱最大主应力分布

（a）回收 1/3；（b）回收 1/2；（c）回收 2/3

　　从图 2.20 可见：从矿柱抽采后的临近采空区回收分隔间柱宽度的 1/3 或 1/2 后，尽管该间柱剩下的部分不可能倒塌，但临近采空区的上盘千枚岩微弱受拉，拉应力不超过 0.41MPa，受拉深度不超过 2.6m；回收 2/3 宽度的分隔间柱后，间柱剩余部分可能倒塌，临近采空区的上盘千枚岩微弱受拉，拉应力不超过 0.42MPa，受拉深度不超过 2.8m。

　　两相邻采空区都间隔间柱抽采并卸压开采后（见图 2.21），中间残留的 1/2 宽度的分隔间柱基本处于全断面拉压平衡状态，在 V 形松动爆破冲击等作用下，可能发生倒塌；抽采矿柱后的上盘千枚岩顶板普遍受拉，最大拉应力一般接近千枚岩的抗拉强度，可见，上盘千枚岩会垮塌而充填卸压开采后的采空区。因此，相邻两采空区都间隔抽采矿柱并卸压开采后，960m 中段采空区被成功处理，基本实现了垮塌的千枚岩或残留矿柱充填采空区，从而消除了顶板冲击地压隐患。

　　从图 2.21 还可见：两相邻采空区都间隔间柱抽采并卸压开采，即 V 形松动爆破形成免压拱并上盘施工巷道的底板充分松动爆破后，深部 910～960m 之间矿体的垂直应力都降低到约 2MPa，水平应力都降低到约 9MPa，这基本消除了 910m 中段开采时矿体和下盘灰岩发生岩爆的应力条件。

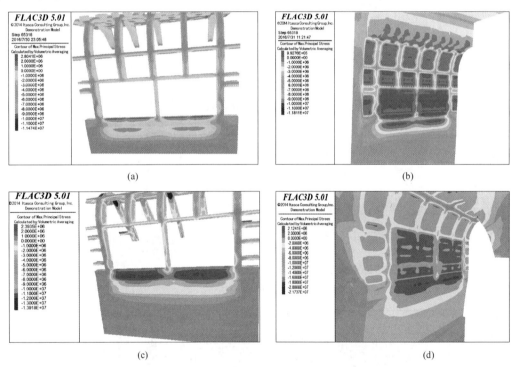

图 2.21　两相邻采空区都间隔间柱抽采并卸压的最大主应力分布
(a) 65 线矿柱；(b) 65 线上盘；(c) 68 线矿柱；(d) 68 线上盘

　　B　矿柱回收及卸压开采的施工顺序与炮孔布置

　　根据上述研究，对 1010m 中段以下未回采矿柱的急倾斜采空区，按如下顺序回收矿柱及地压控制（见图 2.22）：

　　(1) 从东塘子与铅硐山分界（1 号间柱）处开始向西后退回收 2 号柱及其 2 侧的顶柱（见图 2.22 (a)）；

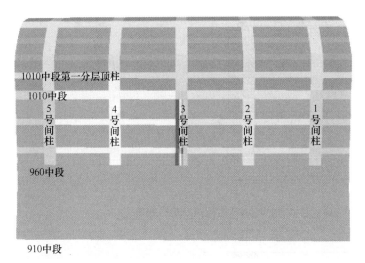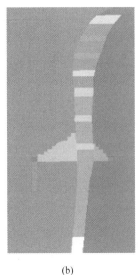

（a）　　　　　　　　　　　　　　　（b）

图 2.22　矿柱回收及卸压开采示意图

（a）矿柱回收顺序；（b）V 形切槽与卸压开采

（2）类似图 2.22（b）实施 V 形切槽及上盘巷道底板的下向深孔充分松动爆破隔断开采；

（3）回收 4 号间柱及其 2 侧的顶柱和 3 号矿柱的左半部分（见图 2.22（a）中 3 号间柱左边）；

（4）又类似图 2.22（b）实施 V 形切槽及上盘巷道底板的下向深孔充分松动爆破隔断开采。

总之，如此向西后退间隔间柱抽采并采空区处理与卸压开采，直至矿柱抽采、采空区处理与卸压开采施工完毕。

由于 1010m 中段仅按传统办法间隔间柱抽采了第一分层顶柱以下的间柱，且采用脉内出矿，部分崩落的矿石还残留在 960m 中段的顶柱上而未出干净。随着 960m 中段矿柱（间柱、顶柱）回收，上述残留的矿石一起垮落到 960m 中段的平底结构中出矿。

无论矿柱回收还是地压控制，都按图 2.22 及上述的施工步骤，分次凿岩、一次性大区微差爆破。在 960m 中段的平底结构中出矿时，可以同时施工该采空区对应的上盘、下盘巷道中的 V 形深孔、底板隔断开采深孔，一般先施工上盘深孔，等矿石快出净时再施工下盘 V 形深孔，以便不影响下盘脉外巷道及平底结构出矿。间柱及顶柱回收的钻孔及凿岩硐室布置分别如图 2.23 和图 2.24 所示。

回收厚度小于 3~5m 的薄矿体开采后残留的间柱和顶柱，如图 2.23 布置凿岩硐室及炮孔，沿矿体走向布置间柱两侧顶柱回收的凿岩硐室。回收厚度 5m 以上的中厚矿体开采后残留的间柱和顶柱，如图 2.24 布置凿岩硐室及炮孔，垂直矿体走向布置间柱两侧顶柱回收的凿岩硐室。凿岩硐室的断面尺寸依据深孔凿岩设备而定，一般不小于 2.5m×2.8m，其中宽度为 2.5m。

间柱的各分层扇形浅孔或中深孔的排距，根据生产实际确定，一般排距不大于 1.0m。

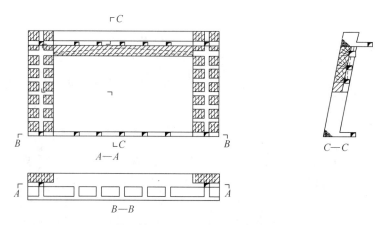

图 2.23　薄矿体矿柱回收的凿岩硐室及炮孔布置

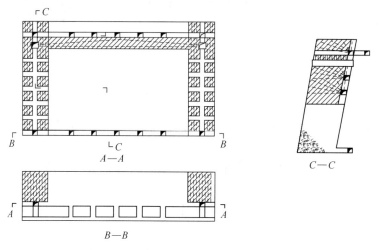

图 2.24　中厚矿体矿柱回收的凿岩硐室及炮孔布置

为了确保顶柱中水平或略倾斜深孔的凿岩安全，一般先施工深孔凿岩硐室和 2 排扇形深孔，然后再在其下分层浅孔凿岩。等所有钻孔施工完毕后，集中装药，一次性大区微差爆破崩落顶柱和间柱，集中在 960m 中段底部的平底结构中出矿。

采用留分层顶柱的留矿法开采时，对薄矿体和中厚矿体都分别类似上述图 2.23、图 2.24 在分层顶柱处的间柱上布置回收分层顶柱的凿岩硐室；与上述不同的是，只需布置一排水平或略倾斜的扇形深孔。为了确保深孔凿岩的施工安全，该凿岩硐室的底板保留的间柱厚度不应小于 2m；若底板还出现明显开裂，或者深孔凿岩设备的质量和施工振动过大，安装深孔凿岩设备前，有必要用钢梁加固底板。

2.4　板　理　论

2.4.1　板理论的要点

（1）回柱自然跨落；（2）由最靠近冒落采空区布置的这排切顶支柱，回柱前升柱切断顶板（见图 2.25）；（3）回柱前在顶板凿放顶眼并装药，回柱后一次性放顶；（4）在煤壁超前注水软化或爆破弱化顶板（见图 2.26），使得直接顶板在采完回柱后能自然跨落。长壁式采矿法的这些"放顶"措施，都是为了切断顶板，引起回柱后顶板及时垮落，从而缩短悬臂顶板或板的长度，减小顶板因挠曲而引起的地压对采矿（煤）作业面附近围岩或支护体的破坏。可见，板理论的要点是：切断或弱化顶板使顶板随着回采及时垮塌，降低板（悬臂板）的挠度及因此引起的地压——缩板减压；若垮塌松散体能及时筑坝接顶，还可引起顶板应力向底板转移——筑坝移压。

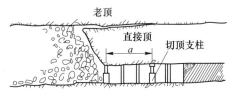

图 2.25　切顶支柱布置

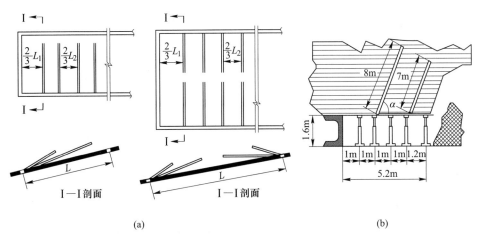

(a)　　　　　　　　　　　　　　(b)

图 2.26　爆破放顶或爆破弱化、注水软化顶板

（a）超前布置钻孔爆破弱化或注水软化顶板；（b）步距式双切槽爆破放顶

2.4.2　切槽放顶法在沿空留巷地压控制中的应用

李俊平等在板理论的基础上，将采空区处理的切槽放顶法引入沿空留巷，控制爆破切断软帮顶板（悬臂板）并就地堆筑成坝支撑沿空留巷的顶板，不仅隔开了采空区有利回风，也缩短了悬臂板长度，从而降低了沿空留巷顶板到硬帮煤体上的压力，成功解决了锚杆（索）网联合支护的沿空留巷大变形、垮塌等地压显现问题，如图 2.27 和表 2.6 所示。

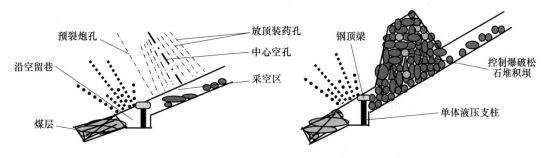

图 2.27　控制爆破切槽放顶炮孔布置及放顶效果示意图

表 2.6 沿空留巷矿压观测特征表

工作面-切顶线距离/m	测站	顶底板最高移近速度/mm·d⁻¹	顶底板移近量/mm	占总移近量比例/%
A 区 0~30	1	20	125	50.6
	2	39	122	55.5
	3	42	185	69.3
	4	26	150	63
	5	27	125	63.5
	均值	30.8	141.4	60.5
B 区 30~60	6	14	70	28.3
	7	14	60	27.3
	8	9	49	18.4
	9	13	54	22.7
	10	10	46	23.4
	均值	12	55.8	23.9
C 区 大于 60	11	7	52	21.1
	12	10	38	17.2
	13	6	33	12.7
	14	6	34	14.3
	15	6	26	13.1
	均值	7	36.6	15.6

按照《卸压开采理论与实践》中爆破裂纹扩展的最小深度 L_{min} 可设计切槽放顶炮孔的深度。即:

$$L_{min} = \frac{\sqrt{6}}{2}\left[1 + 3\sqrt{\frac{49033(0.0126z - 1.7 \times 10^4)}{S_t}}\right] r_e \qquad (2.2)$$

式中, z 为岩石声阻抗, 对砂岩按表 2.7 取 $8 \times 10^6 \sim 10 \times 10^6 kg/(m^2 \cdot s)$; r_e 为炮孔半径, 取 0.02m; S_t 为砂岩岩石的抗拉强度, 取 $2 \times 10^6 \sim 4 \times 10^6 Pa$。计算得 $L_{min} \approx 2.4 \sim 3.35m$。因此, 只要在老顶砂岩中爆破, 爆破振动裂纹就足以破断厚度 3.0m 左右的中砂岩。

表 2.7 岩石声阻抗取值

岩石名称	普氏硬度系数 f	声阻抗 $z/kg \cdot m^{-2} \cdot s^{-1}$
片麻岩、有风化痕迹的安山岩及玄武岩、粗面岩、中粒花岗岩、辉绿岩、玢岩、中粒正长岩、闪长岩、花岗片麻岩、坚实玢岩	14~20	$(16\sim20)\times10^6$
菱铁矿、菱镁矿、白云岩、坚实的石灰岩、大理岩、粗粒花岗岩、蛇纹岩、粗粒正长岩、坚硬的砂质页岩	9~14	$(14\sim16)\times10^6$
坚硬的泥质页岩、坚实的泥灰岩、角砾状花岗岩、泥灰质石灰岩、菱铁矿、砂岩、硬石膏、云母页岩及砂质页岩、滑石质的蛇纹岩	5~9	$(10\sim14)\times10^6$
中等坚实的页岩、中等坚实的泥灰岩、无烟煤、软的有空隙的节理多的石灰岩及贝壳石灰岩、密实的白垩岩、节理多的黏土质砂岩	3~5	$(8\sim10)\times10^6$

岩石名称	普氏硬度系数 f	声阻抗 $z/\text{kg} \cdot \text{m}^{-2} \cdot \text{s}^{-1}$
未风化的冶金矿渣、板状黏土、干燥黄土、冰积黏土、软泥灰岩及蛋白土、褐煤、软煤、硅藻土及软的白垩岩、不坚实的页岩	1~3	$(4\sim8)\times10^6$
黏砂土，含有碎石、卵石和建筑材料碎屑的黏砂土，重型黏砂土，大圆砾 15~40mm 大小的卵石和碎石，黄土质黏砂土	0.5~1	$(2\sim4)\times10^6$

刘正和等专门研究了切缝深度与岩层应力分布、应力峰值及峰值点距切缝边缘距离的关系。总之，板理论适合解释切顶、注水或爆破弱化顶板减小悬臂板（梁）长度而实现卸压开采的力学机制。

2.5 卸压支护理论

冯豫、郑雨天总结国内外软岩支护经验，首先提出了"先柔后刚、先让后抗、柔让适度、稳定支护"，即一次卸压、二次加强支护的联合支护思想。康红普等针对煤矿大变形软岩，又细化为"先抗后让再抗"的联合支护指导思想。贾宝山等在上述思想的指导下，基于支承压力引起巷道围岩的蠕变变形，提出蠕变速度与径向应力梯度成正比的观点，并利用袋装碎石充填刚性支护体后的间隙以达到释放蠕变变形实现卸压支护的目的，但未给出具体设计公式，仅根据返修出渣量定性确定支护体后的充填间隙。王襄禹等根据应变软化的变形压力分析，提出按变形压力最小的塑性区半径（即临界塑性区半径）有控卸压，进而形成了卸压支护的理论雏形。

尽管可利用王襄禹等的卸压支护理论的临界塑性区半径及其对应的变形压力，推导应变软化下的变形压力计算公式，但通过实施多次开挖卸压、并假定每次都新开挖 0.15m 厚来反复计算临界塑性区半径及其对应的变形压力，所需参数太多、计算烦琐，而且部分参数的计算还需要借助其他弹塑性理论，另外个别参数意义不清。李术才等设计的让压型锚索箱梁支护系统，通过在箱梁下锚索托盘与锚索锁具间安装锚索让压环，使高强锚索支护系统具有 200kN、300kN 两阶段定量让压性能，这是卸压支护理论在深部厚顶煤巷大变形控制中的成功应用范例，但支护系统比较昂贵。

可见，改进支护结构和让压性能，设计可缩性支架，或支护体后填充袋装碎石、发泡剂等易变形材料，都可实现采（掘）后卸压。在破碎岩体中掘进巷道时，先掘进小断面导洞或巷道并临时支护，然后刷帮扩大成巷，也可起到与上述支护方法的异曲同工之效，可实现采（掘）后卸压。卸压支护理论能直观地解释"先柔后刚、先让后抗、柔让适度、稳定支护"的思想，但目前设计理论还处于定性或半定量阶段。

2.6 轴 变 论

2.6.1 轴变轮的要点

1960 年于学馥在《轴变论》中首次提到椭圆轴比与应力分布的关系并进行了实际应

用。Richards 等于 1978 年才解决这一问题。轴变轮的要点为：椭圆长轴与最大主应力方向一致，且满足等应力轴比条件时巷道周边均匀受压，巷道稳定性最佳；如果椭圆长轴不能与最大主应力方向完全一致，可以退而求其次，寻找无拉力的轴比。

2.6.2　轴变论的理论探讨

椭圆形巷道实用不多，因为其施工不便，且断面利用率较低，但通过对椭圆巷道周边弹性应力的分析，可以启发如何维护好巷道。

在极坐标系的单向应力 p_0 作用下，如图 2.28 所示，椭圆形巷道周边任一点的径向应力为 σ_r、切向应力为 σ_θ、剪应力为 $\tau_{r\theta}$，根据弹性力学计算公式，有：

$$\left.\begin{aligned}\sigma_r = \tau_{r\theta} = 0 \\ \sigma_\theta = p_0 \frac{(1+m)^2 \sin^2(\theta+\beta) - \sin^2\beta - m^2\cos^2\beta}{\sin^2\theta + m^2\cos^2\theta}\end{aligned}\right\} \tag{2.3}$$

式中，m 为 y 轴上的半轴 b 与 x 轴上的半轴 a 的比值，即 $m = b/a$；θ 为洞壁上任意一点 M 与椭圆形中心的连线与 x 轴的夹角；β 为荷载 p_0 作用线与 x 轴的夹角；p_0 为外荷载。

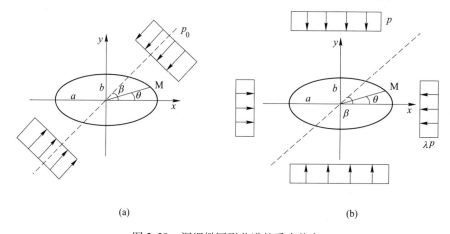

(a)   (b)

图 2.28　深埋椭圆形巷道的受力状态

（a）椭圆形巷道单向受力状态；（b）椭圆形巷道双向受力状态

若 $\beta = 0°$，$p_0 = \lambda p$，则：

$$\sigma_\theta = \lambda p \frac{(1+m)^2 \sin\theta - m^2}{\sin^2\theta + m^2\cos^2\theta} \tag{2.4}$$

若 $\beta = 90°$，$p_0 = p$，则：

$$\sigma_\theta = p \frac{(1+m)^2\cos^2\theta - 1}{\sin^2\theta + m^2\cos^2\theta} \tag{2.5}$$

在原岩应力 p、λp 作用下，由式（2.4)+式（2.5）得：

$$\sigma_\theta = p \frac{(1+m)^2\cos^2\theta - 1 + \lambda[(1+m)^2\sin^2\theta - m^2]}{\sin^2\theta + m^2\cos^2\theta} \tag{2.6}$$

式（2.6）也可表示为：

$$\sigma_\theta = \frac{p[m(m+2)\cos^2\theta - \sin^2\theta] + \lambda p[(2m+1)\sin^2\theta - m^2\cos^2\theta]}{\sin^2\theta + m^2\cos^2\theta} \tag{2.7}$$

2.6.2.1 等应力轴比状态

由式 (2.7) 可得巷道周边两帮中点处 ($\theta=0$, π) 的切向应力：

$$\sigma_{\theta1} = p\left[\left(1 + \frac{2}{m}\right) - \lambda\right] = p\left(1 + \frac{2a}{b} - \lambda\right) \tag{2.8}$$

同理，巷道周边顶底板中点处 ($\theta=3\pi/2$, $\pi/2$) 的切向应力为：

$$\sigma_{\theta2} = p\left[(1 + 2m)\lambda - 1\right] = p\left[\left(1 + 2\frac{b}{a}\right)\lambda - 1\right] \tag{2.9}$$

若 $\sigma_{\theta_1} = \sigma_{\theta_2}$，则可得：

$$\lambda = \frac{a}{b} = \frac{1}{m} = \frac{q}{p} \tag{2.10}$$

即，长轴/短轴＝长轴方向原岩应力/短轴方向原岩应力。

满足式 (2.10) 的轴比叫等应力轴比，这时椭圆形巷道的轴比等于其所在原岩应力场侧压系数的倒数。在等应力轴比的条件下，椭圆形巷道顶、底板中点和两帮中点的切向应力相等，或者说巷道周边的切向应力均匀相等，如图 2.29 所示，这时巷道的稳定性最佳。

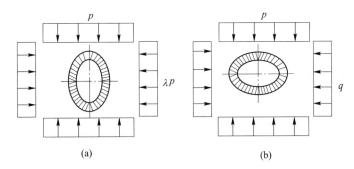

图 2.29　等应力轴比条件 ($m=b/a=1/\lambda=p/q$) 下巷道周边应力分布
(a) $p>q$；(b) $q>p$

等应力轴比与原岩应力的绝对值无关，只和 λ 值有关。由 λ 值，可决定最佳轴比，例如：$\lambda=1$ 时，$m=1$，$a=b$，最佳断面为圆形（圆是椭圆的特例）；$\lambda=1/2$ 时，$m=2$，$b=2a$，最佳断面为 $b=2a$ 的竖椭圆；$\lambda=2$ 时，$m=1/2$，$a=2b$，最佳断面为 $a=2b$ 的横（卧）椭圆。

将式 (2.10) $\lambda=a/b=1/m$ 变换为 $m=1/\lambda$ 代入式 (2.7)，可以证明"等应力轴比周边应力是均匀相等的"，即：

$$\sigma_\theta = p\frac{\left[\frac{1}{\lambda}\left(\frac{1}{\lambda} + 2\right)\cos^2\theta - \sin^2\theta\right] + \lambda\left[\left(\frac{2}{\lambda} + 1\right)\sin^2\theta - \frac{1}{\lambda}\right]^2\cos^2\theta}{\sin^2\theta + \left(\frac{1}{\lambda}\right)^2\cos^2\theta}$$

$$= p\frac{\left[\lambda^3\sin^2\theta + \lambda^2\sin^2\theta + \lambda\cos^2\theta + \cos^2\theta\right]}{\lambda^2\sin^2\theta + \cos^2\theta}$$

$$= p(1 + \lambda)$$

所以，在等应力轴比条件下，σ_θ 与 θ 无关，只与 p 和 λ 有关，周边切向应力为均匀分布状态。显然，等应力轴比对地下工程的稳定是最有利的，故又称之为最优（佳）轴比。

2.6.2.2　零应力（无拉力）轴比

当不能满足等应力轴比时，可以退而求其次。岩体抗拉强度最弱，若能找出满足不出现拉应力的轴比，即零应力（无拉力）轴比，也是很不错的。

周边各点对应的零应力轴比各不相同，通常首先满足顶点和两帮中点要害处实现零应力轴比。在岩石力学中，一般假设拉为负、压为正，这与前面数值计算略有不同。

（1）对于两帮中点有 $\theta = 0°$、π，$\sin\theta = 0$，$\cos\theta = \pm 1$，将其代入式（2.7）求得：

$$\sigma_\theta = 2p/m + (1 - \lambda)p$$

当 $\lambda \leqslant 1$ 时，$\sigma_\theta \geqslant 0$ 恒成立，故不会出现拉应力。当 $\lambda > 1$ 时，无拉应力条件为 $\sigma_\theta \geqslant 0$，即 $2p/m + (1-\lambda)p \geqslant 0$，则：

$$m \leqslant 2/(\lambda - 1) \tag{2.11}$$

式（2.11）取等号时，称为 $\lambda > 1$ 时的零应力轴比，即：$m = 2/(\lambda - 1)$。

（2）对于顶底板中点，由 $\theta = \pi/2$、$3\pi/2$，$\sin\theta = \pm 1$，$\cos\theta = 0$，代入式（2.7）求得：

$$\sigma_\theta = p\lambda(1 + 2m) - p$$

当 $\lambda \leqslant 0$ 时，即铅垂单向受压状态或铅垂受压同时水平受拉状态，顶底板中点应力 $\sigma_\theta = -p$ 或 $\sigma_\theta = p\lambda(1+2m) - p$，处于受拉状态；当 $\lambda \geqslant 1$ 时，$\sigma_\theta = p\lambda(1+2m) - p = p(\lambda - 1) + 2m$，$p\lambda > 0$ 恒成立，故不会出现拉应力；当 $1 > \lambda > 0$ 时，由无拉应力条件 $\sigma_\theta \geqslant 0$，即有 $p\lambda(1+2m) - p \geqslant 0$，则：

$$m \geqslant (1 - \lambda)/2\lambda \tag{2.12}$$

因此，$1 > \lambda > 0$ 时，零应力轴比为 $m = (1-\lambda)/2\lambda$。

故，零应力（无拉力）轴比为：

$$\left. \begin{array}{l} 当\ 0 < \lambda < 1\ 时, m = (1 - \lambda)/2\lambda \\ 当\ \lambda > 1\ 时, m = 2/(\lambda - 1) \end{array} \right\} \tag{2.13}$$

总之，要结合工程条件选择巷道断面形状，避免出现拉应力。无论布置采场还是巷道，都应该遵循"椭圆的长轴与最大主应力方向一致"，且满足等应力轴比条件式（2.10）。如果椭圆的长轴不能与最大主应力方向完全一致，可以退而求其次，按式（2.13）确定无拉力轴比。

轴变论适合解释根据主应力大小调整开挖空间的形状（轴比）而实现卸压开采的力学机制。布置采场或巷道的尺寸、形状时，尽量将巷道主轴布置在与最大主应力平行的方向（见图 2.30（a）），设计等应力或无拉力轴比，否则，巷道帮墙会出现受拉破坏（见图 2.30（b））。如在倾斜矿体开采中，垂直应力较大时，应垂直采场顶底板布置矿柱（见图 2.30（d））；若水平应力较大时，应布置水平矿柱（见图 2.30（c））。反之，也可借助拉底、切割而引起顶板应力过度集中，诱发顶板自然冒落，从而实现无或少炸药采矿，如自然崩落法采矿（见图 2.31）。

可见，除了根据轴变论布置采场或巷道的尺寸、形状或诱导冒落外，在各类卸压施工工艺中都涉及钻孔爆破（钻爆法）。目前尽管还没有一种在任何复杂岩体环境中都十分有效的卸压开采工艺，但钻爆法是一种经济、简便、易变通的卸压施工工艺。

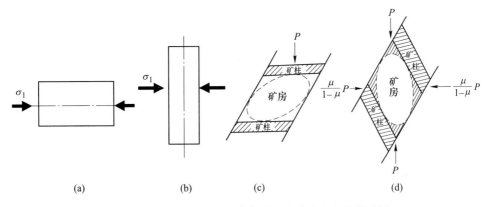

图 2.30 采场回采空间展布与最大主应力方向的关系图

（a）沿最大主应力方向回采；（b）垂直最大主应力方向回采

（c）水平布置矿柱；（d）垂直顶底板布置矿柱

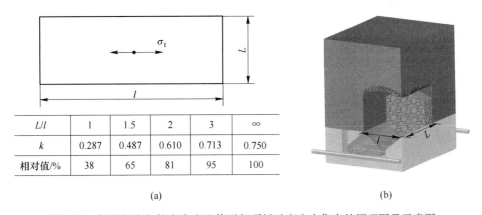

L/l	1	1.5	2	3	∞
k	0.287	0.487	0.610	0.713	0.750
相对值/%	38	65	81	95	100

(a)　　　　　　　　　　　　　(b)

图 2.31 拉底长度与拉底宽度比值引起顶板过度应力集中的原理图及示意图

（a）原理图；（b）切割、拉底施工示意图

L—拉底长度；l—拉底宽度；k—顶板拉应力 σ_t 计算系数

参 考 文 献

［1］李俊平，王红星，王晓光，等．卸压开采研究进展［J］．岩土力学，2014，35（2），350~358，363.

［2］李俊平．卸压开采理论与实践［M］．北京：冶金工业出版社，2019：4~8，56~60，88~118.

［3］谢小平，魏中举，梁敏富．半煤岩保护层无煤柱开采的全面卸压机理及应用研究［J］．煤矿安全，2019，50（11）：24~27，32.

［4］刘光明．下保护层开采工作面参数设计［J］．江西煤炭科技，2018（1）：1~3.

［5］李俊平，周创兵，冯长根．缓倾斜采空区处理的理论与实践［M］．哈尔滨：黑龙江教育出版社，2005：80~81，168~174.

［6］朱万成，侯晨，刘溪鸽，等．圆形巷道两帮水平切槽对围岩卸压的数值分析［J］．地下空间与工程学报，2015，11（6）：1462~1469.

［7］李俊平，王红星，王晓光，等．岩爆倾向岩石巷帮钻孔爆破卸压的静态模拟［J］．西安建筑科技大

学学报（自然科学版），2015，47（1）：97～102.

[8] 李俊平，叶浩然，侯先芹. 高应力下硬岩巷道掘进端面钻孔爆破卸压动态模拟 [J]. 安全与环境学报，2018，18（3）：962～967.

[9] 李俊平，余志雄，周创兵，等. 水力耦合下岩石的声发射特征试验研究 [J]. 岩石力学与工程学报，2006，25（3）：492～498.

[10] 李俊平，把多恒，王红星，等. 巷道帮臌的钻孔爆破卸压方法：中国，201410471573.2 [P].2016-07-27.

[11] 李俊平，王石，柳才旺，等. 小秦岭井巷工程岩爆控制试验 [J]. 科技导报，2013，31（1）：48～51.

[12] 李俊平，张明，柳才旺. 高应力下硬岩巷帮钻孔爆破卸压动态模拟 [J]. 安全与环境学报，2017，17（3）：922～930.

[13] 李俊平，曾喜孝，王红星，等. 一种急倾斜矿体开采的采空区处理与卸压开采方法：中国，201310675099.0 [P].2016-01-20.

[14] 李俊平，王晓光，赵兴明，等. 某铅锌矿采空区处理与卸压开采方案的数值模拟 [J]. 西安建筑科技大学学报（自然科学版），2015，47（5）：745～751，759.

[15] 李俊平，张浩，张柏春，等. 急倾斜矿体空场法开采的矿柱回收与卸压开采效果数值分析 [J]. 安全与环境学报，2018，18（1）：101～106.

[16] 李俊平，卢连宁，于会军. 切槽放顶法在沿空留巷地压控制中的应用 [J]. 科技导报，2007，25（20）：43～47

[17] 李俊平. 缓倾斜采空场处理新方法及采场地压控制 [D]. 北京：北京理工大学，2003.

[18] 李俊平，周创兵. 矿山岩石力学 [M].2版. 北京：冶金工业出版社，2017：204～209，288～290，323～325.

3 精细爆破技术

3.1 精细爆破

3.1.1 精细爆破定义

精细爆破是指借助定量化的爆破设计、精心的爆破施工和精细化的管理，进行炸药爆炸能量释放与介质破碎、抛掷等过程的精密控制，既达到预期的爆破效果，又实现爆破有害效应的有效控制，最终实现安全可靠、技术先进、绿色环保及经济合理的爆破作业。

3.1.2 精细爆破的内涵

精细爆破秉承了传统控制爆破的理念，但两者又存在显著的区别。精细爆破的目标比传统控制爆破的目标更高，既要求爆破过程或效果更加可控、危害效应更低、安全性更高，又要求爆破过程对环境影响更小、经济效果更佳。

精细爆破不仅是一种爆破方法，而且是含义更为广泛的一种理念。精细爆破不仅含有精确精准，也含有模糊方面的内容，这种模糊并不代表不清晰，而是模糊理论在爆破领域的应用；精细爆破不仅是细心细致，更是一种态度，一种文化。

精细爆破涵盖了有关爆破的技术、生产、管理、安全、环保、经济等方方面面的内容，是一个发展的概念，更是一个包容的概念，它将吸收最新科技成果的营养，融合发展，共同进步。

3.1.3 精细爆破技术体系

精细爆破的技术体系是爆炸力学、工程爆破、计算机技术、管理科学等多种学科知识的组装集成。

精细爆破技术体系包括目标、关键技术、支撑体系、综合评估体系和监理体系五个方面，如图3.1所示。其中，关键技术是核心，支撑体系是基础，综合评估体系和监理体系是保障。

目标是方向。目标和要求不同，技术体系也就各不相同。精细爆破的目标有三点：（1）安全可靠，技术先进，危险因素可识别、控制；（2）绿色环保，控制爆破有害效应并减少其对自然环境的影响，推动资源节约型和环境友好型社会的建立；（3）经济合理。总之，精细爆破的目标是低能耗、低污染、低成本，实现经济与环境的双赢。

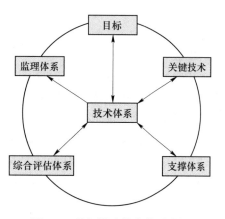

图3.1　精细爆破技术体系略图

精细爆破的关键技术主要包括定量化的爆破设计、精心施工、精细化管理等三个部分。其中定量化的爆破设计又是精细爆破的核心，精心的爆破施工和精细化的爆破管理是实现精细爆破的基础。三者密不可分。

定量化的爆破设计包含定量化的爆破方案、爆破参数及起爆网路设计，还包括爆破效果和爆破有害效应的定量预测与预报。精心施工包括精确的测量放样、钻孔定位及炮孔精度控制、爆破设计与爆破作业流程的优化。精细化管理指运用程序化、标准化和数字化等现代管理技术，实施人力资源管理、质量安全管理和成本管理等，使爆破工作能精确、高效、协同和持续地开展。在精细化管理中，往往借助实时监测与信息反馈，及时避开施工或设计中的不足，优化设计及施工方案。实时监测与信息反馈包括爆破块度和堆积范围等爆破效果的快速量测、对围岩爆破损伤效应的跟踪监测与信息反馈，以便在精细化管理中基于反馈信息及时优化爆破方案和参数，调整施工工艺。

3.1.4 精细爆破的应用与发展

20世纪90年代末期，随着我国水利水电行业进入快速发展期，在长江科学院，中国水利水电第七、十四工程局有限公司等科研和生产等单位的推动下，精细爆破理念在水利水电行业被广泛认可并得到迅速推广应用，在水电站高陡边坡、地下厂房和水下爆破等领域涌现出一批爆破精品工程，如图3.2所示。将这一中深孔与深孔精细爆破理念运用到采矿领域，可以实现矿岩的精细分离，既不损伤或最小限度地损伤保留的上、下盘围岩及装岩、

图3.2　向家坝水电站右坝肩精细爆破开挖效果

运矿结构，又经济、高效地破碎矿体，也许还能在凿岩巷道中实现任意厚度矿体的中深孔或深孔凿岩爆破，进而实现凿岩爆破机械化，从而避免从业人员在采场的悬空顶板下浅孔凿岩爆破。

矿山和岩土领域精细爆破的应用典范之一是数字矿山。所谓数字矿山，就是建立在数字化、信息化、虚拟化、智能化和集成化基础上的由计算机网络管理的管控一体化系统。它是一种信息化、虚拟化的矿山，是借助信息化和数字化方法来研究和构建矿山，也是矿山的人类活动信息的全部数字化之后由计算机网络来管理的一种技术系统。

大红山铜矿通过应用Dimine数字矿山软件平台，建立了矿山地质模型和工程实体模型，以三维形态直观可视地反映矿山的地质情况及开采环境。并以此为基础开展三维采矿设计、测量数字自动成图、数字化的资源储量管理等应用工作，极大地提高了地质、测量、采矿等各专业工作的精度和效率，如图3.3和图3.4所示。

实现数字矿山的重要手段是基于物联网的智能爆破。所谓智能爆破，就是以物联网为核心的新一代信息技术为基础，实现对爆破行业全生命周期的数字化、可视化及智能化，将新一代信息术与现代爆破行业技术紧密相结合，构成人与人、人与物、物与物相连的网

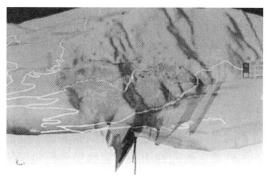

图 3.3 大红山铜矿三维可视化模型   图 3.4 三维采矿模型

络，动态详尽地描述并控制爆破行业全生命周期，以高效、安全、绿色爆破为目标，保证爆破行业的科学发展。

从前面精细爆破的关键技术的论述中可见，要想真正实现智能爆破，也必须在现场精准的技术支撑条件（体系）的基础上做好爆破设计，精确选用可靠的爆破器材，借助爆破振动监测等各种现代新技术精准分析与管理爆破现场。

3.2 定量化爆破设计基础

地质勘探和测量新技术、新设备的出现，使爆破前可以获得更为详细和可靠的地质和地形等爆破条件，为破碎和抛掷堆积等爆破效果的正确预测提供保证；动光弹、高速摄影、钻孔电视、岩石 CT、激光扫描等量测、监测设备和技术的进步，为爆破效果与爆破损伤效应的检测与量化评价提供了可能，为量化爆破设计和爆破有害效应的合理控制提供了技术支持。建立露天（地下）爆破智能化设计系统，综合利用面向对象技术、地理信息系统、虚拟现实技术、多维数据库理论和地质统计学方法，进行现场条件下的爆破参数设计、爆破过程的数值模拟和爆破效果预测。

3.2.1 萌生阶段的爆炸理论

萌生阶段或早期发展阶段比较有代表性的理论包括爆炸药量与岩石破碎体积比假说、C. W. 利文斯顿爆破漏斗假说、流体动力学假说。

3.2.1.1 爆炸药量与岩石破碎体积比假说

该假说首先给出了集中药包标准抛掷爆破漏斗的装药量计算公式，即：

$$Q = qW^3 \tag{3.1}$$

式中，Q 为标准抛掷爆破的装药量，kg；q 为破碎单位体积岩石的炸药消耗量，kg/m³；W 为最小抵抗线，m。

当装药深度不变时，若改变装药量的大小，破碎半径及破碎顶角的数值也随之变化。因此，根据几何相似原理得出非标准抛掷爆破漏斗的装药量计算公式为：

$$Q = f(n)qW^3 \tag{3.2}$$

式中，n 为爆破作用指数；$f(n)$ 有许多种经验公式，应用较多的是 $f(n) = 0.4 + 0.6n^3$。

　　该假说只是通过装药量与岩石破碎体积成比例关系来计算爆破时的装药量，对爆破作用的各种物理现象及岩石是受何种作用力而破坏的爆破过程并未作实质性说明。在计算中没有考虑岩石的物理力学性质，但是由于计算公式比较简单，并且应用效果良好，公式（3.2）仍是工程爆破时计算装药量的基本公式。

3.2.1.2　C.W.利文斯顿爆破漏斗假说

　　C.W.利文斯顿（C.W.Livingston）爆破漏斗假说，建立在大量的爆破漏斗试验和能量平衡准则基础上。在不同岩性、不同装药量、不同埋深条件下进行大量试验表明：炸药在岩体中爆炸时，传递给岩石的能量取决于岩石的性质、炸药性质、药包质量和药包埋深等因素。当岩石的性质一定时，其爆破能量的多少取决于炸药质量和埋藏深度。在地下深处埋藏的药包，爆炸后其能量几乎全部被岩石吸收。

　　当岩石吸收的能量达到饱和状态时，岩石表面开始产生位移、隆起、破坏和抛掷。在此基础上，C.W.利文斯顿建立了爆破漏斗的最佳药量和最佳埋深公式，即：

$$L_j = \Delta E Q^{1/3} \tag{3.3}$$

式中，L_j 为最佳埋深，m；Δ 为最佳深度比，无量纲；E 为弹性变形系数，$m/kg^{1/3}$；Q 为最佳药包质量，kg。

　　关于爆破漏斗假说，C.W.利文斯顿采用单位药量的爆破体积和深度比曲线来表示，如图3.5所示。漏斗体积 V 与药包埋深 L 的关系是：L 由大变小时，V 由小变大，直至最佳深度 L_j 时，V 最大。以 L_j 为转折点，以后 L 逐渐变小，V 也相应变小，即曲线是中间高两头低的形状。用 V/Q-Δ 曲线（见图3.5）表征爆破漏斗的形状，充分体现了炸药爆炸传递给岩石的能量既与炸药的性质有关又与岩石

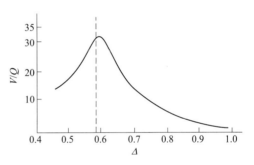

图3.5　单位药量爆破体积与深度与曲线

特性有关，更能反映爆破能量传递的实质。然而该理论仅对爆破结果进行了定量的描述而没有涉及岩石的爆破过程和爆破机理，因此仍属实用爆破学范畴。

3.2.1.3　流体动力学假说

　　依据数学相似原理，苏联学者 O.E.弗拉索夫于1945年提出了该假说，假设在坚硬介质中，爆炸作用具有瞬时性以及爆破介质具有不可压缩性，把介质视为理想流体。因此，爆炸作用可视为爆炸气体以动能形式将爆炸能量瞬间传给介质。

　　经过假设后认为：炸药爆炸在岩石介质中产生的速度势分布与电解液电位分布都遵守拉普拉斯方程，即

$$\frac{\partial^2 \phi}{\partial x^2} + \frac{\partial^2 \phi}{\partial y^2} + \frac{\partial^2 \phi}{\partial z^2} = C \tag{3.4}$$

　　求解的结果可获得反映爆炸能量分布规律及应力分布特性的势速（ϕ）的分布特点和其大小，通过水电动态相似模拟法可以方便地求出岩石破碎块度分布。

　　综观早期爆破理论，虽然三种代表性的理论各有特点，但共同点是没有涉及爆破过程的物理实质，都只是一些经验计算公式。

3.2.2 确立和发展阶段的爆破理论

3.2.2.1 冲击波拉伸破坏理论

20 世纪 60 年代初，日本学者日野熊雄提出了冲击
波拉伸破坏理论。这种理论从爆炸动力学观点出发，认
为药包爆炸时在岩体中激起的压应力波，自药包中心向
外传到自由面后在自由面上反射变成的拉应力波，是造
成岩石破坏的主要原因。岩石抗拉强度很低，大大小于
其抗压强度，同时，由于自由面处的岩石处于双向应力
状态，其抗拉强度比多向应力状态时要低。如果反射拉
应力波形成的拉应力超过岩石的抗拉强度，岩石便发生
拉断破坏，使得岩石从自由面向药包方向层层拉断，俗
称片落，如图 3.6 所示。

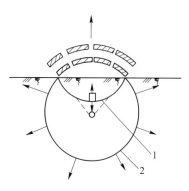

图 3.6 反射拉应力波破坏作用
1—反射拉应力波；2—压实力波

该理论虽然能解释实际工程中出现的一些现象，如
爆破时自由面处确实常发现片裂、剥落等现象，但限于当时的技术条件，该理论对许多问
题不能完全解释。例如：（1）炸药中冲击波所携带的动能仅占炸药总能量的 5%~15%，
而爆炸气体膨胀能占总能量 50% 以上，单靠冲击波这样小的能量要将岩石完全破碎是令人
难以置信的。（2）应力波从炮孔传到自由面，再从自由面反射回炮孔的全部时间历程不超
过几毫秒。根据 N.U. 特鲁达的资料，自由面岩石开始移动的时间为上述时间的 15~30
倍。这充分说明在这样短的时间内，冲击波不可能将岩石全部破碎。

3.2.2.2 爆炸气体膨胀压力破岩理论

该理论的基本观点是：爆炸气体膨胀压力是引起岩石破坏的主要原因。在岩石内部，
由爆炸反应生成的气体膨胀压力引起岩石的拉伸破坏。

该理论的代表人物为瑞典学者 U. 兰格福斯。U. 兰格福斯认为，爆炸后产生的冲击
波，在炮孔周围岩石中产生径向的初始裂隙，但范围很小。当爆炸气体作用在孔壁时，膨
胀的高压气体钻入由冲击波引起的径向裂隙中将裂隙胀开，并在裂隙尖端形成切向拉伸应
力。这种应力促使裂隙继续延伸，直到自由面，将岩石破碎。

U. 兰格福斯正确地阐述了爆炸气体在岩石破碎中的作用，它使初始裂隙进一步扩大
和延伸。但该论点也存在一些问题：

（1）从用裸露药包破碎大块来看，岩石破碎主要依靠冲击波的动压作用，爆炸的膨胀
气体并没有对大块破碎起什么作用。这充分说明岩石破碎不能单独由爆炸气体来完成。

（2）爆炸膨胀气体的准静态压力 p_s 只有冲击波波阵面压力 p_d 的 1/4~1/2。单独由这
样低的准静态压力能否在岩石中引起初始破裂是令人怀疑的。

3.2.2.3 冲击波和爆炸气体综合作用理论

该理论认为岩石破坏首先是爆炸冲击波在炮孔周围的岩石中产生裂隙破坏，其后是爆
炸气体进一步扩展裂隙。在破碎岩石上冲击波和爆炸气体共同作用。较具代表性并为国内
外众多学者接受的是加拿大学者 L.C. 朗（Long）1972 年提出来的爆破过程经历的三个
阶段：

（1）第一阶段为炸药爆炸后冲击波径向压缩阶段。炸药起爆后冲击波以 3000～5000m/s 的速度在岩石中引起切向拉应力，由此产生的径向裂隙向自由面方向发展。冲击波由炮孔向外扩展到径向裂隙出现需 1～2ms（见图 3.7（a））。

（2）第二阶段为冲击波反射引起自由面岩石片落。当冲击波达到自由面后反射为拉伸波。如果这种拉伸应力足够大则可导致自由面岩石产生"片落"（见图 3.7（b））。

（3）第三阶段为爆炸气体的膨胀。岩石受到爆炸气体超高压力的影响，在拉伸应力和气楔双重作用下径向初始裂隙迅速扩大（见图 3.7（c））。当炮孔前方的岩石被分离推出时，岩石内产生的高应力卸载如同被压缩的弹簧突然松开一样，产生高应力的卸载效应，在岩体内引起极大的拉伸应力，继续了第二阶段的破击过程。

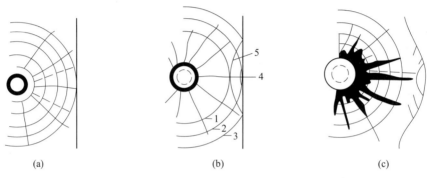

（a）　　　　　　　　　　（b）　　　　　　　　　　（c）

图 3.7　冲击波和爆炸气体综合作用下岩石破裂发展示意图

（a）径向压缩阶段；（b）冲击波反射阶段；（c）爆炸气体膨胀阶段

1，2，3—压缩波；4，5—反射波

3.2.3　现代爆破理论研究的新进展

3.2.3.1　诞生裂隙岩体爆破理论

现代爆破理论的最新发展阶段起始于 20 世纪 80 年代，标志之一是有裂隙介质爆破机理的产生。当今岩体力学已从以材料力学为基础的连续介质岩体力学发展为以工程地质为基础的非连续介质岩体力学。

裂隙岩体的破碎规律可以概括为：

（1）裂隙岩体的破碎主要是应力波作用的结果。应力波不只是使岩石在自由面产生片落，而且通过岩体原生裂隙激发出新的裂隙，或者促进原生裂隙进一步扩大。这一过程是在气体膨胀压力作用之前就已完成。

（2）与均匀介质爆炸相比，裂隙岩体的爆炸气体膨胀压力对岩石破碎作用很小，只是当应力波将岩石破碎成块以后，起到促使岩石碎块分离的作用。

（3）由于裂隙的发展速度有限，载荷的速率对裂隙的成长有很大的作用。缓慢的载荷作用有利于裂隙的贯通和形成较长的裂隙。而高应变率载荷容易产生较多的裂隙，却抑制了裂隙的贯通，只产生短裂隙。

3.2.3.2　认清岩石动载特征及其对爆破效果的影响

工业炸药爆炸时，爆轰波波阵面上的压力为 5～6GPa，质点速度 5000～5500m/s，载荷作用时间仅十几至数十微秒。岩石在如此高温瞬时加载条件下，明显地表现出不同于静载的力学性质，即应变率特征。因此研究高应变率条件下岩石动载特征对于研究爆破法破碎岩石理论有重要意义。

我国学者于亚伦教授采用三轴 SHPB 装置（冲击速度 40m/s，最大围压值为 100MPa）对多种岩石、矿石进行了高速冲击试验，在此基础上提出了岩石动抗压强度、动弹性模量、应变率、围压条件下的岩石对爆破效果的影响，主要有：

（1）岩石动载特性高于静载特性。岩石承受动载比承受静载更难于变形，欲使岩石在动载条件下发生破坏，所需外载荷更大。

（2）冲击速度增加，岩石吸收能增大，破碎效果获得改善。

（3）动弹性模量与动抗压强度成正比。

（4）随着应变率的增加，岩石抗压强度增大，而岩石强度的大小又直接影响破碎效果。

（5）岩石破坏强度随围压的增大而增大。围压继续升高，岩石可以从脆性变为韧性，甚至硬化，增大爆破难度。

可能由于试验装置及读数的局限性，"岩石动载特性高于静载特性""动弹性模量与动抗压强度成正比"等结论值得商榷。

3.2.3.3 计算机模拟爆破技术的飞速发展

计算机模拟爆破技术代表着 20 世纪 90 年代爆破技术的最高水平。计算机模拟爆破是以计算机为运算工具，采用模拟的方法，求得爆破过程或系统的模拟解。计算机模拟爆破欲达到的目标有四个方面：（1）裂纹的产生和扩展；（2）预测爆破块度的组成和爆堆形态；（3）爆破效果的评价与参数的优化；（4）模拟和再现爆破过程。

到目前为止，人们应用分形、损伤等数理新方法，正试图对岩体的天然结构进行全面、真实地描述；结合卫星定位系统，人们可以对炮孔进行准确定位，并利用钻机工作参数获取岩体性质数据；新型矿用炸药，为人们调节爆破破岩的能量输入提供了可能；高精度电子雷管，使人们精确地控制爆破时序成为现实；新的爆破破碎块度分布光学量测、分析技术，为人们对爆破破碎效果的定量、全面评定提供了手段；大容量、高速度计算机可以满足爆破破碎复杂系统的模拟要求。基于上述对爆破破碎的综合认识，人们已能利用计算机技术全面审视爆破破碎的机理，以求最终获得全面的理解与把握，使爆破真正走向科学化、数码化。表 3.1 和表 3.2 分别列述了国内外主要爆破数学模型和应用程序。带 * 的模型得到了更广泛应用。

表 3.1　国内外主要爆破数学模型

模　型	作　者	目　的	方　法	参　数
BCM（bedded crack model）	Margolin	研究破碎形成	断裂力学和动态效应	爆轰基本参数；动态应变参数
MAG-FRAG	Mchlugh	岩石破裂的产生与扩展	裂纹产生和扩展统计	裂纹分布和弹性波传播特性
SHALE	Adams Demth	岩石破碎的本质	阐述破碎机理的应力波和气体模型	爆轰参数、破碎分布、弹性参数和断裂韧性量值

模　型	作　者	目　的	方　法	参　数
KUSZ	Kuszmaul	模拟岩石断裂	损伤力学方法	一般岩石性能及损伤参量
Word Inde	Bond	露天矿破岩预测	依能量和体积平衡	平均块度尺寸；能量消耗
BLASPA	Faveau	详细爆破设计及破岩预测	基于爆炸气体和冲击作用动态破碎模型	能量因数；岩石分类和爆炸参数
KUZ-RAM	Kuznezov Cunniug-ham	台阶爆破平均块度尺寸预测	爆破参数与平均块度的经验公式	能量因数；岩石分类和爆炸参数
HARRIES*	Harries	岩石破裂、隆起、破碎块度和爆堆预测	动态应变引起炮孔周围岩石破碎	爆破振动和岩石的动载特性
爆破设计准则	Longerfors	岩体爆破设计准则	爆破设计经验模型	岩石破碎参数；爆破几何参数及炸药特性
块状岩石破碎模型	Cama	构造体岩石的破碎预测	多面体块状描述，破碎作用理论和能量消耗	岩石结构；能量消耗；破碎作用特性
可爆性指数	Lily	普通露天矿爆破设计指南	破碎与岩石参数的相互关系	岩石分类；爆破设计
SABREX*	ICI 炸药集团	预测台阶爆破效果	计算机图解算法，炸药与岩石相互作用原理	岩石力学参数、爆破几何参数；炸药、爆破器材及钻孔的单位成本
JKMRC*	Kleine Leung	破碎度预测，炸药选择和爆破设计	破碎理论应用到原岩矿块	矿岩块度尺寸分布；能量分布和破碎特性

表 3.2　国内外主要爆破应用程序

程序	数值方法	维数	坐标系
SWAP	MC	1	Lagrangian
WONDY	FD	1	Lagrangian
TOUDY	FD	2	Lagrangian
DUFF	FD	1	Lagrangian
HEMP	FD	1, 2, 3	Lagrangian
STEAL TH	FD	1, 2, 3	Lagrangian
PRONTO	FD	2, 3	Lagrangian
MESA	FD	2, 3	Eulerian
PAGOSA	FD	3	Eulerian
JOY	FD	3	Eulerian
DYNA	FE	2, 3	Lagrangian
CALE	FD	2	Lagrangian
CAVEAT	FD	2, 3	Eulerian
CTH	FD	2, 3	
PICES	FD	2, 3	CEL

程序	数值方法	维数	坐标系
CRALE	FD	2，3	ALE
AFTON	FD	1，2	
CSQ Ⅱ	FD	2	Eulerian
BPIC-2	FE	2	Lagrangian
BPIC-3	FE	3	Lagrangian
NIKE-2D，3D	FE	2，3	
ZEUS			Lagrangian
AUTODYN	FE	2	
TDL MADER	FD	2	Lagrangian

目前，模拟爆炸过程常用的动力数值计算程序有 ANSYS/LS-DYNA 等。需指出，采用数值计算方法直接实现爆破卸压全过程的研究，目前还未见有报道。主要有两方面原因：计算稳定性和求解时间。由于研究爆破卸压问题需要关注爆炸后相对较大范围的围岩应力状态，而采用动力数值计算程序，较大的模型可能导致计算不稳定，甚至无法收敛；同时，由于爆炸模拟对网格要求较高，大尺寸的模型常导致其物理计算时间达到天文数字。采矿工程力学分析常用的有限差分程序可模拟较大范围的岩土体在爆炸作用下的完全非线性响应，但其爆炸荷载需由经验公式、动力分析程序或实测数据提供。鉴于此，将 ANSYS/LS-DYNA、FLAC^{3D} 两程序优势互补以实现爆破卸压全过程的动态模拟，李俊平据此设计了井巷掘进岩爆控制的钻孔爆破卸压参数，建成了文峪金矿深埋竖井等示范工程。

3.2.3.4 一些新思维、新方法开始应用

在工程爆破理论研究领域，开始引入概率和数理统计、模糊数学、灰色系统、分形几何等不确定性理论方法。

3.3 高可靠度爆破器材

适应不同岩性和爆破条件的高性能和性能可调控炸药、不同爆速导爆索、高精度延期雷管及数码电子雷管的研制成功，使得对炸药爆炸能量的释放、使用及转化过程的有效控制成为可能。

3.3.1 工业炸药的新进展

3.3.1.1 工程爆破对工业炸药的基本要求

工程爆破对工业炸药提出了如下基本要求：（1）性能良好，有足够威力，破碎介质的效果良好。（2）炸药感度适中。感度过高，安全性差；感度过低，起爆困难，容易产生拒爆、传爆效果差，容易留下残药。（3）物理化学性能稳定，在规定的储存期内不变质、不失效。（4）达到或接近零氧平衡，爆炸后生存的有毒气体少。（5）防潮或防水性能好。（6）原料来源广泛，制造工艺简单，成本低。

3.3.1.2 精细爆破对工业炸药的要求

从精细爆破的定义可以看出，对工业炸药而言，除了满足工程爆破的基本要求外，还应该满足精细爆破对炸药能量释放过程和危害效应控制的要求。因此，精细爆破对工业炸药还提出了如下几个方面的更高要求：

（1）性能可调。根据精细爆破概念，要求对不同爆破对象及不同介质特性，调整工业炸药成分和性能，以达到炸药和介质合理匹配，使得爆炸能被充分利用，提高炸药能量利用率。

（2）具有环保性。工业炸药的环保性主要表现在两个方面：一是不含梯恩梯中的有毒成分，二是组分配比达到或接近零氧平衡，以保证爆炸后有害气体生成量少。

（3）便于操作。

3.3.1.3 工业炸药的现状及改进

近几年我国工业炸药的热门课题是：取消粉状炸药中的梯恩梯，开发无梯或少梯的新型粉状炸药；发展含水炸药，完善生产工艺，形成工业化批量生产；发展现场混装车技术。

A 无梯或少梯粉状硝铵炸药的研究

铵梯炸药作为我国工业炸药的传统产品，其缺点是所含梯恩梯组分有毒、污染，价格较高。解决问题的途径之一是研究无梯或少梯的粉状炸药。南京理工大学研制的膨化硝铵炸药是无梯粉状炸药中异军突起的一族，它的核心技术是膨化硝酸铵工艺及设备。经膨化后的硝酸铵具有较高活性和较好抗潮防硬化能力，适量加入木粉和油相材料，经过碾机混合后具有较高的爆轰感度和爆速。现有岩石型和煤矿许用型两个品种。但该项技术也存在药卷密度低、炸药体积威力小及煤矿型的爆炸性能不够稳定等缺陷。

与膨化硝铵炸药几乎同时诞生的无梯粉状炸药还有粉状乳化炸药。该技术的主要拥有者是南京理工大学、煤科总院爆破技术研究所和北京矿冶研究总院。其技术核心是利用乳化炸药的乳化技术，将硝酸铵溶液微细地分散在油相材料中，然后经特殊工艺处理后成为一种氧化剂和可燃剂均匀混合的固体粉状体系。炸药中含有不超过3%的水，具有较好的抗水性和较高的爆轰性能。目前只有岩石型炸药，未见煤矿许用型定型的报道。其他少梯炸药还有长沙矿冶研究院研制的新2号岩石炸药和膨化硝酸铵炸药等改进品。

对于无梯或少梯粉状炸药，企业选用膨化硝酸铵这种新颖而实用的工艺，预处理硝酸铵，作为铵梯炸药生产中的一个替代工序，具有较大意义；而将其应用于煤矿许用炸药，尤其是高安全性的煤矿许用炸药，则无大的发展前途。

重铵油炸药也是一种无梯或少梯炸药，它是由不同比例的乳化炸药（乳胶体）与多孔粒状铵油混制而成，仅通过改变两者比例，就可调节这种炸药的密度与能量，适应了炸药性能与爆破对象紧密、精确匹配的新要求。早期重铵油炸药不具有雷管感度，随着炸药技术进步，目前具有雷管感度的重铵油炸药已投入使用，这可取消起爆药柱，大幅降低爆破成本、简化起爆工序，而且其和泵送乳化炸药取代原先的铵油炸药，可克服自燃、自爆等高温起爆问题。

B 含水炸药的研究

从20世纪80年代至今，含水炸药一直作为工业炸药更新换代的产品受到重视。含水炸药主要包括水胶炸药和乳化炸药两大系列。由于水胶炸药具有生产原料复杂、成本高、工艺条件难控制等原因，事实上已经不能与乳化炸药相抗衡。近几年我国乳化炸药的品种已经系列化，特别是煤矿许用型品种丰富，缓解了煤矿安全需求，基本性能满足了用户的需求。

北京矿冶研究总院在胶状乳化炸药的基础上，对乳化炸药的配方、生产工艺等均进行了深入系统研究，生产的新型粉状乳化炸药既保持了乳化炸药油包水型微观结构，又具有良好的爆轰性能，主要性能见表3.3。

表 3.3　新型粉状乳化炸药的主要性能

性能	装药密度/g·cm⁻³	爆速/m·s⁻¹	猛度/mm	殉爆距离/cm	撞击感度/%	摩擦感度/%	有效期/月
指标	0.9~1.05	3500~3900	15~17	10~12	0	0	≥6

C　炸药现场混装车

工业炸药现场混装技术的发展大约开始于20世纪70年代。在20世纪70年代中期，现场混装铵油炸药（bulk ANFO）及其装药车首先出现在一些工业与矿业技术发达国家的大型露天矿山。1980年前后，现场混装浆状炸药装药车投入工业应用，随后由于乳化炸药的迅速崛起，乳化炸药的用量不断增加，浆状炸药现场混装技术很快就被淘汰掉，取而代之的是美国、加拿大、瑞典等国家先后发展的乳化炸药现场混装技术。第一代露天现场混装乳化炸药技术是20世纪80年代中期美国IRECO公司首次研发的露天现场混装乳化炸药技术，装药车装载硝酸铵保温水溶液等炸药原料，到爆破现场后制备成可泵送乳化炸药，应用于露天矿山大直径炮孔装药爆破作业。为了确保可泵送乳胶基质的质量稳定，提高装药车的整体技术性能与综合作业效率，在20世纪80年代末在第一代露天现场混装乳化炸药技术的基础上，ICI炸药公司率先发展了新的第二代露天现场混装乳化炸药技术，车载乳胶基质制备系统转到制备油、水两相溶液的固定式地面站，这样也就使整车保温技术要求与混装工作系统不再复杂，也大大提高了装药车技术性能与工作稳定性。20世纪90年代后期，国外部分发达国家已经不再使用车载油水相溶液、车上制备乳胶、现场混制装填的乳化炸药现场混装技术与装备，继而发展了在地面上集中制备稳定好、质量高的乳胶，将乳胶当作一种原料装于车上的储罐内，直接经敏化装填于炮孔中，或者在敏化前混入粒状铵油炸药和其他干料或液体添加剂后，经敏化装填于炮孔中。这样，开阔了远程配送系统，实现了集中制备乳胶的分散装药体系，如：年产乳胶15万~20万吨的澳大利亚猎人谷地面站，占地面积很小。美国Austin公司、加拿大ETI公司、澳大利亚Orica公司、挪威和瑞典的DynoNol公司也都先后完成了这种转变，并向外输出技术与相应的装备。

我国经过近50年的不懈努力，在自主研究与技术引进的基础上，先后开发了粉状铵油炸药装药车、浆状炸药装药车、粒状铵油炸药装药车、乳化炸药装药车、重铵油炸药装药车。其优势主要体现为以下几点：安全、可靠，计量准确，占地面积小、建筑物简单，改善了工作环境，降低成本、改善爆破效果，减轻劳动强度、提高装药效率。北京矿冶研究总院研制的BCJ系列散装乳化炸药现场装药车（见图3.8）的主要性能参数见表3.4。

D　性能可调控炸药

利用炸药现场混装车适当改变炸药配比，制备出性能与岩石相匹配的炸药。根据一维

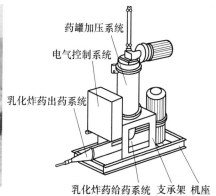

药罐加压系统

电气控制系统

乳化炸药出药系统

乳化炸药给药系统　支承架　机座

图 3.8   BCJ-3 型现场混装乳化炸药装药车及装药结构

弹性波理论可知，炸药与岩石的波阻抗相等时，炸药能量利用率最高。陕西金堆城露天矿引进 BCRH-15 型乳化炸药现场混装车制备乳化炸药，采用化学方法调节炸药密度，投放的炸药密度由露天钻孔下到上按从大到小的顺序变化，与炮孔爆破所需的能量分配相一致，从而有效地降低了采场爆破的大块率和根底率，降低了炸药单耗，改善了爆破质量。

表 3.4   BCJ 系列散装乳化炸药现场装药车

装药车型号	01、02 型	3 型	1 型	2、4 型	5 型
乳胶基质容量/t	20~25	8~15	600~3000	600~2000	60~150
装药速度/kg·min^{-1}	200~350	60~240	12~25	15~20	15~20
可装填孔深/m	≥110	60~110	32~90	25~90	38~90
装药密度/g·cm^{-3}	1.2	0.95~1.25	0.95~1.25	0.95~1.25	0.95~1.25
计量误差/%	±2	±2	±2	—	—
动力来源	汽车发动机	汽车发动机	现场 380V 电源	现场 380V 电源	外接液（气）压动力
应用范围	大型露天矿	多功能露天爆破	公路、铁路隧道	地下矿山及大型硐库开挖	地下矿山及大型硐库开挖

澳大利亚 Orica 公司在 2000 年下半年还推出了能量可变的 NOVALITE 炸药。它包括 5 个品种，即 NO-VALITE1100、800、600、450、300，其密度变化范围为 1.1~0.3g/cm³，爆速变化范围是 2000~4500m/s。应该说，将炸药的密度调节至 0.3g/cm³，并能保持稳定的爆轰状态，这是低密度炸药技术的一次突破。这样就可以针对软弱矿岩的实际情况，选用不同密度和爆速的炸药，既可以使装填药柱稳定传爆到孔口，减少上部大块，又可以避免炮孔底部药量过于集中而产生过远的抛掷。该系列炸药在澳大利亚猎人谷几个煤矿的上盘软岩剥离爆破中获得应用，爆破效果良好，爆堆和块度均匀，非常适宜铲装。北京矿冶研究总院研制的低密度（ 0.5~0.6g/cm³）粉状炸药也在江西武山铜矿的软岩爆破中获得应用。此外，低密度炸药在预裂爆破和光面爆破中使用效果也很理想，半孔率高达 90% 以上。

E   其他工业炸药

适用于光面爆破、金属爆炸加工的低密度、低爆速炸药已在淮南工学院和西安近代化学研究所研究成功，中国矿业大学研制的聚能切割炸药用于光面爆破也取得了良好的效果。退役炸药、火药在民爆行业也取得了较好利用。适用于坚硬岩石爆破的液体炸药（硝酸铵混合液）及油井压裂用炸药在国内也已经研制成功。

雷管敏感的小直径散装乳化炸药可通过泵送到相应炮孔中，使小直径炮孔的装填效率成倍提高，同时炸药与爆破作业对象紧密匹配，具有良好的爆破效果，简化了炸药生产工序，大大降低了炸药生产及爆破作业的成本。特别是雷管敏感的小直径散装乳化炸药的成功开发，为地下矿山工程炸药装填的机械化铺平了道路。

3.3.2　起爆器材新进展

3.3.2.1　工程爆破对起爆器材的一般要求

技术方面，起爆器材应该具备：（1）足够的灵敏度和起爆能力。工业雷管的灵敏度，必须保证雷管在使用时准确按要求起爆，起爆能力要保证被引爆的炸药达到正常的爆轰。（2）性能均一。雷管的技术参数均一，确保使用时的一致性。（3）延时精度高。30段高精度等间隔（25ms）电雷管的广泛应用，为爆破作业的精细化和科学化发展提供了有力的技术与物质支撑。（4）制造和使用安全。在保证足够起爆能的前提下，灵敏度适宜，确保制造、装配、运输和使用过程中的安全。（5）长期储存的稳定性。雷管生产后不能立即使用，有一个入库、出库、运输、现场使用的过程，在时间和空间上都有一定变化。工业雷管储存两年以上，应不发生变化和变质现象。

经济方面，起爆器材应该具备：（1）结构简单，易于批量生产；（2）制造与使用方便；（3）原料来源丰富，价格低廉。

3.3.2.2　精细爆破对起爆器材的要求

精细爆破还要求起爆器材具备如下更高的要求：（1）雷管的精确度高，延时时间间隔可自由调控。从当前使用的电子雷管和导爆管雷管看，尽管其较数码雷管便宜，但是其精度不高，延时精度不准确，无法自由调控延时时间间隔。（2）起爆系统安全，操作方便。（3）起爆器材品种多样，性能稳定。

3.3.2.3　起爆器材的现状与发展

A　数码电子雷管及其编码起爆系统

数码电子雷管的应用是起爆技术上的一次革命，必将改变许多爆破设计方面的指导思想，使得许多以前认为是不可能做到的高难度爆破变为可能。数码电子雷管已在加拿大、美国、南非、澳大利亚、瑞典等国的有关矿山广泛应用，日本已将其编入《爆破手册》。其本质在于应用一个微型集成电路块替代普通雷管中的化学延时与点火元件。它不仅可以控制延时精度，也可以控制通往雷管引火头的电源，从而最大限度地减少因引火头能量需求所引起的误差，通常延时精度可控制在0.12ms以内。

数码电子雷管各段之间的延时间隔通常为2ms，其为精细爆破提供了新的手段。数码电子雷管发火时刻设定的灵活性，对静电、射频电和杂散电流的固有安全性，对起爆之前的可测控性等，都是普通电子雷管起爆系统无法比拟的。数码电子雷管的出现，使得光面爆破中能够真正做到各光面（预裂）炮孔齐发爆破，在需要减振的隧道、露天爆破场所能够真正实现一孔一段的爆破。它需要专用的起爆器来引爆。世界几个主要电子雷管厂商生产的数码电子雷管见表3.5，典型数码电子雷管结构如图3.9所示。

表 3.5　几个公司生产的数码电子雷管型号

公司名称	电子雷管型号
Orica 公司（澳大利亚、美国）	I-Kon TM
AEL 公司（南非）	Electrodet
Sasol 公司（南非）	EZ-Tronic TM
旭化成公司（日本）	EDD

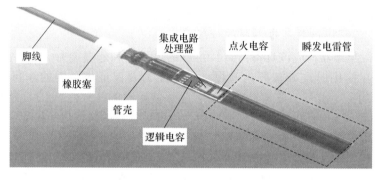

图 3.9　数码电子雷管的结构

数码电子雷管的起爆系统由数码电子雷管、编码器和起爆器三部分组成。I-Kon TM 的数码电子雷管编码器可以实现 1ms 间隔从 0～15000ms 的编程。总延时小于 100ms 的延时精度为 0.2ms，大于 100ms 的误差小于 1%。编码器的功能就是注册、识别、登记和设定每个数码电子雷管的延期时间。随着电子雷管和网络在线检测，编码器可以识别雷管与起爆网络中可能出现的任何错误，如雷管脚线短路、正常雷管和欠缺雷管的 ID、雷管与编码器的连接正确与否。编码器通常在一个固定的安全电压下工作，最大输出电流不足以引爆雷管，并且设计上也不会产生引起雷管起爆的指令，从而确保布置和检测雷管时不会使雷管误发火。

起爆器控制整个爆破网络的编程和起爆，从编码器上读取整个网络中的雷管数据，然后检查整个爆破网络。只有当编码器和起爆器组成的系统无任何错误，起爆器才发出编码信号起爆整个网络。爆破采用 SHOT PLUS-1 软件，该软件结合爆破系统，大大提高了爆炸效果。

B　遥控起爆系统

澳大利亚矿山现场技术公司和奥瑞卡（Orica）合作相继推出了适合不同作业场所的遥控起爆系统，其中 BLASTPED 型遥控起爆器可用于露天和地下爆破作业，BLASTPED-EXEL 型遥控起爆系统只能用于露天爆破作业。这两种遥控起爆器，既可以应用于数码电子雷管的起爆，也可以应用于普通电子雷管及非电导爆管雷管的起爆。

C　低能导爆索及其起爆系统

导爆索通常可分为高能（70～100g/m）、普通（32g/m）、低能（3.6g/m、6g/m）导爆索。目前已将低能导爆索的装药量降为 1.6g/m，这就为爆破设计提供了一些新的手段。

低能导爆索起爆系统由小直径低能导爆索和延时雷管组成。通常用铺在地上的普通导爆索起爆炮孔中的低能导爆索，通过爆轰波点燃雷管的延期元件使雷管爆炸，进而引爆炸药。其优点是低能导爆索不会对炮孔内的炸药产生动态压死等不良影响，也不会出现切断和早爆的危险，更无外来电干扰的危险。

3.4　精准定位与操作技术

全球定位系统（GPS，global positioning system）在矿山工程爆破中的应用主要表现在地面测量、移动式和固定式设备（钻机、挖掘机、汽车、辅助车辆）定位、作业钻机的实时定位和独立车辆的导向四个方面。这是实现智能化、无人凿岩爆破，乃至无人开采的基础。

深孔或中深孔精细预裂爆破，是精准实现矿岩分离，并确保不损伤或最小限度地损伤保留的上、下盘围岩及装岩、运矿结构的关键技术。该关键技术得以实现的技术支撑，除了前述的定量化爆破设计基础（3.2节）、高可靠度爆破器材（3.3节）外，智能化、无人施工还必须依赖全球定位系统及计算机辅助设计系统（CAD，computer aided design）。

GPS 在炮孔精确定位中的作用主要体现在如下两个方面：（1）钻孔的三维准确定位，保证孔网参数正确无误；（2）校正钻孔深度，降低超欠挖，确保采场的平整度。

CAD 是 GPS 实现炮孔精确定位的"大脑"。CAD 是以计算机图形学为核心，将计算机科学技术和各种应用科学技术紧密结合在一起，形成的一种综合性、集成化的辅助设计系统。CAD 包括资料检索、方案构思、计算分析、工程绘图和技术文件编制等，是工程技术人员以计算机为工具进行设计活动的总称。目前，CAD 已经从单纯替代人工完成设计计算和自动绘图等功能，逐步发展为一种人机交互的综合系统。它把人的思维、判断和计算机系统的严谨运算紧密结合在一起，用来实现施工方案的最优化。

GPS 和 CAD 在爆破领域的应用，使爆破作业进入信息化、精细化阶段。德兴铜矿1998 年引入 GPS 提供的爆破作业线数据，爆破技术员借助 CAD 将 GPS 数据在计算机屏幕上圈定出爆区范围，再在该爆区范围内利用 CAD 进行爆破设计，然后将设计出的布孔方案以空间坐标的形式返回给 GPS，最后钻机在 GPS 引导下钻孔。如此，实现了该矿台阶爆破的自动设计，钻孔定位精度达到 0.1m。因此，CAD 和 GPS 交互设计的步骤为：

步骤 1，确定爆破区域眉线。

步骤 2，选择布孔区域，自动设计、布孔。

步骤 3，对布孔设计进行修正。比较科学的设计，往往借助 DYNA 等三维软件仿真爆破效果，从而修正布孔方案。

步骤 4，连接起爆网络，标注起爆顺序。

步骤 5，打印爆破设计图。

步骤 6，记录爆破参数、爆破效果、爆破器材消耗。

牙轮钻、潜孔钻和凿岩台阶等钻孔设备，挖掘机、铲运机和装载机等装载设备，矿用汽车等运输设备，在 GPS 引导下借助 CAD 或物联网、互联网构建人与人、人与物、物与物相连的网络，国外已实现钻孔、铲装及运输的智能化无人操作。

3.5　预裂爆破与光面爆破

无论规整薄矿体等特殊矿体开采，还是厚大矿体开采，预裂爆破与光面爆破是实现矿岩精确分离、确保不损伤或最小限度地损伤围岩，确保围岩稳定及贫化率最小的关键爆破工艺。精细爆破理念及中深孔或深孔爆破应用于预裂或光面爆破，将会极大提高矿岩的分离质量，极大降低因围岩垮塌而引起的贫化，确保经济、安全、高效开采，实现精细预裂与光面爆破。这可避免人员在采场悬空顶板下浅孔凿岩爆破，变规整薄矿体的浅孔凿岩爆破为类似厚大矿体开采的分层巷道里的中深孔或深孔预裂与光面爆破采矿，精准实现矿岩分离。

3.5.1　预裂爆破与光面爆破的定义

预裂爆破（presplitting blasting）是指沿开挖边界布置密集炮孔，采取不耦合装药或装填低爆速炸药，在主爆区之前起爆，从而在爆区与保留边界之间形成预裂缝，以减弱主爆区爆破对保留岩体的破坏并形成平整轮廓面的爆破作业。

光面爆破（smooth blasting）是指沿开挖边界布置密集炮孔，采取不耦合装药或装填低爆速炸药，在主爆区之后起爆，以形成平整轮廓面的爆破作业。

预裂爆破与光面爆破的共同点都是属于控制轮廓成形的爆破方法，都能有效地控制开挖面的超挖、欠挖。两者之间的主要差别表现在两个方面：（1）预裂爆破是在主爆区爆破之前起爆，光面爆破则在之后起爆；（2）预裂爆破是在一个自由面条件下爆破，所受夹制作用很大，而光面爆破则是在两个自由面条件下爆破，所受夹制作用小。光面爆破因装药量远小于主爆区炮孔，故振动影响较小，对保留基岩的破坏较轻微。光面爆破的主要缺点是它在主爆区爆破之后起爆，所以，防振及预防裂缝伸入保留区的能力较预裂爆破差。

3.5.2　预裂爆破与光面爆破的应用

预裂爆破和光面爆破被广泛地应用于矿山、建筑、水利水电、交通等建设中。随着国家建设的飞速发展，应用范围日益广泛。尤其在矿山永久边坡的开挖与维护、建（构）筑物基坑开挖、水利水电工程及交通工程的边坡和隧道开挖、三峡工程临时船闸和永久船闸开挖中，预裂爆破和光面爆破对围岩维护及超欠挖控制显现了巨大的优越性。

过去认为预裂爆破多用于边坡开挖，光面爆破多用于巷道、隧道掘进，而现在两者使用的界限越来越不明显。例如：长江三峡工程临时船闸及引航隧道的开挖以预裂爆破为主，永久船闸的开挖则以光面爆破为主；在露天边坡开挖中，除了应用预裂爆破外，也有采用光面爆破的范例。预裂爆破和光面爆破究竟谁优谁劣，一言难定，但是，一般存在以下共识：

（1）预裂爆破可以用于任何种类的岩石和不同的施工条件。通常在硬岩中形成的裂缝较窄，在软岩中裂缝较宽，在破碎岩体中很难形成完整的裂缝。预裂爆破可以用于明挖，也可以用于洞挖。

（2）光面爆破由于是在两个自由面条件下爆破，夹制力小，爆破能形成光洁平整的开挖面。这是受到人们青睐的主要原因。图3.10为光面爆破工程示范。

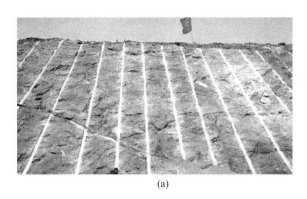 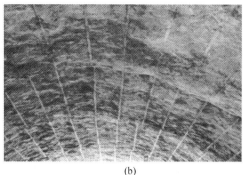

（a）   （b）

图 3.10 光面爆破工程示范

（a）公路高边坡；（b）水利隧道

3.5.3 预裂及光面爆破成败的关键因素

精细爆破的关键技术，即定量化的爆破设计、精心施工、精细化管理，在预裂爆破和光面爆破中得到了最完美的体现，尤其是精细的爆破施工质量（钻孔方位、深度、炸药类型及用量）已成为预裂及光面爆破成败的关键。

3.5.3.1 钻孔质量是保证壁面平整度的首要因素

无论是预裂爆破，还是光面爆破，欲取得良好的壁面平整度，对钻孔质量的要求都是第一位的。钻孔质量的好坏取决于钻孔机械性能、施工中控制钻孔角度的措施和工人的操作技术水平。在以上的三个影响钻孔质量的因素中，尤以工人的操作技术水平最为重要。国内钻孔经验表明：

（1）对于平整的施工现场，设置钻机移动轨道，是凿出高质量钻孔的一个重要技术措施；

（2）钻机平台修建是预防钻机误差的重要环节。

修建钻机平台的原则包括：（1）根据钻机类型确定平台大小，保证钻机在平台上按设计的钻孔方向钻孔；（2）钻机平台必须易于与施工便道连接，保证钻机移动的道路畅通。目前，已有国家研制出保证钻孔精度的控制器，它在钻孔时能够自动调节钻孔的角度。

操作人员在施工中创造了许多先进的操作方法，例如："软岩慢凿、硬岩快凿"；"一听、二看、三检查"，即一听——听钻机的声音判断孔内情况，二看——看风压表、电流表是否正常，三检查——检查机械、风压和孔内故障。

预裂孔的偏差直接关系到边坡的超欠挖。在预裂孔的放样、定位和钻孔施工中，角度的控制决定着钻孔质量。一般施工放样的平面误差不应大于 5cm。钻孔定位是施工中的重要环节，对于不能自行行走的钻机，铺设导轨往往是不可少的；而对于能自行行走的钻机，必须注意机体定位。在钻孔过程中，应有控制钻杆角度的技术措施。

在预裂面内的钻孔左右偏差比设计预裂面前后方向的钻孔偏差危害性要小一些，因为它还不至于给超欠挖带来过大的影响，仅仅使相邻钻孔之间平面内的不平整度增大而已。

国内外预裂爆破的钻孔深度多在 15m 以内，也偶有深度达到数十米的情况。过大的钻孔深度易使钻孔精度难于控制，从而对预裂爆破效果不利。

光面爆破钻孔的标准如下：（1）所有周边孔彼此平行，各炮孔应垂直工作面，允许偏差根据孔深度不同控制在3°~5°以内；（2）如果工作面不齐，应根据实际情况调整孔深和装药量，确保所有炮孔孔底落在同一个断面上；（3）开孔位置要精准，偏差值小于30mm。周边孔开孔位置均应位于巷道断面的轮廓线上，不允许有偏向轮廓线里面的误差。

3.5.3.2 装药结构

预裂爆破、光面爆破的装药结构一般都采用不耦合装药，即横向不耦合装药（见图3.11（a））和径向不耦合装药（见图3.11（b）和（c））。径向不耦合装药又分为小直径药包不耦合连续装药（聚氯乙烯药筒法）（见图3.11（b））和小直径药包不耦合间隔装药（导爆索绑炸药法）（见图3.11（c））。

横向不耦合装药，其特点是在炮孔内一段药包与一段药包之间应用空气、岩碴或间隔器间隔，其中使用间隔器间隔装药方便，效果最理想。小直径药包系指药卷直径为22mm或25mm。一般采纳低能导爆索起爆系统起爆，如图3.11所示。

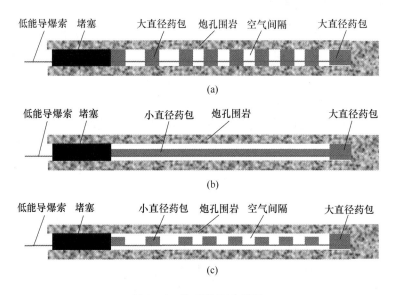

图 3.11 装药结构示意图

（a）横向不耦合装药；（b）径向不耦合连续装药；（c）径向不耦合间隔装药

3.5.3.3 机械化装药

预裂爆破、光面爆破的装药方法分人工装药和装药车装药两种。随着工业炸药安全技术和装药机械化技术水平的不断提高，国外采矿发达国家在中深孔、深孔爆破作业中已普遍采纳装药车装药。我国乳化炸药现场混装车装药技术在大型露天矿山也获得推广应用，但是，在隧道、巷道、斜井等的深孔、中深孔掘进中，尽管其他作业可全部实现机械化，然而装药基本仍停留在人工装药的水平，还需要发展水平、倾斜向上的装药车装药技术，这代表着当今隧道、巷道工程爆破的最先进水平。

装药车装药时，一般要注意如下事项：

（1）采用径向不耦合装药时，根据不耦合系数的大小选择不同直径的塑料管，然后，把散装炸药装填在选中的塑料管内，再将装药的塑料管置于炮孔中心位置。

　　为了取得较好的预裂爆破效果，学者们在预裂爆破的径向不耦合连续装药中，往往采纳带有双侧聚能槽的塑料管装药，如图 3.12 所示。双槽聚能管药卷是通过特制的异形管装入粉状或乳化炸药制作而成，聚能槽的张角以及管截面的长短半轴通过试验确定。双槽聚能塑料管在使用中，既要使其在炮孔内居中，也要使双聚能槽的预裂面介于整个将要形成的光面爆破面中，因此，秦健飞特殊设计了孔口地面对中环实现每个聚能槽的聚能线处于同一个预裂爆破面上，连接套管和孔内居中装置保证聚能槽在全孔上下都处在同一条直线上并孔内居中，如图 3.12 所示。双槽聚能塑料管可以采用人工或者机器装药。这比普通预裂爆破孔将炸药间断绑在竹片上的对中效果要好得多，而且能诱导爆炸能更好地沿光面爆破面释放，基坑开挖的效果如图 3.13 所示。

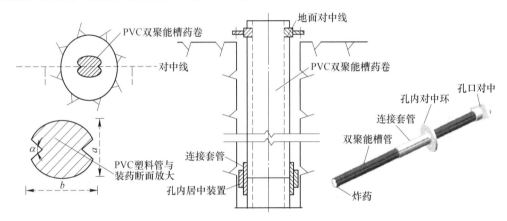

图 3.12　双聚能槽药卷、安装对中示意图及药柱专用装置

(a)　　　　　　　　　　　　　　　　(b)

图 3.13　双聚能槽药卷爆破的 12m 高台阶预裂坡面

（a）弱风化石灰岩；（b）溪洛渡电站边坡

　　采纳双聚能槽塑料管装药时，底部加强装药只需将药卷捆绑在双槽聚能管的聚能槽两侧即可，其他封堵等要求与普通预裂、光面爆破相同，只是封堵段的双槽聚能管内不能装药，而应填充封堵材料或岩碴。由于双聚能槽药卷直径已经接近临界起爆直径，必须全孔用低能导爆索引爆。该导爆索也起到承重聚能药卷的作用，每下放一根 3m 长的聚能药卷槽管就在其端部套上一节 10cm 长的连接套管，依次将双槽聚能塑料管接至孔口，并在双

槽聚能塑料管末端套上对中环,用孔口拉线调整对中。

（2）采用横向不耦合装药时,用间隔器在炮孔内隔出一定长度的空气间隔,装药车直接向孔内的装药段装药。

（3）药卷位置应置于炮孔中心线上。

3.5.3.4　起爆顺序

由于预裂爆破是在夹制条件下的爆破,振动强度较大,有时为了预防振动,可以预裂孔分段起爆,如图3.14所示。一般延时25ms或50ms。分段时,一段的孔数在满足振动要求的条件下尽量多些,但至少不应少于3孔。实践证明,孔数较多时,有利预裂成缝和壁面整齐。

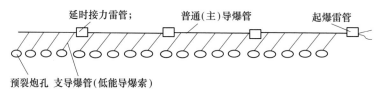

图3.14　预裂孔的分段起爆

当预裂孔与主爆区炮孔一起爆破时,预裂孔应在主爆孔爆破前引爆,其延时时间间隔应为75~110ms。

3.5.3.5　对起爆器材的特殊要求

预裂爆破及光面爆破,要求炸药低密度、低爆速、低猛度、小临界直径。低密度可以减少单位长度上的炸药爆炸能,而且爆速与密度之间存在线性关系,降低密度必然减小炸药的爆速和威力。炸药密度可达到 $0.3~1.0g/cm^3$,爆速要求控制在 $1600~2500m/s$,最好控制在 $1800~2000m/s$ 。低猛度可以减轻对围岩的破坏,要求低爆速炸药的猛度是7~10mm。小临界直径,有利于增大不耦合装药系数,减少炸药对围岩的直接破坏。

国内光面与预裂爆破一般采纳改性的2号岩石粉状铵梯炸药、添加密度调节剂和敏化剂的乳化炸药、添加轻质微粉颗粒的猛炸药。2号岩石粉状铵梯炸药改性成的XD型低爆速管状装药,直径8mm仍能稳定爆轰,爆速为 $1500~2000m/s$,感度和其他性能能满足一般工业炸药的要求,成本仅比2号岩石粉状铵梯炸药高约20%。添加密度调节剂和敏化剂的乳化炸药密度一般为 $0.30~0.50g/cm^3$,爆速为 $1300~1600m/s$,可用8号雷管引爆,适合软岩和中硬以上的岩石光面爆破。轻质微粉颗粒通常选用矿物微粉、高分子树脂微粉、膨胀珍珠岩粉、酚醛树脂空心微球、硅藻土、木粉等,改性猛炸药的主要品种见表3.6。

表3.6　猛炸药添加轻质微粉颗粒制成的光爆炸药

名　称	主要组分	密度/g·cm^{-3}	爆速/m·s^{-1}	药径/mm
TY型低爆速炸药	TNT与矿物微粉或高分子树脂微粉分别以一定比例机械混合	0.623 0.710	2090 2370	22
RY型低爆速炸药	黑索金与高分子树脂微粉或珍珠粉分别以一定比例机械混合	0.635 0.487	1550 2030	22

名 称	主要组分	密度/g·cm⁻³	爆速/m·s⁻¹	药径/mm
PY型低爆速炸药	泰安（PETN）作为主体猛炸药与不同添加物混制而成	0.141 0.34 0.0687	2050 2740 1500	22
NY型低爆速炸药	粉状硝化甘油与稀释、附加的轻质微粉颗粒按一定比例混合	0.93	1823	22
AY型低爆速炸药	结晶硝酸铵、木粉、惰性附加物按一定比例混合后造粒而成	0.65	2010	22

预裂及光面爆破采用的导爆索，多是用单质猛炸药黑索金或泰安作索芯，用棉、麻、纤维包缠成索状的起爆器材。经雷管起爆后，导爆索能直接引爆炸药，也可作独立的爆破能源。目前已将低能导爆索的装药量降低为 1.6g/m，特殊光面爆破时采纳 1.6g/m、3.6g/m 或6g/m 的低能导爆索，该低能导爆索起爆系统由小直径低能导爆索和延期雷管组成，通常用普通导爆索起爆炮孔内的低能导爆索，借助其爆轰波点燃雷管延期药并引爆雷管，进而引爆炸药。

3.5.4 预裂与光面爆破的壁面质量标准

3.5.4.1 公路、铁路、水利等露天石方爆破工程

衡量质量的标准一般包括：预裂缝宽度、新壁面平整程度、半孔率、减振效果等多指标。

（1）不同岩石的半孔率。预裂爆破和光面爆破后在岩壁上都应留有不同程度的半孔。留有半孔的炮孔数与总的炮孔数的比率称为半孔率。表 3.7 列出了不同岩性的半孔率。

表 3.7　不同岩性的半孔率标准　　　　　　（%）

岩性	好	中	一般	差
	半孔率			
硬岩	>85	70~85	50~70	<50
中硬岩	>70	50~70	30~50	<30
软岩	>50	30~50	20~30	<20

（2）爆破后形成的裂缝宽度应为 5~10cm，裂缝顶部的岩体尽量不破坏或少有破坏。

（3）预裂和光面爆破的钻孔角度偏差不大于 1°，爆破后形成的坡面平整度（超、欠挖）不超过±150mm。

（4）预裂和光面爆破后的边坡岩体壁面和半孔孔壁上不应出现爆破裂纹。

（5）边坡应满足稳定、平整、光滑的要求，具有较好的环境效益。

3.5.4.2 大型露天矿山边坡爆破工程

对于采用大孔径预裂爆破的矿山不应太强调半孔率是多少，而应强调降振率和破坏范围。通常降振率为 30%~40%，破坏范围减少了约 70%。所谓降振率，指通过预裂带的爆破振动速度与未通过预裂带的爆破振动速度的比值。

3.5.5 预裂爆破设计与施工

早期的预裂爆破强调预裂孔之间的"共同作用",也即预裂孔"齐爆",但这种"齐爆"的结果有时导致爆破振动过大,不能满足工程对振速控制的要求,从而限制了预裂爆破的使用范围。如在一些需要采用隔振缝的爆破工程中,由于不能用预裂缝作隔振缝,就只有利用一排或多排密集的钻孔所形成的弱面来起隔振缝的作用,这也就是排钻法隔振的由来。但对排钻法来讲,2~4倍直径的孔距在施工上难度较大,在经济上费用也较高,因此,除非万不得已,工程中很少采纳。

在实际中,绝对的"齐爆"是不存在的。后来,人们发现"微差起爆"预裂孔也能达到"齐爆"的效果。下面介绍几例延期普通钻孔或密孔预裂爆破在高边坡开挖工程中的应用。

3.5.5.1 凝灰岩中的码头边坡开挖工程

凝灰岩属喷出岩,岩质硬而脆,可爆性良好。该工程表土覆盖层不足1m,其下3~6m埋深范围的岩层中-强风化,呈块状,再以下基本为微风化的凝灰岩。从北至南,岩层的风化程度逐渐加深。总体看,场区内岩体的节理、裂隙较发育,以竖向裂隙为主,横向裂隙延伸较短,并主要集中在坡体上部8~10m范围,裂隙内充填物甚少,但是有水流过的印迹。在深孔爆破时,岩石基本沿着既有的在平面上几乎正交且陡倾的两组构造面裂开。

场地开挖后形成的边坡长度近2000m,边坡开挖高度达40~80m。除局部地段外,设计每级边坡台阶高12m,一、二级边坡坡比1:0.5(边坡角约63.4°),其余边坡按1:0.75(边坡角约53.1°)开挖,每级边坡之间设置4m宽平台。要求完整岩体半孔率不小于80%,开挖面的平整度控制在30cm以内。此外,长约100m的红线段上及其附近分布有20座坟墓,需要应用特殊的控制爆破方法,以防破坏墓地。

根据边坡的质量要求和岩体的物理力学性质,综合考虑技术、经济和安全因素,确定方案为:(1)在距离墓地一段距离以外,采用正常孔距预裂爆破,但按振速控制要求采纳分段延期起爆,每段起爆的炮孔数目由允许的最大一段的装药量确定;(2)在靠近墓地段,采纳密孔预裂爆破,同段起爆的炮孔数的确定原则不变;(3)采纳中深孔预裂爆破。

A 正常预裂爆破的参数确定

根据工程经验,初步确定正常孔距 $a = (0.8 \sim 1.2)D$,cm;装药线密度 $\rho_d = kDa^{1/2}$,g/m。其中,$D = 10d$,d 为预裂孔直径,为76mm;k 为与岩体有关的系数,通常坚硬岩石为0.6,中等坚硬岩石为0.4~0.5,软岩为0.3~0.4。因此,按照正交试验,按2种炮孔和3种装药线密度设计了炮孔参数,见表3.8。

表3.8 正常孔距预裂爆破试验参数

组别	炮孔间距/cm	装药线密度/g·m⁻¹
1	60	250
2	60	300
3	60	350
4	80	300
5	80	350
6	80	400

预裂孔超深取 0.3m，在孔底 1.0m 内的底部装药线密度取设计线密度的 2 倍，延期间隔时间取 50ms。

在两个岩性不同的地段分别进行了 2 次试验。清理出边坡坡面后，经业主代表、设计人员和监理工程师现场分析和评定，认为第 2~6 组参数都能满足边坡设计的质量要求。经综合分析，决定采纳第 5 组参数，即孔距 80cm，装药线密度 350g/m。

B　密孔预裂爆破的参数确定

根据理论分析和工程经验，初步确定密孔间距为 40cm。考虑爆炸应力波和爆轰气体压力的共同作用，以及密孔的应力集中，近似计算得到装药线密度 ρ_d 为 50~80g/m。预裂孔超深也取 0.3m，孔底 0.5m 之内的装药线密度按密孔线密度翻倍。延期时间取 350ms。

正式爆破前，分别按线密度 50g/m、60g/m、70g/m 进行了 2 次爆破试验，清理出边坡坡面后，经业主代表、设计人员和监理工程师现场分析和评定，认为装药线密度 60g/m 的爆破效果较好，因此确定密孔预裂爆破的装药线密度为 60g/m。

C　施工注意事项

施工准备时，要清理净边坡及台阶上的浮石，用白灰标出坡顶线及坡底线并测量其高程。由于坡顶线标高不一致，预裂孔开孔位置也不应在一条平直线上。

钻孔时严格按照布置的孔位开孔。首先将钻头位置放好，然后用量角器测量两个方向的角度，垂直边坡面方向的倾角与设计坡角一致，平行边坡面方向保证钻杆接近 90°，这样能保证所钻预裂孔既在一个面上，又相互平行。钻孔时，需要反复多次调整角度才能满足设计要求。

装药之前，先要检查孔距、倾角和深度是否符合设计要求。若偏差大，就必须修正，或者重新钻孔。装药时，将导爆索和直径 32mm 的乳化炸药药卷和竹片绑成一串，慢慢放入预裂孔中。一定要将竹片靠在边坡一侧的孔壁上。

装药后在距孔口 1.0m 处（正常孔距预裂爆破）和 0.5m 处（密集孔距预裂爆破）用纸卷或编织物堵住，然后上部用沙子或岩粉堵塞。

预裂孔先于主体爆破 50ms 起爆，正常孔距预裂爆破和密集孔距预裂爆破，每段起爆的预裂孔数目由允许的最大一段装药量确定，2~10 孔不等，直至最后采用齐爆。预裂缝超前主体爆破的距离为 8~10m。本工程预裂孔的布置和装药结构如图 3.15 所示。

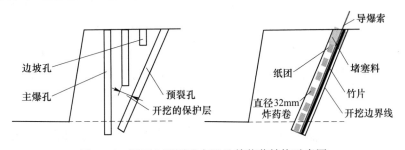

图 3.15　剖面上预裂孔布置及其装药结构示意图

D　爆破效果

从施工中的情况和竣工验收的结果看，预裂爆破达到了预期的效果：

（1）预裂缝宽度介于 3~10cm 之间；（2）半孔率大于 85%；（3）平整度小于

30cm；（4）孔壁未发现爆生气体产生的裂隙。

3.5.5.2 三峡工程左岸6~10号厂坝高边坡预裂爆破工程

边坡设计体形复杂，岩性差，石方开挖量为 $1.2×10^6 m^3$。基岩为闪云斜长花岗岩，内含范围不大的闪长岩包裹体，基础花岗岩极限抗压强度为 75~100MPa，容重为 $2.6~2.7 t/m^3$，变形模量为 30~40GPa，泊松比为 0.2~0.22，风化不严重，但有多条切割断层。

左岸6~10号厂坝高边坡有如下几个施工特点：（1）施工现场工作面较小，工程量分布不均匀。开挖21.6~100m高程处，最大高差达 78.4m，大多台阶需要"三面预裂"，但开挖工期紧，要求无欠挖，超挖深部不超过 20cm。（2）预裂爆破和保护层开挖量较大。预裂爆破面为 $2×10^4 m^2$。开挖技术指标达到每开挖 $100m^3$，预裂爆破面积为 $1.67m^2$。（3）要求严格控制爆破振动。6~10号机基础开挖时，1~4号机基础已开始混凝土浇筑，开挖工作面距新浇筑混凝土基础仅 38.8m，故对爆破振动限制非常严格。

长江水利委员会推荐的线装药密度设计公式为：

$$\rho_d = 0.83 [R_压]^{1/2} a^{0.6}, g/m$$

式中，$[R_压]$ 为岩体的抗压强度，$10^5 Pa$；$a = (8~12)d$，cm，d 为预裂孔直径。

针对上述工程特点，施工方决定改变传统的保护层施工工艺，采纳深孔预裂爆破一次开挖成形。预裂面即为最终设计的开挖面，它必须满足开挖面的上述技术要求。这个要求对预裂爆破的钻孔设备和工艺、爆破参数的选择和施工工艺等全面精细控制。经过现场试验和探索，在预裂爆破工程中对提高钻孔精度提出了如下几个创新点。

（1）坡比控制。尽管目前常规使用阿特拉斯742液压钻、古河液压钻、英格索兰液压钻及直径80mm左右的 CM351 型高风压潜孔钻作为预裂孔的钻孔设备，但当钻孔深度达到一定值后常发生钻孔变形的"飘钻"现象，钻深越大飘钻幅度越大，推进压力在一定范围内越大、钻进速度越快飘钻幅度也越大。为了有效地控制"飘钻"，且保持合理的钻进速度，不仅根据岩性选择合理的推进速度，而且选用优质角铁自行设计各种坡比的坡比尺（见图3.16）。在坡

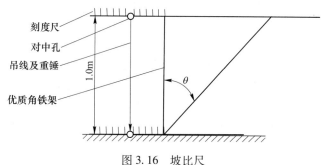

图 3.16 坡比尺

比尺的标准位置设计一个中心孔，用于吊线锤对中，一般在该中心孔两侧每隔 0.5cm 标记刻度，以备在缓坡预裂时调整钻孔倾角。坡比尺的高度为 1m，克服了用长度 20cm 的标准地质罗盘度量钻孔倾角（坡比）时，可能因钻杆长 3m 且施工中易变形而引起的系统误差。

（2）预裂孔的方向控制。以前有人提出样线法和标杆法。样线法即在预裂孔两侧用手风钻钻杆或刚度好的细钢管架设刚性支点，然后在两根钢线支点之间拉平行铅丝，用以控制钻孔角度，如图 3.17（a）所示。测量过程中，随钻杆的下移，要人为不停地移动铅丝。如果预裂孔两侧不平整，就要用水平尺等调平铅丝。操作过程中，发现样线法操作烦琐，精度低。

　　标杆法即在预裂孔前按坡面角统一方向立标杆，标杆法也叫吊线法，如图 3.17（b）所示。若所立标杆太细则无法直立，太粗却易障碍视线，因此，就在预裂孔前 5~10m 的地方，经过测量放一排方向点，然后在每个预裂孔对应的方向点上支上三脚架，并挂线吊铅锤，使铅锤的尖点对中其方向点，瞄准钻杆使吊线与钻杆重合，就可以确保钻杆在垂直坡面方向不偏斜。操作过程中，发现标杆法操作简单，精度高，工作效率高。

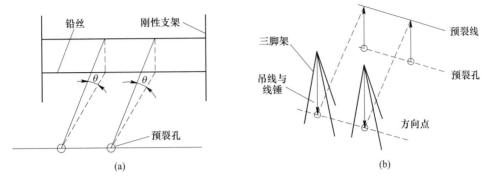

图 3.17　钻孔角度的样线法和吊线法控制

（a）样线法；（b）吊线法

　　（3）预裂孔"飘钻"预防。钻孔实践证明，任何先进的钻机在深孔缓坡钻孔中都存在"飘钻"现象。当坡比陡于 1:0.5（坡角约 63.4°），孔深小于 10m 时，按设计角度可以保证超欠挖在 ±15cm 以内；但坡比缓于 1:0.5（坡角约 63.4°）时，无论深孔或浅孔，孔深超过 5m 就开始"飘钻"。针对这一现象，采取了如下预防措施：

　　1）预裂孔开口时，钻头的前缘挨着孔点位，这样在开口时有意超挖半个钻头，当钻孔到某一深度 h 开始"飘钻"至设计线时，在 h 范围内超挖值应小于半个钻孔直径。

　　2）在开口处预防"飘钻"，常常适用于深度小于 10m 的预裂浅孔。对于预裂深孔，其底孔部位依然会由于"飘钻"而发生欠挖。三峡电站 6~10 号坝段、坝后坡及安Ⅲ岔岩开挖实践中发现：坡比陡于 1:0.5 时，每钻进 1m 欠挖 1cm。这时，对深度小于 10m 的预裂浅孔，按措施 1）开口控制半个钻孔直径约 5cm 后，底孔还将欠挖约 5cm，因此，孔深介于 10~20m 时，除了按措施 1）调控半个孔径外，还必须调整设计坡比为 $1:(0.5-\Delta t)$ 才可满足设计要求；对于坡比缓于 1:0.5 的各种缓坡，预防"飘钻"，不仅要按措施 1）开口时调控半个孔径，而且要根据现场岩石特性、具体坡比和钻机状况选择合理的调整值。三峡工程施工经验表明，坚硬花岗岩调整值 $\Delta t = 0.015$m，即将坡比修正为 1:0.485。

　　3）在不同工程地质条件的地段先预裂爆破试验，确定钻机的"飘钻"值，然后在实际施工中加以修正、调整。如果钻机状态不好，则禁止其实施预裂孔施工；现场施工控制人员最好在开孔时分别在 0.5m、1.0m、1.5m、2.0m 处各校正一次倾角和方位角，以后每增加一根钻杆再分别至少校正倾角和方位角一次。

　　A　预裂面的爆破控制

　　a　预裂面爆破设计

　　理想的预裂面不但取决于钻机的控制，而且与地质条件、爆破参数、装药结构密切相关。根据具体的岩石状况，一般采取减小孔间距、减小装药量，或者减小底部和顶部装药量，可取得较好的效果。根据长江水利委员会推荐的装药线密度设计的经验公式，初步确定孔间距、装药线密度，见表3.9。通过对比预裂爆破试验，在孔距为0.8m、装药线密度450g/m时，预裂面最平顺，孔间无凹凸不平。

表3.9 预裂爆破试验参数

炮孔间距/cm	80	80	90	90	100	100
孔数/个	10	10	11	11	11	11
装药线密度/g·m^{-1}	390*	450	480	500	510	550

注：装药线密度计算时已扣除孔口堵塞长度；* 原设计值130可能有错。

    b   装药结构设计

预裂孔的装药结构主要根据装药线密度的大小确定，炸药卷按一定间隔分布在导爆索上。由于孔底的夹制作用大，采用加强装药。当孔深小于10m时，预裂孔孔底加装药量为装药线密度的2~3倍；当孔深介于10~20m时，预裂孔孔底加装药量为装药线密度的3~4倍，才可保证底部成缝。

    c   缓冲孔及主爆区炮孔形式设计

由于缓冲孔主要起隔振作用，如果形式选用不当，不但没起到隔振作用，反而会拉伤预裂面，因此，缓冲孔一般平行预裂孔布置。试验表明，缓冲孔排距1.5m，可确保爆破后无"贴膏药"现象。主爆钻孔角度取75°~85°时，有利提高钻爆效果。若使所有钻孔平行于预裂孔，将极大增加成孔成本，实际意义也不大，故主爆孔设计为变深孔，如图3.18所示。

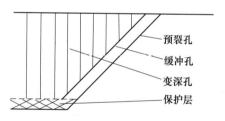

图3.18 预裂孔前缓冲孔与主爆孔布置

    d   起爆网络设计

控制单响药量，保护预裂爆破保留的岩体不受损伤，主爆孔采纳孔间毫秒延期串、并联网络，即主爆孔孔口用高段毫秒雷管延时，孔外用低段（25ms）雷管连接，8号工业火雷管起爆，预裂爆破孔超前主爆孔第一响75ms。

    B   爆破效果

预裂爆破技术自20世纪70年代应用于水利工程以来，经过几十年的发展，理论研究与工程实践经验已相当成熟。在三峡工程中，借助以往的成功经验，认真组织爆破试验，严格按照设计要求施工，在实践中不断探索钻孔施工控制工艺和爆破参数，加强全过程控制，总结了一套切实可行的方法，取得了非常满意的工程效果。表现在如下几个方面：

（1）爆破后所留的半孔率达到95%~100%，孔壁无新的爆破裂隙，坡面平整度达±10cm，比开挖规范降低了5cm。

（2）预裂面一次成形，无须处理欠挖，大大减少了清基交面的工作量，节约了施工成本，加快了施工进度，6号坝段比合同工期提前117天，9号、10号坝段比总工期提前30天。

（3）开挖后的高边坡坡面形如刀削，台阶棱角分明、整齐，验收一次性通过，被树为三峡开挖"样板工程"。

在实践中探索的这套施工工艺，被广泛应用到随后承担的三峡工程三个标段的开挖施工中，均取得了满意的效果，并被整个三峡工程推广应用。

3.5.5.3 大石山隧道光面爆破工程

大石山单线电气化铁路隧道位于贵阳市沙冲南路，全长 350m，断面积 41.16~55.79m^2，最小埋深 2m，最大埋深 112m，除进、出口各 2~3m 为浅埋外，其余均为深埋隧道。工程附近居民集中，社会关系复杂，同时，与隧道相连接的铁道高架桥也正在紧张施工。既要确保周围环境安全，也要高效、快速施工，合理确定爆破参数和防护是技术关键。

DK2+360~+410 段隧道围岩为砂黏土，并夹有少量石块，是旧采石场坑经地表水冲刷沉积而形成的，土质松软，并有少量地下水。DK2+410~+490 段隧道围岩为石质白云岩，夹杂黏土，风化颇重，节理发育，层理分明，层理厚 10~100cm，岩体有少量断层和溶洞，岩石倾角为 70°~90°，层面基本与线路方向垂直。DK2+490~+655 段隧道围岩为 V 类石质白云岩、砂岩，岩石整体性较好，但裂隙发育，层理夹有少量泥岩。DK2+655~+710 段隧道围岩为泥质白云岩，节理发育，风化严重，地表水不发育。

全断面分上、下台阶开挖。上断面 1/3 圆形拱的拱高 2.6~3.1m，断面积约 14m^2，采用光面爆破超前开挖，根据围岩稳定性调整台阶长度。下断面面积约 35m^2，采用中间导坑（掏槽）从上向下微差爆破。

浅孔凿岩，钻孔直径 40mm，上断面人工手推车倒运，循环进尺 2m。下断面侧卸式装载机装碴、汽车运输，循环进尺 3.5m。全部采用 2 号岩石铵梯炸药，药卷直径 32mm，单卷重 150g。采用黄泥堵塞炮孔，堵塞长度一般为 10cm。

A 爆破设计

依据围岩情况及下半段爆破时有 2 个临空面的实情，上半段周边孔间距取 0.5m，抵抗线取 0.7m；下半段周边孔间距取 0.6m，抵抗线取 0.81m。周边孔内采用导爆索绑炸药卷的空气间隔装药方式。光面爆破参数见表 3.10。

表 3.10 光面爆破炮孔设计参数

断面	炮孔间距/cm	抵抗线/cm	装药线密度/g·m^{-1}	药卷个数/个	孔深/m
上	50	70	150~225	3	2
下	60	81	236	5.5	3.5

上半段圆周边均匀布置 18 个周边孔，孔间距 50cm；底边弦中间增加 7 个底孔，底孔间距 80cm；增加的底孔与圆周边底角周边孔间的距离也为 50cm。4 个平行直眼加中心平行、大直径空心眼掏槽；共布置 16~18 个辅助眼。起爆顺序为掏槽孔、一圈辅助孔、底孔、圆弧上的周边孔。炮孔延时间隔时间都取 50ms。

下半段爆破时，在中间自上而下开沟（掏槽）爆破，底部抵抗线适当减小至 70cm，上部第一排抵抗线稍微增大至约 92cm。每排布置 3 个掏槽眼，排内掏槽眼间距及其与帮墙边辅助眼的间距取 97cm。为了保证飞石不击伤拱顶，从第 1 排掏槽眼到第 5 排掏槽眼，均采纳每 2 排的 4 个炮孔中间增加一个炮孔，这样，每 2 排间增加 2 个炮孔，共增加炮孔 8 个。增加的炮孔分别计入第 2 排至第 5 排，每排同段起爆。两帮墙边各加布 5 个辅助孔。

底板周边孔间距较帮墙周边的光面爆破炮孔间距可略微增大，一般取 70cm。起爆顺序为第 1 排至第 5 排开沟（掏槽）孔、帮墙边辅助孔、底孔、帮墙上的周边孔。炮孔延时间隔时间都取 50ms。

B　爆破效果

在实践中不断加强全过程控制，取得了非常满意的工程效果。表现在如下几个方面：

（1）隧道分上、下两半段分别开挖，上半段 1/3 圆弧拱超前下半段，采用导爆索捆绑、空气间隔装药的光面爆破起爆拱顶及帮墙周边眼，非电导爆管毫秒微差起爆，下半段先开沟式分 5 排从上向下逐排掏槽，使光面爆破的半孔率达到 100%，确保了隧道断面的成形质量。

（2）孔深时，采用正向起爆效果较好；孔浅时，为了控制飞石，可采用反向起爆。

（3）隧道分上、下两半段分别开挖时，角孔往往不起作用。为了控制爆破效果，可沿角部的对角线方向离角孔约 40cm 增加一个炮孔并分段单独起爆。

（4）对溶洞较多的隧道，在爆破时往往发生内空外不动。可以采用炮孔中间装药、孔底少量堵塞的类似药壶法掏槽。

（5）控制周边眼药量、方向和装药方式，并不一定能取得良好的光爆效果。这时还必须调整掏槽孔和辅助孔，确保周边孔的抵抗线不超过设计值。

（6）应用光面爆破时，必须充分考虑岩石的走向和倾向的影响。可改变周边孔的凿岩方向及起爆顺序，充分利用大的断层等有利的爆破条件。

（7）受岩石性质、抵抗线大小等因素影响时，可在 2 排掏槽孔的孔中心增加掏槽孔。

随着凿岩施工机械化程度及爆破技术的飞速发展，本工程的浅孔施工方式值得商榷，也许可采纳效率更高的中深孔爆破方式取代；即使分上、下两部分分别施工，下半段也许可采用台阶潜孔钻等方式；借助抛掷爆破等工艺，上半段人工装碴工作量也可大幅度减少。

3.5.5.4　哈尔乌素露天煤矿的炮孔精确定位技术

神华哈尔乌素露天煤矿位于准格尔煤田中部，2006 年 5 月开工建设原煤 2000 万吨/年的露天煤矿，配套建设同等规模的选煤厂、全长 17.8km 的专用铁路及坝系防洪工程。

矿区共含 12 层煤，其中 6 号层为主采煤层，平均厚度 21.01m。该煤矿煤层划分为 2 个采煤台阶，采用单斗卡车、吊斗铲铲装及单斗挖机追踪开采的露天采矿工艺。主要设备包括 60m³ 的剥离电铲、49.2m³ 的采煤电铲、326t 的剥离自卸卡车和 236t 的采煤自卸卡车。

传统中深孔炮孔现场定位，都是由爆破工程师现场目测或钢尺、罗盘及测量绳简单估量，得出相应的爆破参数，然后根据现场情况实施孔网设计和标定。这样，很难精确采集到爆破台阶高度、底盘抵抗线和前排孔的实际抵抗线，由此可能产生爆破弱面或抵抗线过大等问题，为爆破安全和爆破质量留下隐患。

该项目部采用全站仪精确测定爆区的三维地理坐标，然后借助计算机辅助设计系统实施中深孔的 CAD 设计，再将炮孔位置的三维坐标给全站仪实施现场放样与标定，最后用全站仪实测成孔的深度、方位，并用 CAD 设计起爆网络。具体作业流程如图 3.19 所示。

标定炮孔前，首先利用全站仪采集爆破区的台阶高度、爆破台阶的上坎和下坎线在水

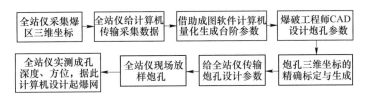

图 3.19 炮孔精确定位的过程

平面的投影距离等工程参数，然后利用计算机的 CAD 等成图技术软件处理数据，得到实际的台阶高度、台阶宽度、台阶坡面角等露天台阶参数。接下来，爆破工程师就可借助 CAD 精确设计每一个炮孔的位置，借助全站仪放样并标定每一个炮孔的位置及钻孔方位，以便 CAD 设计起爆网络。全站仪采集 2000m² 的爆破区，只需要约 10min；分析确定实际的露天台阶高度、台阶宽度、台阶坡面角等边坡参数也只需要几分钟。

实时监控与实测，及时 CAD 设计与现场控制，确保了露天台阶参数满足设计、安全及运输要求，避免了爆破安全及质量问题的发生。

3.6 实时监测与反馈控制

在各类工程爆破中，炸药爆炸能量的有效利用率为总能量的 60%～70%，其余 30%～40% 的能量则作用在粉碎药包周围的介质，转化为有害效应，这包括爆破振动、爆破冲击波、爆破个别飞散物（飞石）、爆破噪声、爆破烟尘、爆破有害气体等。精细爆破需要借助实时监测与反馈技术，及时调整爆破设计与施工工艺，从而达到提高炸药能量的有效利用率，严格控制爆破的有害效应的目的。

实时监测与反馈技术除了爆破效果的现场观察与尺寸等测量外，最有效的技术手段，目前仍为爆破振动测试与评价。国家《爆破安全规程》（GB 6722—2003）明确规定，在特殊建（构）筑物附近或文物、居民楼、居民集中区、办公楼、厂房、大型养殖场、重要设施、精密贵重仪器等条件复杂地区进行爆破，应进行必要的爆破振动监测或振动强度影响因素、降振措施、地震波发生和传播等专门试验，以确保保护对象的安全。

3.6.1 传统爆破的爆破振动控制

传统爆破是相对于精细爆破而言的，亦称非精细爆破，是当前普遍使用的爆破方法。

3.6.1.1 爆破质点振动的表示方法

表示质点振动的参数有位移、速度、加速度和频率，其数学表达式为：

$$x = A\sin(\omega t + \varphi) \tag{3.5}$$

$$v = \frac{\mathrm{d}x}{\mathrm{d}t} = A\omega\sin\left(\omega t + \varphi + \frac{\pi}{2}\right) \tag{3.6}$$

$$a = \frac{\mathrm{d}^2 x}{\mathrm{d}t^2} = A\omega^2\sin(\omega t + \varphi + \pi) \tag{3.7}$$

式中，x 为 t 时刻质点的振动位移，mm；A 为质点的最大振幅，mm；v 为质点振动速度，mm/s；a 为质点振动加速度，mm/s²；ω 为角频率，其值为 $2\pi f$；f 为质点振动频率，Hz；φ 为初相位。

从式（3.5）~式（3.7）可见，若已知位移、速度和加速度三个参数中的任意一个，经过积分或微分就可以求出其余两个参数，但是，在数值换算中存在固有的误差，最好直接测量所需的参数。

目前，国内爆破振动测试，仍以测量振动速度为主。存在如下两个主要原因：（1）大量观测表明，爆破振动破坏程度与振动速度大小的相关性比较密切；（2）当炸药量、距爆源距离、最小抵抗线相同时，振动速度虽然有一定变化，但较之其他物理量而言，振动速度与岩土性质的关系比较稳定。因此，国家标准《爆破安全规程》（GB 6722—2003）规定，以振动速度作为确定安全距离的物理量。

3.6.1.2 爆破振动速度计算

我国常用式（3.8）计算爆破振动速度：

$$v = k \left(\frac{\sqrt[3]{Q}}{R} \right)^{\alpha} \tag{3.8}$$

式中，v 为保护对象所在地面的质点振动速度，cm/s；Q 为炸药质量，kg，齐发爆破取总药量，延期爆破取最大一段的起爆药量；R 为从观测点到爆源的最近距离，m；k、α 分别为与爆源点到计算保护对象之间的地形、地质条件有关的系数、衰减指数，可按表 3.11 取值，也可现场试验确定。

表 3.11 不同岩性的 k、α 值

岩　性	k	α
坚硬岩石	50~150	1.3~1.5
中硬岩石	150~250	1.5~1.8
软弱岩石	250~350	1.8~2.0

对城市撤除爆破，由于药包较多，药量较少且分散，其爆破振动速度均低于相同药量条件下的一般岩土爆破的速度，因此选取 0.25~1 的修正系数，当撤除的爆破体临空面（自由面）较多时取小值。也可以重新测试、计算确定 k、α 值，结果见表 3.12。

表 3.12 城市撤除爆破的 k、α 值

结构特点和爆破方法	k	α	相关系数
基础爆破	116.4	1.74	0.99
多层建筑物撤除爆破	32.1	1.54	0.98
水压爆破	91.5	1.48	0.96

3.6.1.3 爆破振动安全允许标准

国家标准《爆破安全规程》（GB 6722—2014）规定：地面建筑物的爆破振动判据，采用保护对象所在地的质点峰值振动速度和主频率；水电隧道、交通隧道、矿山巷道、电站（厂）中心控制室设备、新浇大体积混凝土的爆破振动判据，采用保护对象所在地的质点峰值振动速度。安全允许标准见表 3.13。该规程中未规定的爆破振动安全的允许标准，可参照地震烈度近似确定。建筑物的设计地震烈度 5 级、6 级、11 级分别允许地面质点振

动速度为 2~3cm/s、3~5cm/s、5~8cm/s。

表 3.13 中质点振动速度为速度矢量的三个分量中的最大值；振动频率取主振频率；频率范围根据现场实测波形确定，或按如下数据选取：硐室爆破 f 小于 20Hz、露天深孔爆破 f 介于 10~60Hz、露天浅孔爆破 f 介于 40~100Hz、地下深孔爆破 f 介于 30~100Hz、地下浅孔爆破 f 介于 60~300Hz；爆破振动监测应同时测定质点振动相互垂直的三个分量。

表 3.13 爆破振动安全允许标准

序号	保护对象类别		安全允许质点振动速度 $v/\text{cm} \cdot \text{s}^{-1}$		
			$f \leqslant 10\text{Hz}$	$10\text{Hz} < f \leqslant 50\text{Hz}$	$f > 50\text{Hz}$
1	土窑洞、土坯房、毛石房屋		0.15~0.45	0.45~0.90	0.9~1.5
2	一般民用建筑物		1.5~2.0	2.0~2.5	2.5~3.0
3	工业和商业建筑物		2.5~3.5	3.5~4.5	4.2~5.0
4	一般古建筑与古迹		0.1~0.2	0.2~0.3	0.3~0.5
5	运行中的水电站及发电厂中心控制室设备		0.5~0.6	0.6~0.7	0.7~0.9
6	水工隧洞		7~8	8~10	10~15
7	交通隧道		10~12	12~15	15~20
8	矿山巷道		15~18	18~25	20~30
9	永久性岩石高边坡		5~9	8~12	10~15
10	新浇大体积混凝土（C20）	龄期：初凝~3d	1.5~2.0	2.0~2.5	2.5~3.0
		龄期：3~7d	3.0~4.0	4.0~5.0	5.0~7.0
		龄期：7~28d	7.0~8.0	8.0~10.0	10.0~12.0

3.6.1.4 爆破振动测试系统

测试内容包括质点振动速度、加速度和位移。目前普遍开展的是质点振动速度测试，多采用机械-电子一体化的测试系统进行爆破振动测试及分析。其结构包括拾震器、A/D转换器、记录仪、数据处理、显示打印这几个部分。测试系统主要由拾震器（传感器）和记录仪组成。通常测试系统可测参数范围：速度 0.05~50cm/s，加速度 0.01~500m/s^2；信号频率响应范围为 0.1~500Hz；数据记录时间大于 300s；非线性小于 2%；通道数 2~3个，可同时测试垂直向、纵向和横向的振动参数；可分析原始波形、波形积分和微分、幅度值和功率谱；适应-10~40℃、相对湿度不大于 90 的环境。

目前国内生产的爆破振动测试仪的种类繁多，其中多为数字便携式，技术性能指标相差不大。主要特点是均采用 12 位以上精度的 A/D 转换，内置程控放大器及直流电源，可以不带计算机独立测试，带自触发方式，具有掉电数据保护功能。多采用 USB 或网络接口与计算机进行数据传输。体积小，自重轻（小于 1kg）。尽管国内生产的爆破振动测试系统已接近国际水平，但在数据采集的稳定性、可靠性方面较国外测振系统仍有不小差距。美国 SAULS 公司生产的 NESC5000 测振系统，加速度误差小于 0.2g，速度误差小于 0.1mm/s，位移误差小于 0.0001mm，振动频率误差小于 0.03Hz，声强误差小于 0.7dB。

3.6.2 精细爆破的爆破振动控制

1988 年 A. J. 彼得罗等和 B. 德克雷提出用精确爆破来控制爆破振动的新概念，即用精心的爆破施工工艺、精确的爆破器材与方法，避免因雷管起爆时差的离散性等因素造成爆破振动的干扰或叠加放大效应，并结合振动测试和信号分析，研究爆破振动控制技术，推动降振理论和方法研究进入了新阶段。精细爆破控制爆破振动的含义包括以下内容。

3.6.2.1　精细爆破的爆破振动速度计算

爆破振动速度计算公式为：

$$v = k\left(\frac{Q^m}{R}\right)^\alpha \tag{3.9}$$

式中，m 为装药指数，与爆破方法有关；其他符号同公式（3.8）。

有人认为：集中药包爆破，$m = 1/3$；延长药包爆破，$m = 1/2$，欧美国家及我国香港都倾向于这种观点。中国建筑工程（香港）有限公司采用 NCSC5400 爆破振动测试系统，通过对香港佐敦谷场地平整工程进行爆破振动监测，建议在 150m 范围内，m 宜采纳 1/2。我国及俄罗斯等国都选取 m 为 1/3。由于我国从 1987 年 5 月 1 日颁布国家标准《爆破安全规程》（GB 6722—1986）以来，一直沿用 $m = 1/3$，也并未产生明显的错误，因此，在精细爆破的爆破振动速度计算中，建议国家标准《爆破安全规程》（GB 6722—2003～2018）都保留 $m = 1/3$。

在爆破振动速度计算公式中，如何界定岩性并选取 k、α 值呢？将表 3.11 更精细化，在计算中根据被爆岩石的坚固性系数 f 来辅助界定岩性，这是一种很有效的方法，见表 3.14。

表 3.14　不同岩性爆破的 k、α 值

岩　　性	岩石坚固性系数 f	k	α
坚硬岩石	>12	50～150	1.3～1.5
中硬岩石	8～12	150～250	1.5～1.8
软弱岩石	<8	250～350	1.8～2.0

结合公式（3.9），发现 k 值越大，v 值也越大；在线弹性区域，α 值越小，v 值越大。因此，计算振动速度时，对于岩性不同的每类岩石，k 值取上限，α 值取下限，可以得出最安全的振动速度。国家标准《爆破安全规程》（GB 6722—2003～2018）目前都采纳质点峰值振动速度和主振频率双指标评价保护对象的安全性，见表 3.13。

3.6.2.2　精细爆破的爆破振动速度表示方法

振动速度的表示方法，究竟采用三个分量之一，还是采用三个分量的向量和，各国爆破工程界说法不一。瑞典 V. Langefors 同时测量地表振动的三个分量时发现，它们通常具有相同的数量级，因此，认为许多情况下只需记录垂直分量或纵向分量即可，但有时应该同时测量它们中的两者。而根据 Northwood 的观点，认为横向分量对爆破振动分析的作用不大。

美国矿业局规定的破坏判据并不要求向量和，而仅需三个分量中的最大值。美国宾夕法尼亚州就是按照这个要求制定了法律，而新泽西州却要求向量和。

日本矿业会爆破振动研究委员会等在"爆破振动测定指标"中指出：原则上应同时测定互相垂直的三个分量。但是，为了比较不同地点的振动衰减情况，仅测量一个分量也是可行的，在测量结构物时，还可以仅测量影响最大的一个分量。

应该指出，在计算三个分量的向量和时，为了求得质点振动的最大速度，应将三个分量的最大振动速度进行合成，即：

$$v_{max} = \sqrt{v_{Tmax}^2 + v_{Vmax}^2 + v_{Lmax}^2} \tag{3.10}$$

式中，v_{Tmax} 为横向最大振动速度，mm/s；v_{Vmax} 为垂向最大振动速度，mm/s；v_{Lmax} 为纵向最大振动速度，mm/s。

鉴于目前的认识不同，国家标准《爆破安全规程》（GB 6722—2003~2018）都对此未明确作出规定，使用者可根据具体情况处理。根据国内研究的某些进展，精细爆破计算时推荐采用三个分量的向量和。

北京矿冶研究总院等单位对北京放马峪铁矿的 135 次爆破振动测试，每次都测试 3 个分量，发现垂直分量振速最大的次数占总次数的 34.81%，水平切向分量振速最大的次数占总次数的 31.92%，即 3 个分量的最大值次数几乎各占总次数的 1/3。因此，建议有条件时，除测量振速最大的一个分量外，还应测量三个分量的向量和。

3.6.2.3 高程差的影响

高程差是指爆源点与测点之间的相对高差。大量爆破实践表明，高程差对爆破振动强度和地震波衰减规律有明显的影响，观测点的振动强度随着高程差的增大而增大，在基岩上或高程差超过 30m 时尤为显著。

为了提高爆破振动强度（速度、加速度）计算的准确性，有关学者提出在原有计算公式上加"修正因子"，即：

$$v = k \left(\frac{\sqrt[3]{Q}}{R} \right)^{\alpha} \left(\frac{R_x}{R} \right)^{\beta} \tag{3.11}$$

式中，R_x 为爆破点与保护对象之间的水平距离，m；R 为爆破点与保护对象之间的（最短）距离，m；β 为由高程差引入的"修正因子"，当爆破点在保护对象上方时，取 $\beta>0$；当爆破点在保护对象下方时，取 $\beta<0$；k、α、β 值可以根据实测值进行回归计算得到。

深圳蛇口浮法玻璃厂后山爆破中，爆破点分别在山顶 79m、64m，观测点在山下，高程差 59~74m 不等，根据实测值线性回归得到 $k=557.7$、$\alpha=2.44$，利用二维回归得到 $k=192.7$、$\alpha=2.08$、$\beta=7.99$。因此，修正前、后的公式分别为：

$$v_0 = 557.7 \left(\frac{\sqrt[3]{Q}}{R} \right)^{2.44} \tag{3.12}$$

$$v = 192.7 \left(\frac{\sqrt[3]{Q}}{R} \right)^{2.08} \left(\frac{R_x}{R} \right)^{7.99} \tag{3.13}$$

其他学者在长江科学院提出公式的基础上，也细化了衰减指数的修正系数 β，综合考虑边坡高差的影响，提出指数公式：

$$v = k \left(\frac{\sqrt[3]{Q}}{R} \right)^{\alpha+\beta} \tag{3.14}$$

幂指数公式：

$$v = k \left(\frac{\sqrt[3]{Q}}{R} \right)^{\alpha} e^{\beta H} \tag{3.15}$$

式中，*H* 为测点与爆源点间的高程差。精细爆破理论认为，影响高程差的因素是多方面的，例如爆源动力特性、场地条件等，在目前无统一计算公式的情况下，可以参考上述计算公式。

3.6.2.4 爆破振动反馈控制技术

目前，普通爆破中控制爆破振动的常用应用方法有：控制爆破规模，延期爆破而减小最大一段的起爆药量，加大延期间隔时间，改变爆破方向，在爆区和保护物之间应用预裂爆破形成隔离缝，采用不耦合装药及缓冲爆破，铺设减振垫，在爆破时临时停止设备、仪表运行等方法。

精细爆破工程中控制爆破振动的方法，除了采纳上述普通爆破的方法外，还有精细设计——爆破动、静载全过程数值模拟，计算机辅助设计系统（CAD）爆破设计等；精细控制——低密度、低爆速等性能可调炸药及炸药现场混装车装药，物联网操作控制，数码电子雷管、低爆速导爆索及其起爆系统起爆，钻孔质量的精细化保障，沿钻孔轴向的双聚能槽塑料管装药，小临界直径药卷增大不耦合系数等；精细管理——实时爆破振动测试与分析，实现单孔子波叠加时间精确延时控制等。

2007 年广东宏大爆破工程有限公司在三亚铁炉港采石场爆破中提出并成功实现了电算精确延时减振爆破新技术，确保单孔爆破的子波互相不叠加，从而确保爆破振动损伤最小。

上述介绍的一系列新技术，将为成功实施深孔或中深孔精细化预裂或光面爆破提供了坚实的技术保障，使得在任何工程地质条件下，非煤矿山都可借助深孔或中深孔预裂或光面爆破实现矿岩精准分离，进而实现深孔或中深孔机械化采矿。

参 考 文 献

[1] 谢先启. 精细爆破发展现状及展望 [J]. 中国工程科学，2014，16 (11)：14~19.

[2] 谢先启. 精细爆破 [M]. 武汉：华中科技大学出版社，2010：20~28，35~46，64~65，121~130，210~231.

[3] 于亚伦. 高应变率下的岩石动载特性对爆破效果的影响 [J]. 岩石力学与工程学报，1993，12 (4)：345~352.

[4] 汪旭光. 爆破器材与工程爆破新进展 [J]. 中国工程科学，2002，4 (4)：36~40.

[5] 李彤华，唐春海，赵明特，等. 现代爆破理论及其新进展 [J]. 广西地质，1997，10 (2)：79~84.

[6] 李俊平. 卸压开采理论与实践 [M]. 北京：冶金工业出版社，2019：87~120.

[7] 邱位东. 工业炸药现场混装技术的发展现状与新进展 [J]. 科技创新导报，2013，(10)：96~97.

[8] 秦健飞. 双聚能预裂与光面爆破综合技术 [J]. 采矿技术，2007，7 (3)：58~60.

[9] 秦健飞，秦如霞. 浅谈预裂和光面爆破的发展与未来 [J]. 采矿技术，2013，13 (5)：97~100.

[10] 中华人民共和国国家质量监督检验检疫总局，中国国家标准化管理委员会. GB 6722—2014 爆破安全规程 [S]. 2014：44~45.

4 采场地压控制的特殊技术

前面第 2 章专门论述了地压控制的六大理论。控制地压，按照经济合理性，一般先在"轴变论"的指导下确定合理的空间形态及尺寸，然后才在"压力拱""支承压力""隔断开采""板"或"卸压支护"等理论中选择技术可行、经济合理的方法实施卸压开采，或者研究具体的支护等防护措施。

地下岩体工程是一个工程地质条件复杂的地下空间大系统。非煤矿山地下采场，相比各类地下空间工程，其地下空间形态尤为复杂。本章将围绕实现"无人采矿"这一主线，借助直接控制留矿法或阶段矿房法采场稳定性，确定安全的矿房走向长度、间柱厚度、顶（底）柱厚度等结构参数，探索如何借助数值模拟高效确定采场结构参数，并提出适合机械化出矿的平底结构定量设计设想及破碎顶板的防护等采场地压控制的特殊方法。

4.1 采场结构参数确定

采场是地下矿山生产作业的主要场所，其结构稳定性直接关系到井下人员、设备的安全及采矿损失率、贫化率。采场结构参数是决定其结构稳定性的关键因素。

4.1.1 采场结构参数确定方法综述

目前，国内外研究采场结构参数的方法主要有经验类比、理论计算、现场监测、不确定性分析、相似模拟及数值模拟等。

经验类比法是岩土工程设计中使用最为广泛的方法之一。通常对实际工程岩体表现出的一些现象作定性观察，总结出岩体的某些行为特征，利用相似或相近的工程作为设计工程的参考依据。如张倬元等提出采用地质类比法分析地下硐室围岩稳定性；杨志法等研究了工程类比法的理论依据、应用条件、可比性和可靠度；葛华提出了一种"归一化方法"，可以比较不同分类方法下的围岩稳定性；周宇等在经验类比的基础上深入研究了海底隧道最小顶板厚度等。采用经验类比法可方便快捷地指导矿山生产，如刘爱华等借鉴顶水采煤的经验估算出了海基硬岩矿床的顶板厚度；李爱兵、李庶林通过类比相似矿山地压分布规律合理预测了北洺河铁矿回采过程中的地压分布规律；占飞等通过经验类比设计了某铜矿胶结充填体的强度；周科平采用经验类比法确定了某采场顶板岩体的破坏判据。但经验类比法往往只能考虑工程岩体的局部特征，在复杂地质力学条件下的适用性一般较差，如王志修等研究某陡倾塌陷坑下高阶段采场顶柱安全厚度时指出：国内外对境界顶柱安全厚度的研究多基于一维跨度下的经验类比而忽视了岩体质量等对采场跨度的影响，而且上述经验类比法大多是基于某种围岩分级方法，未考虑不同工程的应力分布，因而不能定量、合理确定采场结构参数。

理论计算主要是根据力学理论，对实际的矿体和围岩情况做一些假设，通过力学公式的推导来达到分析采场稳定性的目的。较为经典的理论计算方法主要包括：普氏理论、太沙基理论、弹性理论、弹塑性理论和关键块体理论。俄国著名学者普罗托吉雅柯洛夫于1907年首次提出普氏理论，美国著名土力学专家太沙基于1942年提出一种基于土力学的松散体理论——太沙基理论，由于这两种理论仅考虑了松动地压，不能考虑变形压力，只适用于计算变形压力较小的浅部松散地质体开挖问题。17世纪开始研究弹性理论，20世纪30年代开始逐渐有学者应用弹性理论来解决岩体工程的围岩应力问题，但由于其连续、均质、各向同性的弹性体假设不符合实际岩体的介质特征，使得该理论在研究工程实际问题时受到极大限制。弹塑性理论是在弹性力学和塑性力学的基础上发展而来的，主要是从静力学、几何学、物理学三方面构建求解的应力、应变所满足的弹塑性力学基本方程和边界条件，然而弹塑性理论的计算方法只适用于解决规则的圆形巷道情况，对地下空间工程中普遍存在的任意形态的地下开挖空间无能为力。石根华提出的关键块体理论，也只能预测与关键块体有关的采场顶板的局部冒落，对非关键块体导致的地下采场结构性破坏问题也显得无能为力。

为了分析岩体的应力以及位移变化情况，经常会采取现场监测或室内相似模拟，对矿山巷道、采场等围岩的位移、应力进行全面监测，并根据监测结果分析判定矿山巷道、采场的岩体稳定性。近年来，随着矿山开采深度的增加，围岩稳定性问题更加突出，监测采场、巷道等的变形也显得十分必要，对深入认识深部围岩的破坏规律很有帮助，但监测系统价格昂贵，反应规律需要的监测时间长、工作量大，而且监测数据往往受采矿等人为干扰，因此，应用现场监测很难准确捕捉地压变化规律，很难精确预报岩体冒落。另外岩爆等地压显现，往往出现在掘进、采矿爆破后的24h内，因此，现场地压监测也常常显得无能为力。

影响采场稳定性的因素十分复杂且各因素不尽相同，这些众多的因素大多会表现出一定的模糊性、随机性，不确定性分析正是基于这些复杂因素，结合经济技术指标，建立相应评价体系或数学表达式，研究采场的结构参数。例如，陈守煜以工程模糊集理论为基础，建立以相对差异函数为基础的模糊可变集合工程方法，并考虑模型参数指标权向量的可变性，评价围岩稳定性，还结合实例证明了其合理性；邱道宏基于功效系数法的基本原理，采用粗糙集理论确定指标权重，从而建立了一种基于粗糙集功效系数法的围岩稳定性评价模型，并结合工程实例进行了验证；高志亮运用改进的人工神经网络方法，评价了围岩的稳定性。尽管不确定性分析能够综合考虑影响采场稳定性的应力、位移、塑性区等各种参数，但它在评价指标的获取上往往依赖室内试验、现场监测和数值模拟等其他研究手段，甚至依赖专家经验。

随着计算机的飞速发展，各种可用于解决采场稳定性问题的数值模拟软件也日趋成熟，在计算机中对要解决的工程实例进行合理简化建模，运用相关的岩体物理力学参数进行数值模拟计算，可以经济有效地及时对采场围岩及矿柱应力、位移、塑性区等进行稳定性仿真，得到比较符合工程实际的采场结构参数。目前较为常用的数值模拟方法有非连续介质法和连续介质法。非连续介质法包含非连续变形分析（DDA）和离散单元法（DEM）等，连续介质法包含有限单元法（FEW）、边界元法（BEM）、有限差分法（DFM）等。

大量工程实践表明，数值模拟仍是采场稳定性分析的最主要手段，其中FLAC^{3D}在岩体大变形等非线性计算上具有收敛速度快、占用内存小、计算精度高的优点，因此被广泛应用于岩体工程的开挖、开采仿真。

4.1.2　留矿法或阶段矿房法采场结构参数确定

矿房走向长度、间柱厚度、顶（底）柱厚度是留矿法或阶段矿房法采场的关键参数，直接决定了采场的稳定性、采矿损失率和贫化率。若对每个参数在其合理变化范围内逐一变化，数值计算的工作量极其巨大，因此，借助正交试验设计采场结构参数。

【例题】　二里河铅锌矿 161～193 线之间的深部矿体严格受背斜构造控制，呈马鞍状向东倾伏延展。该部分矿体赋存标高为 900～1200m，埋深 500～800m。翼部矿体平均倾角约为 70°，平均厚度约为 7m，其上盘为千枚岩，下盘为灰岩。深部断层不发育，仅局部发育横向及走向小断层，但断距小，对矿体破坏小，不影响矿体的对应和联结。该区域地震活动频度低、强度弱。现场踏勘发现：除极个别采场有雾气或局部岩石湿润、个别巷道有 2～3cm 积水外，一般都较干燥；从已掘进的 1100m 中段的探矿巷道及采场中发现，局部地压显现已较严重，巷道呈现剥洋葱皮似的剥落或开裂、塌陷，采场常发生塌方、冒顶。

采集 300mm×600mm×900mm 的大样岩块进行岩石物理力学试验，将所得结果应用正交数值模拟反演获得折减后的岩体物理力学参数，见表 4.1。

表 4.1　岩体物理力学参数

岩石名称	密度 /g·cm^{-3}	单轴抗压强度 /MPa	抗拉强度 /MPa	变形模量 /GPa	黏聚力 /MPa	内摩擦角 /(°)	泊松比 μ
千枚岩	2.83	31.31	0.885	7.27	1.64	26.224	0.20
铅锌矿	3.08	47.625	3.36	9.01	1.90	31.536	0.19
灰岩	2.79	41.47	2.325	9.27	4.32	29.736	0.18

选取 177 线典型剖面利用 ANSYS 建模并划分网格（见图 4.1），借助 FLAC^{3D} 数值计算。模型上表面为地表，选用自由边界，其余 5 面都选用位移法向约束。选择六面体八节点单元 SOLID45，采用弹塑性本构模型。依据工程地质条件，不考虑构造应力，仅在重力应力场下仿真开挖和开采。由于地震、地下水及断层等因素对研究区域的矿岩稳定性影响极小，计算过程中不考虑上述因素。数值模拟过程中遵循摩尔-库仑破坏准则以及小变形假设。数值计算结果中，压应力为"−"，拉应力为"+"。

图 4.1　典型剖面 177 及其数值模型

采用正交试验与数值模拟相结合的方法，在 FLAC^{3D} 中分别输入采场结构的各组正交参数并获取对应参数下围岩的应力应变状态，建立多指标综合评价模型，将评价指标归一化为统一的指标综合满意度，直观分析确定采场最佳结构参数以及影响采场稳定性的敏感因素。

4.1.2.1　正交试验

深部矿体开采仍沿袭浅部所采用的采矿方法，即阶段矿房法或浅孔留矿法。对采场结构参数优化时，正交试验的因素应选取矿房走向长度、间柱厚度及顶柱厚度。结合该矿山浅部开采及相关矿山经验，正交试验拟定如下4个水平数，见表4.2。

表 4.2　试验因素及水平数

水平	试验因素		
	矿房走向长度/m	间柱厚度/m	顶柱厚度/m
1	38	6	6
2	40	8	8
3	42	10	10
4	44	12	12

在正交设计程序中输入以上三因素四水平，获取采场结构参数的正交试验表，见表4.3。利用表4.3中各组参数及177线剖面类似图4.1分别建模，实施FLAC^{3D}数值模拟。

表 4.3　正交试验表

方案序号	因素		
	矿房走向长度/m	间柱厚度/m	顶柱厚度/m
1	38	6	6
2	38	8	8
3	38	10	10
4	38	12	12
5	40	6	8
6	40	8	6
7	40	10	12
8	40	12	10
9	42	6	10
10	42	8	12
11	42	10	6
12	42	12	8
13	44	6	12
14	44	8	10
15	44	10	8
16	44	12	6

4.1.2.2　建模与计算评价

采场稳定性评价是一个多因素多指标的复杂评价体系。由于各指标之间具有不可比性，单指标评价结果往往不全面、不可靠，因此，将多个指标按专家经验及打分赋予一定权重，最终得到归一化的多指标综合满意度。

根据二里河铅锌矿的开采实践，顶、底板位移是反映采场安全稳定性的重要指标，受拉区是反映采场长期安全稳定的关键指标。因为岩石在长期疲劳拉应力作用下受拉区往往发生破坏，而且受拉区面积越大，发生破坏的可能性及程度就越大。据上分析，采场稳定性评价选取上、下盘顶板位移量、受拉区面积和拉应力值共6个指标，其中，受拉区面积借助受拉的单元数来计算。

采场结构参数的优选是一个多目标、多因素的多属性决策问题，而层次分析法是确定该类问题指标权重的有效方法。岩体是弹塑性体，在产生较大位移的情况下极容易在短时间内发生破裂，而拉应力值若没有超过岩体抗拉强度，在一段时期内岩体是可以保持稳定的，所以顶板位移量相对拉应力值显得更加重要。另外，拉应力值相比拉应力区面积影响度弱。因为只要岩体受拉，在长期疲劳作用下都有可能破坏。

基于上述分析，从位移、拉应力值、拉应力区大小三大类因素综合评价采场稳定性，运用层次分析法确定各评判指标的权重。采用模糊语言算子的九标度法描述不同目标之间的相对重要程度并建立判断矩阵，采用几何平均法计算各指标权重。但由于判别矩阵中各参数的取值常受主观影响，最终获得的指标权重也不够精确。因此，结合专家现场经验及打分，修正得到位移、拉应力值、拉应力区面积三类因素的指标权重，结果见表4.4。

表4.4 各指标权重值

指标	上盘位移	上盘拉应力	上盘受拉区面积	下盘位移	下盘拉应力	下盘受拉区面积
权重	0.2	0.1	0.2	0.2	0.1	0.2

A 单指标满意度

按成本型指标公式（4.1）计算单指标满意度：

$$f_{x_{ij}} = \frac{x_{\max, j} - x_{ij}}{x_{\max, j} - x_{\min, j}} \tag{4.1}$$

式中，x_{ij}表示第i次试验的第j个指标值；$x_{\max,j}$、$x_{\min,j}$分别为所有第j个指标在各次试验中的最大值和最小值。

B 多指标综合满意度

多指标综合满意度按公式（4.2）计算：

$$r_i = \sum_{j=1}^{6} f_{x_{ij}} \omega_j \tag{4.2}$$

式中，ω_j为第j个指标的权重。

按所设计的正交试验方案仿真各组采场结构参数下采场围岩的应力、应变状态，获取并记录所选取的评价指标值，再按照公式（4.1）和公式（4.2）计算各组试验的多指标综合满意度，所得结果见表4.5。

采用直观分析法对正交数值试验的多指标综合满意度进行均值分析和极差分析，从而确定各因素对采场稳定性影响的敏感程度。采用回归分析法做出各因素的多指标综合满意度回归曲线，回归方程选择三阶多项式形式，根据回归方程找到曲线拐点，从而确定最佳采场结构参数。多指标综合满意度直观分析见表4.6，各因素对采场稳定性的影响曲线如图4.2所示。

表4.5　正交数值模拟试验结果

试验序号	上盘位移/mm	满意度	下盘位移/mm	满意度	上盘拉应力/MPa	满意度	上盘受拉区/m²	满意度	下盘拉应力/MPa	满意度	下盘受拉区/m²	满意度	综合满意度
1	206	0.0000	63	0.0000	0.19	0.4000	575	0.4158	0.32	0.8507	900	0.1822	0.2447
2	160	0.5476	45	0.5294	0.133	0.9700	506	0.6033	0.3	0.8617	480	0.5891	0.6168
3	136	0.8333	35	0.8235	0.144	0.8600	504	0.6087	0.091	0.9764	200	0.8605	0.8080
4	122	1.0000	29	1.0000	0.15	0.8000	360	1.0000	0.05	0.9989	56	1.0000	0.9899
5	190	0.1905	55	0.2353	0.195	0.3500	560	0.4565	0.2	0.9166	384	0.6822	0.4293
6	181	0.2976	52	0.3235	0.175	0.5500	676	0.1413	0.86	0.5543	1088	0.0000	0.2490
7	131	0.8929	32	0.9118	0.145	0.8500	442	0.7772	0.048	1.0000	80	0.9767	0.8979
8	135	0.8452	32	0.9118	0.15	0.8000	520	0.5652	0.1	0.9715	320	0.7442	0.7894
9	179	0.3214	46	0.5000	0.21	0.2000	570	0.4293	0.13	0.9550	242	0.8198	0.5268
10	142	0.7619	36	0.7941	0.18	0.5000	476	0.6848	0.057	0.9951	80	0.9767	0.8045
11	170	0.4286	45	0.5294	0.183	0.4700	648	0.2174	1.3	0.3128	986	0.0988	0.3260
12	146	0.7143	37	0.7647	0.13	1.0000	546	0.4946	0.99	0.4830	816	0.2636	0.5789
13	162	0.5238	40	0.6765	0.23	0.0000	448	0.7609	0.048	1.0000	90	0.9671	0.7042
14	165	0.4881	41	0.6471	0.175	0.5500	588	0.3804	0.129	0.9555	300	0.7636	0.5953
15	162	0.5238	40	0.6765	0.144	0.8600	616	0.3043	0.86	0.5543	816	0.2636	0.4706
16	160	0.5476	38	0.7353	0.21	0.2000	728	0.0000	1.87	0.0000	1044	0.0426	0.2931

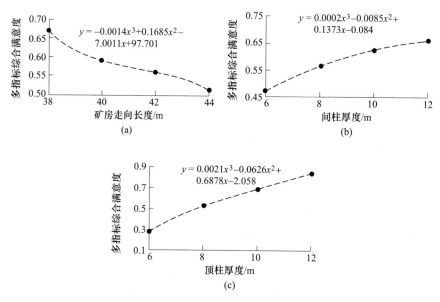

图4.2　各因素对采场稳定性的影响曲线

（a）矿房走向长度与综合满意度；（b）间柱厚度与综合满意度；（c）顶柱厚度与综合满意度

表 4.6 多指标综合满意度直观分析

因素	矿房走向长度/m	间柱厚度/m	顶柱厚度/m
均值 1	0.668	0.474	0.273
均值 2	0.591	0.566	0.524
均值 3	0.562	0.626	0.682
均值 4	0.516	0.663	0.849
极差	0.144	0.189	0.576

从各试验水平的多指标综合满意度直观分析（见表 4.6）可见，顶柱厚度极差最大，间柱厚度次之，矿房走向长度则最小。这说明顶柱厚度对采场稳定性影响最敏感，从而说明增加顶柱厚度是提高采场稳定性的最有效途径。

由图 4.2 可知：从整体来看随着矿房走向长度的不断增加，多指标综合满意度在不断下降，采场趋向不稳定，这说明矿山开采中适当减小矿房走向长度，可提高采场的稳定性；随着间柱厚度的不断增加，多指标综合满意度在不断上升，这说明增加采场间柱厚度可以有效提高采场的稳定性；随着顶柱厚度的不断增加，多指标综合满意度也在不断上升，这说明增加顶柱厚度也可以有效提高采场的稳定性。

确定最佳的采场结构参数，不仅要考虑满意度的绝对大小，还要考虑满意度的变化趋势。因为满意度变化率达到极小值（拐点）时，无论增大还是减小采场结构参数，提高采场稳定性的作用都不太明显。因此，结合满意度回归曲线及生产实际合理确定最佳的采场结构参数。

从图 4.2（a）可见，随着矿房走向长度从 38m 增加到 44m，满意度降低速率先减小后增大，根据回归方程求得拐点横坐标值为 40.12m，因此，矿房走向长度最佳设计值取 40m。

从图 4.2（b）可见，随着间柱厚度从 6m 增加到 12m，满意度提高速率逐渐减小，根据回归方程求得拐点的横坐标值约为 8.2m。根据采矿实践，往往要在间柱中布置断面约为 (1.5~2.0)m×(1.5~2.0)m 的上山和联络道，这将大大削弱间柱对上盘千枚岩的支撑作用。因此，综合考虑满意度绝对大小、变化趋势以及采矿生产的天井布置，采场间柱厚度取 10m。

从图 4.2（c）可见，随着顶柱厚度从 6m 增加到 12m，满意度提高速率先增大后减小，根据回归方程求得拐点横坐标值为 9.94m。考虑到顶柱厚度对采场稳定性的影响最敏感，而且敏感度是其他参数的 3 倍以上，并且顶柱厚度由 10m 增加到 12m 时满意度又在提高，故采场顶柱厚度取 12m。

综上所述，最佳的采场结构参数为：矿房走向长度 40m，间柱厚度 10m，顶柱厚度 12m。

4.1.2.3 采场结构参数检验

为了确保该评价方案所选出的采场结构参数具有合理性和可靠性，按上述拟定的采场结构参数（矿房走向长 40m、间柱厚 10m、顶柱厚 12m），类似图 4.1 在 181 线剖面建模仿真矿体开采，部分计算结果如图 4.3 所示。

计算发现：矿房回采后，上盘千枚岩顶板最大水平位移不超过 103mm，下盘灰岩底板

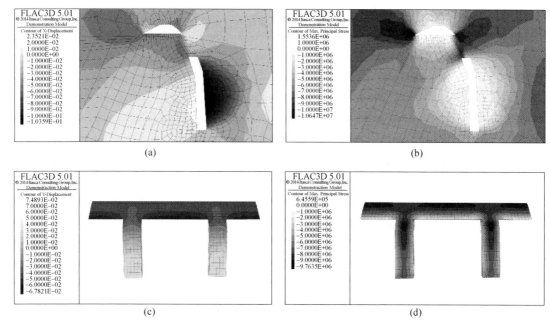

图 4.3　剖面 181 线开采仿真的矿柱、围岩应力与位移分布
（a）矿房上、下盘位移（m）；（b）矿房上、下盘应力（Pa）；
（c）顶柱、间柱垂直位移（m）；（d）顶柱、间柱应力（Pa）

最大水平位移不超过 23.5mm；上盘顶板最大拉应力不超过 0.025MPa 且受拉面积很小，下盘底板最大拉应力不超过 0.23MPa 且不超过 15 个计算单元的面积，上、下盘拉应力分别不超过岩体抗拉强度的 3%、10%；顶柱、间柱上都无拉应力，且顶柱垂直位移不超过 60mm，间柱水平位移不超过 21.2mm。

综上分析，说明按照拟定的采场结构参数开采 181 等其他剖面的矿体，采场也是稳定的。因此，选取的采场结构参数应用于深部开采是合理的，但上盘局部位移过大，还需要及时支护或强采强出。

4.1.3　底部结构定量设计设想

采纳平底结构出矿，将大幅度提高阶段矿房法、分段矿房法和留矿法等空场法及自然崩落法、有底柱分段崩落法等崩落法的出矿效率，可大幅度提高机械化作业程度。平底结构出矿，尤其桃形矿柱内布置运矿巷道且其两侧布置堑沟式平底出矿结构，巷道帮墙承担崩落矿体的重量，直接决定了该出矿方式的可行性、安全性。

过去，设计这些平底出矿结构巷道的尺寸及间距，往往依据出矿设备的能力及分层采矿的高度。通常小分层高度（10~12.5m）取小尺寸出矿巷道（（2.5~3.5）m×（2.5~3.5）m）和小巷道间距（7~8m），大分层高度（15~25m）取大尺寸出矿巷道（（3.5~4.5）m×（3.5~4.5）m）和大巷道间距（10~20m），这样不考虑巷道围岩的岩体力学特性，定性地设计底部结构，常常导致出矿巷道（进路）及运矿巷道（桃形矿柱内的巷道）因大量落矿而导致顶板下沉、开裂及帮墙变形，从而引起巷道断面尺寸严重不足或垮塌、报废。

由于定性设计时，从力学机理及源头上没有分析清楚巷道的受力结构与特性，只能在出现问题后，定性地锚喷网支护，最多只能根据地压控制原理及底板围岩特性定性地调整采、掘及支的先后顺序，如先掘，再拉底切割，然后锚喷网支护，最后落矿，或先掘，然后锚喷网支护，最后拉底切割和落矿，不能从根本上解决出矿巷道的稳定性问题。

基于上述考虑，尤其自然崩落法拉底切割后大量落矿而导致底部结构的承载成倍增加，特发明了自拉槽自然崩落采矿法。产生发明灵感的由来：极破碎、极松软的中厚至厚大的倾斜至急倾斜矿体阶段留矿崩落法拉底后，中段内的全部矿体及上盘围岩自然垮塌，垮塌的松散矿岩压垮了矿体中部的桃形矿柱、脉内沿脉装运巷道及连接两条堑沟平巷的人字形无轨装矿进路，使得靠近矿体上盘的堑沟平巷中聚集的矿石在本中段无法装运，脉外装运巷道及其人字形无轨装矿进路尽管也严重地压显现，但由于离矿体下盘的距离较大，巷道还未彻底破坏，还可返修复用，为此，在阶段留矿崩落采矿法的基础上，结合中深孔挤压爆破自拉槽及自然崩落法的优点，集成创新，提出了一种阶段自拉槽自然崩落采矿法，探索底部结构的定量设计方法。

阶段留矿崩落采矿法的优点：在回采过程中不出现大面积采空区，在回采前期利用崩落矿石支撑上盘围岩，在回采后期随着底部结构出矿，上部覆岩下移充填采空区控制地压。自拉槽自然崩落采矿法开发的新特点：探索底部结构，尤其桃形矿柱内巷帮厚度的定量设计方法，使其能够承受自然冒落的散体地压。

4.1.3.1 自拉槽自然崩落采矿法发明背景与思路

由于矿床赋存条件复杂多样，矿石和围岩性质多变，在生产实践中应用了种类繁多的采矿方法。依据回采时的地压管理方法，采矿方法分为空场采矿法、充填采矿法和崩落采矿法三大类。

崩落采矿法在回采矿石后，让顶板和围岩崩落充填采空区，达到管理和控制地压的目的。崩落法分自然崩落法和强自崩落法，前者拉底后矿石基本会自然冒落，基本不需要爆破落矿；后者拉底后，还需要分层爆破不断落矿。

阶段留矿崩落法（见图 4.4）开采中厚（厚 15~25m）矿体，上向扇形中深孔拉底后，中段内的一些矿岩极松软、破碎的倾斜至急倾斜矿体及上盘围岩自然垮塌，垮塌的松散矿岩压垮了矿体中部的桃形矿柱、脉内沿脉装运巷道及连接两条堑沟平巷的人字形无轨

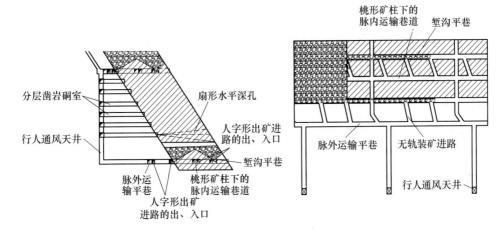

图 4.4　自拉槽自然崩落法侧视图和水平投影图

装矿进路，使得靠近矿体上盘的堑沟平巷中聚集的矿石在本中段无法装运，脉外装运巷道及其人字形无轨装矿进路尽管也严重地压显现，但由于脉外装运巷道离矿体下盘边界至少达到10m，因此，还可应用预应力锚索网等返修支护后的脉外装运巷道及出矿进路。

因为阶段留矿崩落采矿法脉内装运巷道在桃形矿柱下的承压帮墙宽度不超过5m，其根本无法承担厚15~25m的矿体一次性冒落高度达到50m的矿石及上盘移动围岩的散体地压，导致矿体中部的桃形矿柱、脉内运输巷道、连接两条堑沟的人字形装矿进路全部垮塌，使得靠近矿体上盘的堑沟平巷中聚集的矿石无法装运。

从上述技术背景等可见，依据矿体赋存条件和围岩稳定性确定产能、决定出矿设备的出矿能力及其外形尺寸后，基本可以确定分层高度、出矿进路断面尺寸、出矿进路间距a(m)，如果借助数值仿真或相似模拟确定了连续落矿的高度（散体矿石或局部垮落的上盘围岩质量）或荷载，就可计算桃形矿柱中两帮围岩所承担的支承压力p(MPa)，因此，桃形矿柱中两帮巷道围岩的厚度b(m) 就可以近似依据摩尔-库仑理论定量设计，即

$$
\left.
\begin{aligned}
2nab\sigma_{\mathrm{c}} &= p = L(d+2b)\lambda H\gamma \\
\sigma_{\mathrm{c}} &= \frac{1+\sin\varphi}{1-\sin\varphi}\sigma_3 + \frac{2c\cos\varphi}{1-\sin\varphi}
\end{aligned}
\right\}
\tag{4.3}
$$

式中，d 为假设出矿进路宽度、堑沟宽度及桃形矿柱内出矿沿脉巷道宽度，m；a 为出矿进路间距，m；b 为桃形矿柱中两帮巷道围岩的厚度，m；垂直走向布置出矿进路时，采场走向长度 $L=n(a+d)$，m；n 为每个采场布置的出矿进路数；矿体水平厚度 $D=2b+3d$，m；H 为冒落矿体高度，m；γ 为矿体容重，kN/m³；σ_{c} 为矿体三轴抗压强度，MPa；σ_3 为每平方米巷道墙壁面所受的预应力，MPa；c 为矿体内聚力，MPa；φ 为矿体内摩擦角，(°)；λ 为矿堆上的应力集中系数。

4.1.3.2　自拉槽自然崩落的采矿技术方案

为了克服上述现有技术的缺点，自拉槽自然崩落法（纵投影及薄矿体侧视图见图4.5）的发明目的：在阶段留矿崩落采矿法的基础上，结合上向扇形中深孔挤压爆破自拉槽及自然崩落法采矿的优点，集成自然崩落法的地压分布规律，创新底部结构承载能力的

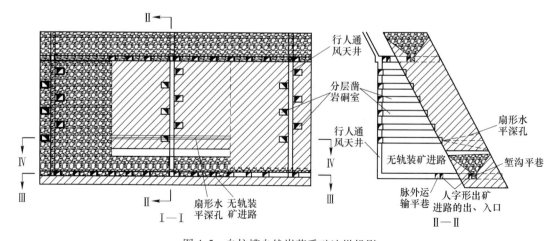

图4.5　自拉槽自然崩落采矿法纵投影

设计方法，以便适合开采破碎、极软弱、极不稳固、倾斜至急倾斜的中厚至厚大矿体。该方法采准工程量小、围岩暴露面积小、底部结构容易维护、安全高效、成本低，降低了矿石贫化率和损失率，可在冶金、有色、黄金、化工、煤炭等地下开采中灵活应用。具体技术方案如下：

在矿块底部采用平堑沟平巷聚矿，采用人字形的无轨装矿进路连接底部堑沟平巷与脉外运输平巷或脉内运输巷，实现阶段出矿，其中无轨装矿进路只布置在堑沟平巷的靠下盘侧，无轨装矿进路为平底结构，脉外运输巷道与无轨装矿进路负责出靠近下盘堑沟平巷中聚集的矿石，脉内运输巷道与无轨装矿进路负责出靠近上盘堑沟平巷中聚集的矿石，底部堑沟平巷自矿块一端沿矿体走向掘进到另一端。

在回采过程中不出现大面积采空区，在回采前期利用崩落矿石支撑上盘围岩，在回采后期随着底部出矿，上部覆岩下移充填采空区控制地压。另外，根据公式（4.3），当矿体水平厚度超过一定值（徐家沟铜矿估计至少为30m）时，在离下盘矿体边界约接近矿体水平厚度的三分之一外布置脉内运输巷道，靠近下盘及离上盘矿体边界约接近矿体水平厚度的三分之一内分别沿脉布置堑沟平巷，如图4.4所示；当矿体水平厚度不超过上述要求的宽度时，仅离下盘矿体边界约接近矿体水平厚度的三分之一外沿脉布置堑沟平巷，薄矿体水平投影如图4.6所示。因此，底部结构能够承受自然冒落的散体地压。

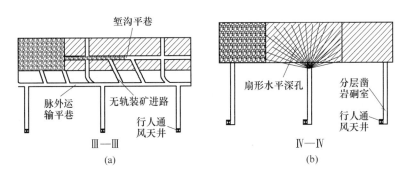

图 4.6　水平投影图
（a）薄矿体平底结构；（b）扇形水平深孔辅助落矿

采矿过程中，采用两排间隔不超过0.5m的上向扇形中深孔同段挤压爆破而实现自拉槽，靠下盘侧边界炮孔的倾角像靠上盘侧边界炮孔那样取52°~55°，确保堑沟顺利聚矿和出矿，并确保底部平底结构的高度不小于某一值（徐家沟铜矿估计至少为12m），以至确保底部结构能承担冒落矿岩的散体地压。

实施拉底工作时，崩落的矿石只出一部分，矿块内的松散矿岩维持顶板围岩不会垮塌，且保证上部落矿有足够的自由补偿空间，之后再次上向中深孔拉底，每次逐排或微差爆破两排扇形孔，如此循环，逐步完成自然崩落法采矿的拉底，当一个矿块沿走向的拉底长度达到矿块宽度的三倍时拉底结束，最后进行大放矿，即为阶段出矿。

借助在矿块中央靠下盘侧布置一个行人通风天井压出污风，并在行人通风天井内向左右两侧交错布置凿岩硐室，以便万一自然崩落法落矿失效时可在凿岩硐室内凿2~4排扇形水平深孔辅助自然崩落法落矿（见图4.6）。落矿后从无轨装矿进路出矿，装入矿车运出采场，出矿时也只出一部分，矿块内的松散矿岩维持顶板不会垮塌，且保证上部落矿有足够的自由补偿空间，之后自然崩落落矿或再次凿 2~4 排扇形水平深孔辅助自然崩落法落矿，如此循环，逐步完成自然崩落法的阶段落矿，最后进行大放矿。

大放矿时，随着矿石的不断采出，覆岩不断下移充填采矿区，控制地压，确保底部结构稳定。为了确保底部结构及出矿巷道稳定，先施工脉内、脉外沿脉运输巷道，锚索网喷预应力支护后，再施工人字形无轨装矿进路并锚索网喷预应力支护，然后施工堑沟平巷并锚索网喷预应力护帮、单体液压支柱及钢顶梁护顶，最后随自拉槽或上向扇形中深孔爆破拉底而逐步回撤单体液压支柱及钢顶梁。

4.1.3.3 自拉槽自然崩落法的技术特点

自拉槽自然崩落法具有如下 3 个技术优点：（1）能确保底部结构的稳定性。根据公式（4.3）定量设计底部结构中脉内运输巷道帮墙的宽度及桃形矿柱的高度，而且有两条堑沟聚矿时去掉了脉内运输巷道与靠近下盘堑沟之间的人字形无轨装矿进路，加上先预应力锚索网喷支护后再继续切割或拉底落矿，可确保脉外、脉内沿脉运输巷道、人字形无轨装矿进路及堑沟平巷稳定，确保堑沟中的聚矿顺利运出。（2）可在堑沟内实现自然崩落法的上向扇形中深孔挤压爆破自拉槽及上向扇形中深孔逐排或 2 排微差爆破拉底，并自然崩落落矿，通过人字形无轨装矿进路装运底部堑沟平巷中的聚矿。（3）适用于极破碎、极松软的中厚至厚大的倾斜至急倾斜矿体的安全、高效开采。总之，自拉槽自然崩落法具有如下技术特点：

上向扇形中深孔挤压爆破自拉槽并实现自然崩落法的拉底，自然崩落法落矿，底部堑沟聚矿，堑沟及与脉外（脉内）运输巷道相连的人字形的无轨装矿进路实现阶段平底结构出矿，其中脉外运输巷道负责出靠近下盘堑沟中聚集的矿石，脉内运输巷道负责出靠近上盘堑沟中聚集的矿石；自然崩落的拉底崩落矿石，每次只出一部分，确保矿块内松散矿岩既维持上盘围岩不垮塌，也保证上部落矿有足够的自由补偿空间；在回采过程中不出现大面积采空区，在回采前期利用崩落矿石支撑上盘围岩，在回采后期随着底部出矿，上部覆岩下移充填采空区控制地压；在出矿过程中能确保底部结构稳定。

4.2 采场顶板冒落防治

即使定量设计了采场结构参数，但由于岩体参数及结构面分布的不确定性，某些顶板可能仍会频繁发生局部冒落。为了确保采场顶板安全、稳定，确保出矿损失、贫化不超出规定，仍需分析顶板局部冒落的力学机理，据此发明顶板局部冒落的控制或辅助防护方法。

4.2.1 采场顶板局部冒落控制

下面仍然以 4.1.2 节中二里河铅锌矿为例，介绍留矿法或阶段矿房法采场的顶板局部冒落控制方法。

4.2.1.1 顶板力学机理分析

拉底切割及采场采空后，一旦顶底柱有效承载面积比减小，顶板边界将依次从固支变为简支、自由边，其整体性将逐步破坏。因此，借助材料力学建立急倾斜顶板简支梁力学模型。

在重力应力场下，将急倾斜顶板受力简化为如图 4.7 所示的简支梁模型。Xie Shengrong、Gao Mingming 等借助力学计算、数值分析和现场测量，认为影响岩梁结构稳定性的主要因素是岩梁厚度、锚杆间距和预应力。因此，借助 2~3 排合适长度的锚杆、条网组成锚杆条网带加固顶板。实际施工时，站在平场后的落矿堆上安装锚杆，一般每带只便于施工 2 排锚杆、条网，锚杆的排距、间距都为 k，因此，锚杆条网带也即简支点的宽度取 k。

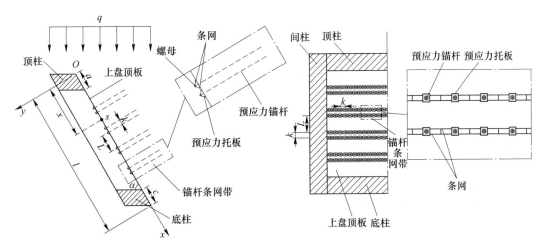

图 4.7 急倾斜顶板锚杆条网带支护及其受力模型

以采场顶板上端支承点为原点，采场顶板倾斜方向为 x 轴建立坐标系，根据平衡方程可得支反力：

$$F_a = F_c = \frac{ql\cos\alpha}{2} \tag{4.4}$$

式中，F_a 为上端支反力，N；F_c 为下端支反力，N；l 为采场顶板斜长，m；q 为顶板的自重均布荷载，N/m；α 为矿体倾角，(°)。

距原点距离为 x 的任意一点 s 处，梁截面弯矩 M_s 和剪力 F_s 分别为：

$$M_s = \left(\frac{ql}{2}x - \frac{qx^2}{2}\right)\cos\alpha \tag{4.5}$$

$$F_s = \left(\frac{ql}{2} - qx\right)\cos\alpha \tag{4.6}$$

设顶板岩梁厚度为 h，宽度为 b，单位都为 m。顶板抗弯截面系数为：

$$W_z = bh^2/6 \tag{4.7}$$

则顶板上任意一点 s 处的应力为：

$$\sigma_s = \frac{F_N}{A} \pm \frac{M_z}{W_z} = \frac{qx\sin\alpha}{bh} \pm \frac{3qx(l-x)\cos\alpha}{bh^2} \tag{4.8}$$

式中，F_N 为任意一点处的轴力，N；A 为截面面积，m²，顶板上表面受压取"−"、下表面受拉取"+";h 可取采场冒落块体的平均统计厚度或者平行顶板临空面的层理厚度,或顶板受拉岩体的最大深度。其他同前述公式。

又顶板自重的均布荷载:

$$q = \gamma Hb$$

式中,γ 为顶板岩层容重,N/m³;H 为顶板埋深,m。因此,顶板下表面任意一点处的拉应力为:

$$\sigma_s = \frac{\gamma Hx\sin\alpha}{h} + \frac{3\gamma Hx(l-x)\cos\alpha}{h^2} \tag{4.9}$$

由极值定理可得,当 $x = \dfrac{l}{2} + \dfrac{h\tan\alpha}{6}$ 时,拉应力值达到最大,一般情况下 $h \ll l$,所以顶板最大拉应力一般出现在顶板中央处,故顶板最大拉应力可表示为:

$$\sigma_{\max} = \frac{\gamma Hl}{2h}\left(\sin\alpha + \frac{3l\cos\alpha}{2h}\right) \tag{4.10}$$

由上述分析可知:顶板中点处的弯矩最大;且倾斜跨度越大,该中点所受的拉应力越大;剪力在两支承点处达到最大值,顶板中点处为零。这说明急倾斜顶板中央弯曲严重,一般容易受拉破坏,且跨度越大时中央因弯曲产生的拉应力也越大;而顶板两端一般容易剪应力集中,发生剪切破坏。这与现场顶板破坏的实际情况基本吻合。这也说明,沿采场倾斜方向类似图 4.7 间隔一定距离,沿采场的走向全长布置锚杆条网带支护顶板,相当于沿采场倾斜方向间隔一段距离沿采场走向全长布置简支点,可以缩短采场沿倾斜方向的悬空跨度,有利于采场顶板稳定。

同样道理,以采场两端的间柱为简支点,沿采场走向建立顶板受力的简支梁模型,也可以得到与上述类似的结论,即:沿采场走向方向间隔一定距离,沿急倾斜采场的倾向全长布置锚杆条网带支护顶板,或沿水平至缓倾斜采场的倾向全长布置点柱,可以缩短采场沿水平方向的悬空跨度,也有利于采场顶板稳定。

4.2.1.2 沿顶板倾斜方向锚杆条网带支护间距设计

A 锚杆条网带支护间距理论分析

由公式(4.9)可见,重力沿顶板倾斜方向的分量引起破断顶板下滑,进一步增大了顶板下表面任意点 s 处的拉应力。假设图 4.7 布置倾斜宽度分别为 a、c 的顶柱、底柱,在中间间隔 L 布置锚杆排距、间距为 k 的锚杆条网带,则锚杆条网带个数为:

$$n = \frac{l - a - c - L}{L + k} \tag{4.11}$$

式中,l、L、k、a、c 各尺寸的单位均为 m。

假设锚网支护有效,也就是采纳预应力足够大的长不小于 2.8m、直径不小于 22mm 的预应力达 3t 的大树脂锚杆,根据材料力学的三弯矩方程,依据图 4.7 的力学模型,推导出沿倾斜方向锚杆条网带的支护间距 L 为:

$$L = \left(\frac{4h\sigma_t}{3\gamma\cos\alpha} - \frac{h^2\tan^2\alpha}{9}\right)^{1/2} \tag{4.12}$$

式中,σ_t 为顶板岩体的抗拉强度,10^6Pa;其他参数同前述公式。

该铅锌矿 177 线附近翼部矿体倾角约 70°,现场统计冒落块体的厚度约 0.6m,千枚岩容重及抗拉强度见表 4.1，将参数代入公式（4.12），可求得沿倾向支撑千枚岩顶板的锚杆条网带间距约为 8.62m。该铅锌矿深部留矿法采场阶段高度 50m，顶柱铅垂厚度 12m，平底结构出矿，因此，公式（4.11）中采场斜长为 $l-a-c=38/\sin70°$ 约为 40.439m。若按锚杆条网带间距最大不超过 8.62m 支护锚杆排距、间距 k 为 1.2m 的条网带，则至少需要沿采场倾向支护 4 带锚杆条网带，代入公式（4.11）反算得实际支护间距为 7.13m。

B　大锚杆条网带支护间距的数值模拟检验

选取该矿 $Ⅱ_1$ 矿体深部开采范围内的 177 号剖面，建立数值计算模型（见图 4.8）。鞍部房柱法采场点柱按现场实际取间距 15m、直径 5m，翼部采场顶柱厚度 12m、间柱厚度 10m、矿房走向长 40m、平底结构出矿。类似 4.1.2 节考虑边界条件，则计算模型的平面尺寸为 300m×300m，走向长 100m，采用 6 面体单元划分网格，单元数共计 69727 个。在模型上表面的应力边界上施加等效 500m 厚的千枚岩荷载，模拟矿体实际埋深。数值计算服从摩尔-库仑屈服准则，应力云图中拉应力为"+"，压应力为"-"，单位为Pa。图 4.8 中右侧矿体为北翼，左侧为南翼。

图 4-8　数值模型

预应力锚杆采用 cable 单元，按三段式赋值以区分托板、自由段与锚固段，预应力借助自由段的螺母挤压施加在托板上，锚杆数值计算参数见表 4.7。

表 4.7　锚杆数值计算参数

支护结构	密度/g·cm^{-3}	弹性模量/GPa	泊松比	直径/mm	预应力/kN	抗拉强度/MPa
锚杆	7800	200	0.3	25 或 20	30 或 10	235

数值计算模型中，鞍部矿体位于 1100m 水平以上，埋深 600m，翼部矿体位于 1100m 水平以下。根据矿山开采实际情况，仿真开采 1100m 中段鞍部矿体及 1050m、1000m 中段翼部矿体，深部矿体开采后，采场顶板最大主应力云图如图 4.9 所示。

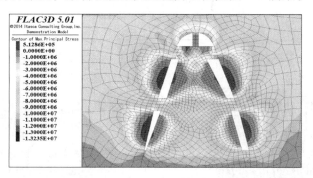

图 4.9　矿体开采后围岩应力分布云图

由图 4.9 可见，鞍部采场顶板完全处于受压状态，不易发生冒落。翼部采场下盘灰岩顶板拉应力最大值 0.13MPa，仅占其抗拉强度的 5.59%，不会发生冒顶片帮；上盘千枚岩顶板拉应力最大值达 0.51MPa，占其抗拉强度的 57.63%，且顶板受拉区面积及深度都很大，在开挖暴露一段时间后，在拉应力疲劳作用下会开裂、冒落，尤其当千枚岩层理面平行于悬空暴露面时更易发生离层折断、冒落。这与深部采场现场调查发现的地压显现基本吻合。

可见，即使定量设计了采场结构参数，但由于岩体的复杂性和结构面不可预测，加上深埋高地压，局部仍然可能发生塌方冒顶，必须锚杆条网带支护上盘千枚岩顶板，以便减小顶板的悬空暴露跨度，杜绝采矿、出矿期间的冒落，从而确保安全，避免矿石过度损失、贫化。

按照本节前面的锚杆条网带支护间距的理论设计，采纳大锚杆，应用公式（4.12）设计出条网带间距为 8.62m，利用公式（4.11）检验出实际安装间距应为 7.13m。应用 FLAC^{3D} 仿真采场按优化的结构参数开采并按前述 A 中理论计算的锚杆条网带间距护顶的效果。

a　支护间距 7.13m 的顶板应力分布

类似图 4.7 沿顶板倾向布置 4 组预应力锚杆条网带，其间距为 7.13m。选用长度不小于 2.8m 的 3t 预应力大锚杆，锚杆参数见表 4.7。支护前后千枚岩顶板的受力分布如图 4.10 所示。

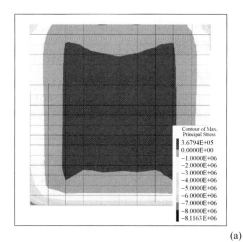
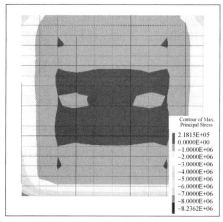

(a)

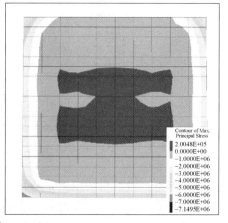

(b)

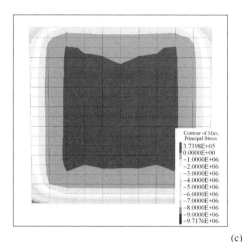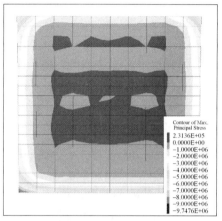

(c)

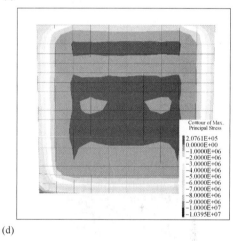

(d)

图4.10 条网带支护4组前后的顶板最大主应力及受拉面积对比

（a）1050m中段北翼顶板支护前、后应力云图；（b）1050m中段南翼顶板支护前、后应力云图；
（c）1000m中段北翼顶板支护前、后应力云图；（d）1000m中段南翼顶板支护前、后应力云图

由图4.10可见：按条网带间距7.13m支护4组条网带，开采1050m中段北翼、南翼矿体时，顶板最大拉应力分别由0.368MPa、0.358MPa减小到0.218MPa、0.200MPa，分别减小了40.92%、44.13%；顶板受拉区面积分别由占顶板总面积的40.60%、35.91%降低到22.58%、21.36%，降幅分别为44.38%、40.52%。开采1000m中段矿体时，顶板最大拉应力分别由0.374MPa、0.325MPa减小到0.231MPa、0.208MPa，分别减小了38.24%、36%；顶板受拉区面积分别由占顶板总面积的38.92%、42.13%降低到24.57%、27.35%，降幅分别为36.87%、35.08%。总之，最大拉应力降低到其抗拉强度的22.6%~26.1%，顶板受拉区面积减小到顶板总面积的21.36%~27.35%。

继续按公式（4.11）探讨支护5组、6组、7组、8组树脂大锚杆条网带，以便优化出最经济、合理的树脂大锚杆条网带支护间距。

b　大锚杆支护间距 5.74m 的顶板应力分布

沿顶板倾向布置 5 组预应力锚杆条网带，支护前、后上盘顶板的受力分布如图 4.11 所示。

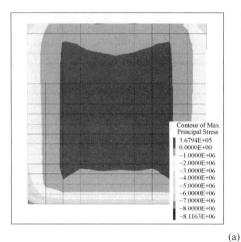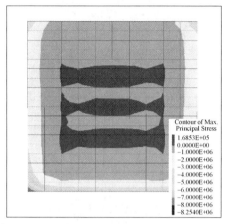

(a)

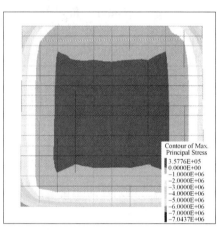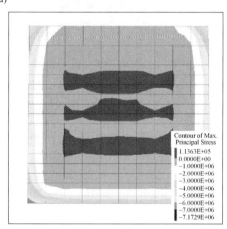

(b)

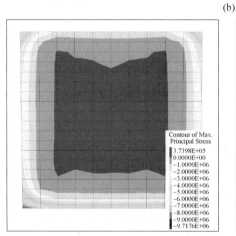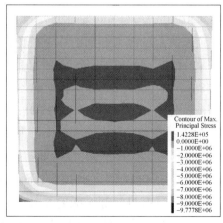

(c)

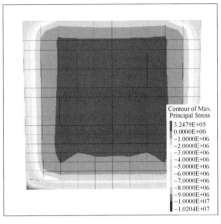
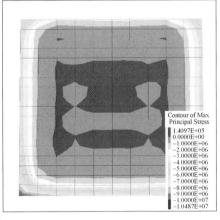

(d)

图 4.11 条网带支护 5 组前后的顶板最大主应力及受拉面积对比

（a）1050m 中段北翼顶板支护前、后应力云图；（b）1050m 中段南翼顶板支护前、后应力云图；
（c）1000m 中段北翼顶板支护前、后应力云图；（d）1000m 中段南翼顶板支护前、后应力云图

从图 4.11 可见：支护 5 组条网带，开采 1050m 中段北翼、南翼矿体时，顶板最大拉应力分别由 0.368MPa、0.358MPa 减小到 0.169MPa、0.114MPa，分别减小了 54.08%、68.16%；顶板受拉区面积分别由占顶板总面积的 40.60%、35.91% 降低到 18.60%、17.21%，降幅分别为 54.19%、52.07%。开采 1000m 中段矿体时，顶板最大拉应力分别由 0.374MPa、0.325MPa 减小到 0.142MPa、0.141MPa，分别减小了 62.03%、56.62%；顶板受拉区面积分别由占顶板总面积的 38.92%、42.13% 降低到 17.58%、20.17%，降幅分别为 54.83%、52.12%。总之，最大拉应力降低到其抗拉强度的 12.88%~19.1%，顶板受拉区面积减小到顶板总面积的 17.21%~20.17%。

c 大锚杆支护间距 4.75m 的顶板应力分布

沿顶板倾向布置 6 组预应力锚杆条网带，支护前、后上盘顶板的受力分布如图 4.12 所示。

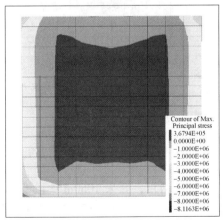
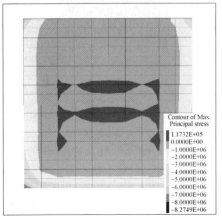

(a)

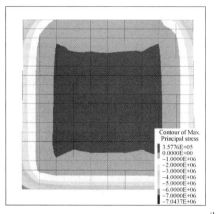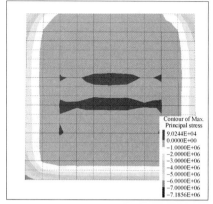

(b)

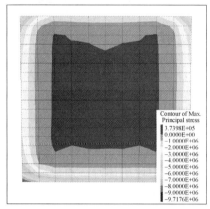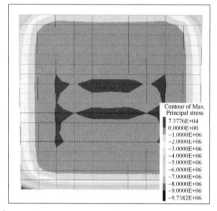

(c)

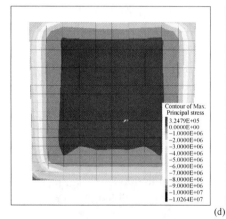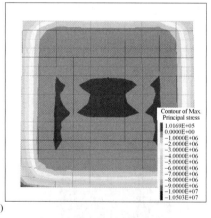

(d)

图 4.12　条网带支护 6 组前后的顶板最大主应力及受拉面积对比

（a）1050m 中段北翼顶板支护前、后应力云图；（b）1050m 中段南翼顶板支护前、后应力云图

（c）1000m 中段北翼顶板支护前、后应力云图；（d）1000m 中段南翼顶板支护前、后应力云图

由图 4.12 可见：按条网带间距 4.75m 支护 6 组条网带，开采 1050m 中段北翼、南翼矿体时，顶板最大拉应力分别由 0.368MPa、0.358MPa 减小到 0.117MPa、0.09MPa，分别减小了 68.21%、74.86%；顶板受拉区面积分别由占顶板总面积的 40.60%、35.91% 降低到 8.10%、5.68%，降幅分别为 80.05%、84.18%。开采 1000m 中段矿体时，顶板最大

拉应力分别由 0.374MPa、0.325MPa 减小到 0.074MPa、0.102MPa，分别减小了 80.21%、68.62%；顶板受拉区面积分别由占顶板总面积的 38.92%、42.13% 降低到 6.75%、9.22%，降幅分别为 82.66%、78.12%。总之，最大拉应力降低到其抗拉强度的 8.36% ~ 13.22%，顶板受拉区面积减小到顶板总面积的 5.68% ~ 9.22%。

d 大锚杆支护间距 4.01m 的顶板应力分布

沿顶板倾向布置 7 组预应力锚杆条网带，支护前、后上盘顶板的受力分布如图 4.13 所示。

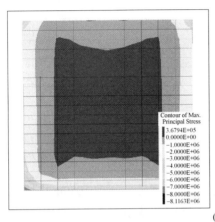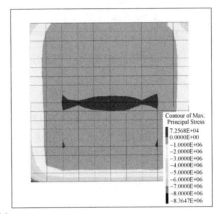

(a)

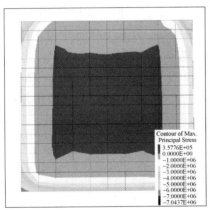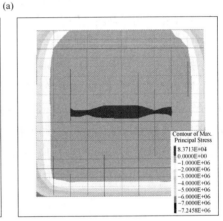

(b)

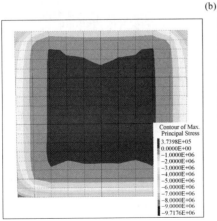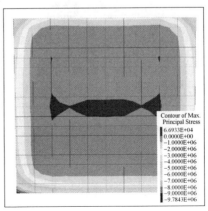

(c)

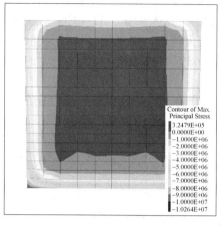
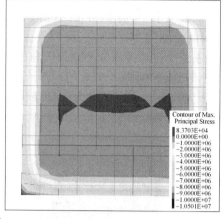

(d)

图 4.13　条网带支护 7 组前后的顶板最大主应力及受拉面积对比

（a）1050m 中段北翼顶板支护前、后应力云图；（b）1050m 中段南翼顶板支护前、后应力云图；
（c）1000m 中段北翼顶板支护前、后应力云图；（d）1000m 中段南翼顶板支护前、后应力云图

从图 4.13 可见：按条网带间距 4.01m 支护 7 组条网带，开采 1050m 中段北翼、南翼矿体时，顶板最大拉应力分别由 0.368MPa、0.358MPa 减小到了 0.073MPa、0.084MPa，分别减小了 80.16%、76.54%；顶板受拉区面积分别由占顶板总面积的 40.60%、35.91% 降低到 4.16%、3.27%，降幅分别为 89.75%、90.89%。开采 1000m 中段矿体时，顶板最大拉应力分别由 0.374MPa、0.325MPa 减小到 0.067MPa、0.084MPa，分别减小了 82.09%、74.15%；顶板受拉区面积分别由占顶板总面积的 38.92%、42.13% 降低到 4.56%、4.56%，降幅分别为 88.28%、89.18%。总之，最大拉应力降低到其抗拉强度的 7.57%~9.49%，顶板受拉区面积减小到顶板总面积的 3.27%~4.56%。

e　大锚杆支护间距 3.43m 的顶板应力分布

沿顶板倾向布置 8 组预应力锚杆条网带，支护前、后上盘顶板的受力分布如图 4.14 所示。

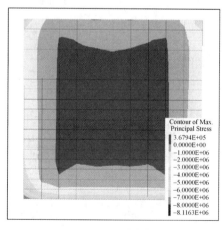
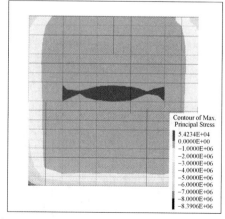

(a)

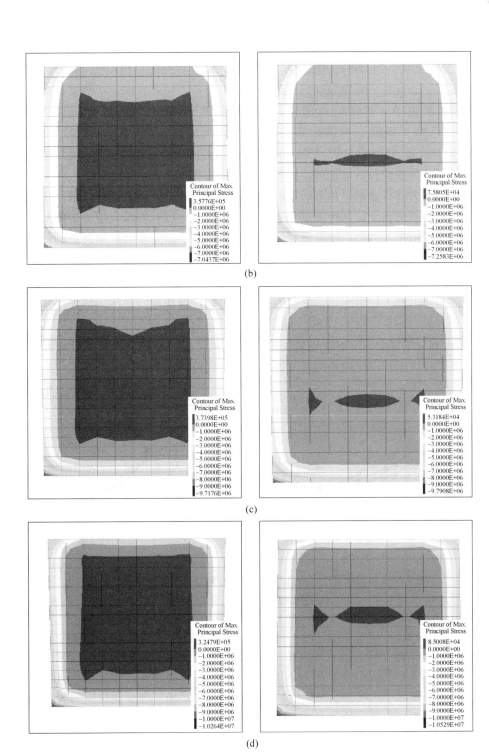

图 4.14　条网带支护 8 组前后的顶板最大主应力及受拉面积对比

（a）1050m 中段北翼顶板支护前、后应力云图；（b）1050m 中段南翼顶板支护前、后应力云图；
（c）1000m 中段北翼顶板支护前、后应力云图；（d）1000m 中段南翼顶板支护前、后应力云图

由图 4.14 可见：按条网带间距 3.43m 支护 8 组条网带，开采 1050m 中段北翼、南翼矿体时，顶板最大拉应力分别由 0.368MPa、0.358MPa 减小到了 0.054MPa、0.076MPa，分别减小了 85.33%、78.77%；顶板受拉区面积分别由占顶板总面积的 40.60%、35.91% 降低到 3.67%、2.46%，降幅分别为 90.96%、93.15%。开采 1000m 中段矿体时，顶板最大拉应力分别由 0.374MPa、0.325MPa 减小到 0.053MPa、0.085MPa，分别减小了 85.83%、74.77%；顶板受拉区面积分别由占顶板总面积的 38.92%、42.13% 降低到 2.62%、3.87%，降幅分别为 93.27%、90.81%。总之，最大拉应力降低到其抗拉强度的 5.99%~9.6%，顶板受拉区面积减小到顶板总面积的 2.46%~3.87%。

可见，预应力锚杆条网带可有效加固千枚岩顶板，减小其最大拉应力值及顶板受拉区面积。随着锚杆条网带支护间距的逐步减小，上盘顶板千枚岩的最大拉应力值及顶板受拉区面积也都逐渐减小。当然，锚杆条网带支护间距越小，需要安装的锚杆条网带数目将越多，这就要耗费越多的锚杆、条网，也需要施工越多的钻孔，因此，施工费将越大。

C　大锚杆条网带支护间距优化

为了既避免上盘千枚岩垮塌，安装的锚杆条网数目也合理、经济，按支护条网带组数分为 4 组、5 组、6 组、7 组、8 组，也即条网带支护间距分为 7.13m、5.74m、4.75m、4.01m、3.43m，模拟支护后的顶板最大拉应力值及受拉区面积，绘制顶板最大拉应力值占比及顶板受拉区面积占比随条网带支护数目的变化趋势，如图 4.15 所示。

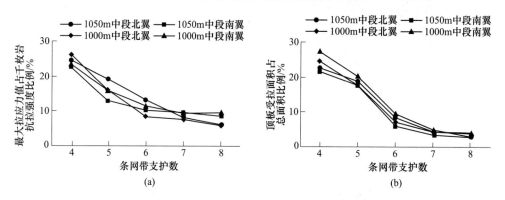

图 4.15　顶板最大拉应力值及受拉区面积随条网带支护数的变化趋势
（a）拉应力最大值占比；（b）受拉区面积占比

从图 4.15 可见：当条网带支护数目达 6 组时，即条网带支护间距达到 4.75m 时，顶板最大拉应力降低到千枚岩抗拉强度的 13.22% 以下，受拉区面积也大幅度减小到不足顶板总面积的 8.22%，其减小幅度在 78.12% 以上；若继续增加条网带数目，顶板拉应力最大值及受拉区面积减小速度都明显变慢。也就是说，各采场顶板最大拉应力值降低曲线的拐点及受拉区面积减小曲线的拐点基本都出现在条网带支护数目为 6 组的附近，即在支护间距小于 4.75m 以后，再依靠减小支护间距降低顶板拉应力的最大值及顶板受拉区面积的效果都不明显。

综合考虑施工投资及采场的顶板稳定性，经济合理的条网带支护数应取 6 组。即采纳 2 排预应力均为 3t 的大树脂卷锚杆组成的条网带支护顶板，条网带支护间距为 4.75m，也就是在第 3 分层、6 分层、9 分层、12 分层、15 分层、18 分层分别落完矿后，分别站在其平场后的矿堆上，各安装 2 排预应力树脂大锚杆及条网组成的条网带支护千枚岩顶板。

按照优选的大锚杆条网带支护间距 4.75m 支护顶板千枚岩后，采场结构参数是否可能适当调整而使得一次采出率适当增大呢？面对这个问题，假设条网带支护间距 4.75m 不变，也即顶柱厚度 12m 不变，类似 4.1.2 节实施大锚杆条网带支护顶板的采场结构参数优化，结果如图 4.16 所示。

从图 4.16 可见，曲线变化的拐点约处在间柱厚度 8m 附近，这与图 4.2（b）的拐点处在间柱厚度 8.2m 相差不超过 0.2m。因此，采矿设计中，一般先考虑采场结构参数，后根据

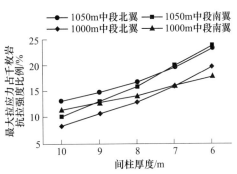

图 4.16 采场顶板最大拉应力随间柱厚度的变化趋势

开采状况具体研究确定顶板支护形式是正确可行的，这与先研究确定顶板支护形式再确定采场结构参数几乎无差异。

D 小锚杆条网带支护间距及参数优化

矿山部分采场的矿体厚度不足 3m，应用长 2.8m、直径 22mm 的 3t 预应力大树脂锚杆，施工很不方便。因此，这种情况下，改用矿山常用的预应力树脂小锚杆。小锚杆长度一般为 1.8~2.25m，直径 18~20mm，安装后只能施加约 1t 的预应力。

采纳不大于 2.5m 长、直径不大于 20m 的树脂小锚杆施加 1t 的预应力，具体参数见表 4.7，不能确保支护条网带处不首先失稳，因此，不能应用公式（4.12）初步估计小树脂锚杆条网带的支护间距。但前面的优化分析表明，大树脂锚杆支护的条网带间距最优值为 4.75m，应用小树脂锚杆的条网带支护间距肯定比该值小，也就是条网带支护组数肯定大于 6 组，因为小锚杆的预应力明显减小了。

小锚杆安装时，一般排距、间距取 0.7~1.0m，取 1.0m 按照公式（4.11）计算出锚杆条网带支护组数分别为 7、8、9、10、11 时，锚杆条网带支护间距分别为 4.18m、3.60m、3.14m、2.76m、2.45m。锚杆条网带间距若再小，就基本相当如全顶板按照排距、间距 0.7~1m 全面安装锚杆、条网了，因此，暂初算到锚杆条网带组数为 11、锚杆条网带间距为 2.45m。

类似大锚杆的数值模拟及参数优化，按表 4.7 取小锚杆的计算参数，分别数值模拟支护前后的采场顶板最大拉应力值及受拉区面积变化，绘制顶板最大拉应力值占比及顶板受拉区面积占比随条网带支护数目的变化趋势，如图 4.17 所示。

从图 4.17 可见：当条网带支护数目达 9 组时，即条网带支护间距达到 3.14m 时，顶板最大拉应力降低到千枚岩抗拉强度的 15.71% 以下，受拉区面积也大幅度减小到不足顶板总面积的 10.38%；若继续增加条网带组数，除 1050m 中段南翼采场的顶板拉应力最大值明显减小外，其他采场拉应力变化不明显，但受拉区面积明显减小，直到支护条网带组数达到 10 组时才都减小不明显。也就是说，各采场顶板最大拉应力值降低曲线的拐点及受拉区面积减小曲线的拐点基本都出现在条网带支护数目为 10 组的附近，这时支护间距为 2.76m，再依靠减小支护间距降低顶板拉应力最大值及顶板受拉区面积的效果都不明显。因此，开采厚度约 3m 的较薄矿体时，采用排距、间距为 0.7~1.0m、预应力为 1t、

长度 1.8~2.5m 的小树脂卷锚杆组成的条网带支护顶板，经济合理的条网带支护组数应取 10 组，其支护间距为 2.76m，也就是在第 2 分层、4 分层、6 分层、8 分层、10 分层、12 分层、14 分层、16 分层、18 分层分别落完矿后，分别站在其平场后的矿堆上，各安装 2 排预应力树脂小锚杆及条网组成的条网带支护千枚岩顶板。

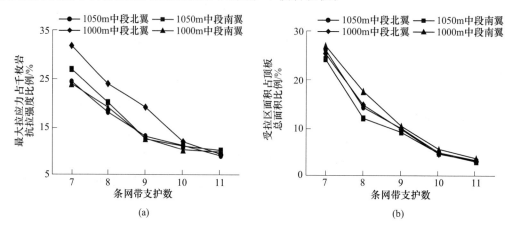

图 4.17　顶板最大拉应力值及受拉区面积随条网带支护数的变化趋势

（a）拉应力最大值占比；（b）受拉区面积占比

4.2.1.3　沿采场走向布置锚杆条网带探讨

从 4.2.1.1 节的"顶板力学机理分析"中可见，沿采场走向间隔一定距离，从上到下沿采场倾向全长安装 2~3 排预应力树脂卷锚杆组成的条网带支护顶板（见图 4.18），也能起到减小顶板沿走向的悬空跨度的作用，从而避免顶板垮塌。

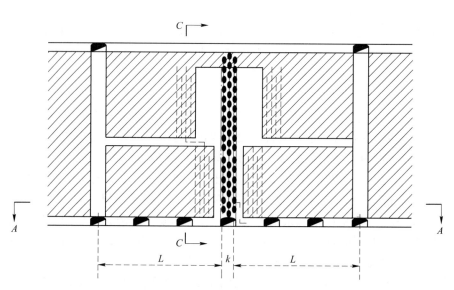

图 4.18　阶段矿房法回采时沿倾向锚杆条网带加固顶板示意图

实线—条网；圆—预应力锚杆

李俊平等的研究也表明，在阶段矿房法中，间柱对顶板的支撑作用较顶柱强，说明沿倾向全长安装几排锚杆组成的锚杆条网带支撑顶板，可能比水平呈排安装锚杆条网带支护顶板的效果更好。因此，在阶段矿房法回采时，尽管无法像留矿法那样深入采场，站在矿堆上安装水平呈排的锚杆条网带，但可以利用切割井的施工，在切割井中沿倾向在上盘顶板全长安装 3 排间距约 1.0m 的预应力大树脂卷锚杆组成的条网带支护顶板。

为了适当减少锚杆数量，增强支护效果，排内锚杆间距可控制在 1.3~1.5m，两边排的锚杆都与中间一排交错开布置（见图 4.18）；中间排一般垂直上盘顶板、长度一般不小于 2.8m，两边排的锚杆可以适当向切割井外倾斜并适当加长锚杆长度，倾角可以控制在约 80°，预应力都不小于 3t。

切割井与采场两端的间柱之间的距离，可以利用公式（4.12）设计，并类似 4.2.1.2 节实施数值模拟检验。只是设计时，公式（4.12）中矿体倾角按 0°取值。

4.2.2 采场顶板加筋预裂辅助支护

有些采场，围岩完整稳定性较差，或者在爆破振动的反复作用下易破坏，仍然会发生掉块。这时，利用阶段矿房法采矿的采场，可以借助中深孔或深孔精细预裂爆破，先割裂上盘围岩与矿石的接触板面，或者上盘、下盘矿岩接触板面都预裂爆破割裂开。

由于中深孔或深孔精细预裂爆破，按 3.5 节介绍，一般都要采纳全孔不耦合、间隔装药，过去通常将炸药卷绑扎到竹皮上，或者用有双聚能槽的塑料管装药后送入孔内。为了辅助补强加固围岩，可以用两端均伸出钻孔约 1~2m 的 1~2 根 ϕ8mm 钢筋绑扎炸药卷或双聚能槽塑料管装药。预裂爆破前，先在下层巷道施工一排预应力锚杆条网，并固定住钻孔中伸出的 ϕ8mm 钢筋；预裂爆破后，再在上层巷道施工一排预应力锚杆条网，并拉紧、固定住钻孔中伸出的 ϕ8mm 钢筋。如此在围岩中预先按一定密度布置了 ϕ8mm 钢筋预先辅助加固顶板围岩，可以提高围岩的 c、φ 值，大幅度提高围岩的稳定性。鉴于此，发明了采场顶板的加筋预裂支护方法。

4.2.2.1 上盘顶板的扇形深孔加筋预裂支护方法

本发明借助上盘矿岩分界面的多个扇形或平行深孔不耦合或不耦合间隔装药预裂爆破，不仅避免采矿过程中爆破振动进一步损坏上盘顶板，而且借助深孔不耦合或不耦合间隔装药中捆绑炸药卷的 ϕ8mm 钢筋补强预裂爆破面以外的上盘顶板围岩。若浅孔留矿法采矿，采矿过程中再按 4.2.1 节锚杆条网带支护采矿过程中采场逐步暴露的上盘顶板及留置的 ϕ8mm 钢筋，共同构成上盘顶板的支撑防护网，从而避免上盘顶板垮塌而增大贫化率，也避免采场因上盘顶板垮塌而危及安全生产或报废。本专利是预裂爆破、中深孔或深孔不耦合或不耦合间隔装药及锚杆条网支护的集成创新，如图 4.19 和图 4.20 所示。

按图 4.19 安装钢筋和药卷时，钢筋头上可以连接一个倒楔，以便预裂爆破后在凿岩硐室或钻孔底部锁紧预置的钢筋。

按图 4.20 施工平行中深孔时，预裂炮孔可以上下打透。在装药孔两端伸出内插的 ϕ8mm 钢筋后，堵塞孔底、孔口不装药段炮孔，以便在上、下分层的巷道中锚杆条网固定并张紧伸出的 ϕ8mm 钢筋。不装药孔不用堵塞，直接插入 ϕ8mm 钢筋并将上、下分层巷道中锚杆条网固定并张紧。

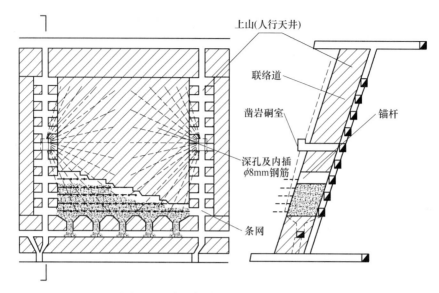

图 4.19 扇形深孔加筋预裂爆破施工图

4.2.2.2 发明背景及施工工艺

当开采上盘顶板极其破碎的急倾斜薄脉至中厚矿体时，在爆破振动等作用下，常发生顶板垮塌而导致贫化率急剧增大，甚至导致采场报废。为了降低贫化率，避免采场因上盘顶板垮落而报废，确保安全、经济开采，特提出了极其破碎的上盘顶板的加筋预裂支护方法。

浅孔留矿法开采拉底前，先在上山或人行天井的中部水平布置的凿岩硐室中沿上盘矿岩分界面扇形深孔预裂爆破（见图 4.19），从而避免采矿过程中爆破振动进一步损伤上盘顶板。预裂爆破装药时，用捆绑胶带将炸药卷捆绑在略大于深孔长度的 $\phi 8mm$ 钢筋上，实施深孔不耦合或不耦合间隔装药预裂爆破。也可以深孔适当加深，即使两侧施工的扇形深孔在图 4.19 的中部发生交叉；装药时，孔底交叉部分（一般深约近 2m）深入 $\phi 8mm$ 钢筋但不捆绑炸药，但要适当注入添加了水玻璃等速凝材料的混凝土固结钢筋堵塞孔底。

一般在 $\phi 8mm$ 钢筋上同时用捆绑胶带间隔捆绑炸药卷及低能导爆索制成不耦合的间隔装药结构。按 3.5 节的方法设计精细预裂爆破的不耦合装药系数、装药线密度等参数及预裂方式。孔口 2~3m 一般不在 $\phi 8mm$ 钢筋上捆绑炸药卷。用黄泥等堵塞孔口。预裂爆破后 $\phi 8mm$ 钢筋留置在各扇形深孔中，形成预裂爆破面以外的上盘顶板（也即采矿的上盘顶板）的扇形分布的超前支护钢筋体。

留矿法开采拉底及每次落矿凿岩时，及时沿采场走向全长呈排安装条网和锚杆联合支护采场上盘逐步暴露的顶板，或者按照 4.2.1 节采纳锚杆条网带支护采矿过程中采场逐步揭露的上盘顶板及留置的 $\phi 8mm$ 钢筋，从而条网、锚杆联合支护体与预裂爆破时留置在各扇形深孔中的 $\phi 8mm$ 钢筋共同形成采场上盘顶板的承载支护体，确保未受爆破振动破坏的稳定性较差的采场上盘顶板在落矿和放矿过程中不冒落。

阶段矿房法落矿前，先平行中深孔预裂上盘矿岩分界面或下盘矿岩分界面，确保矿岩先分离（见图 4.20），从而避免采矿过程中爆破振动进一步损伤顶板围岩。一般一次落矿时，先预裂 4 个上盘平行中深孔或上盘、下盘侧各预裂 4 个平行中深孔。也可类似上述，在预裂孔中提前埋置 ϕ8mm 钢筋，以便超前加固破碎的上、下盘围岩。

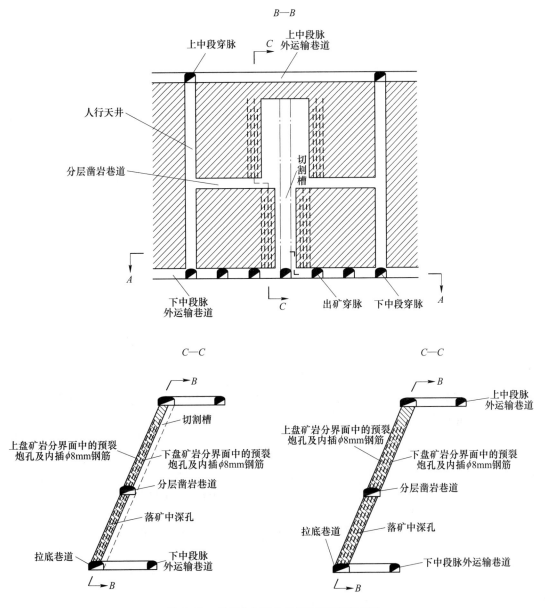

图 4.20　平行中深孔加筋预裂爆破施工图

阶段矿房法装药前，及时沿下层凿岩或拉底巷道安装 1 排条网和锚杆的联合支护体，以便固定装药后炮孔内向下层凿岩或拉底巷道中伸出的 ϕ8mm 钢筋，再及时沿上层凿岩巷道安装 1 排条网和锚杆的联合支护体，用此拉紧并固定炮孔内向上层凿岩巷道中伸出的 ϕ8mm 钢筋。预裂爆破或落矿后，拉紧的平行 ϕ8mm 钢筋与崩落矿体共同支撑顶板围岩地压，确保未受爆破振动破坏的稳定性较差的采场顶板在落矿和放矿过程中不冒落。

　　为了在上、下分层凿岩巷道（或拉底巷道）中固定 ϕ8mm 钢筋，可以沿上、下分层凿岩巷道（或拉底巷道）打透预裂炮孔。在装药孔两端伸出内插的 ϕ8mm 钢筋后，堵塞孔底和孔口不装药段炮孔，以便在上、下分层的巷道中锚杆条网固定并张紧伸出的 ϕ8mm 钢筋。不装药孔不用堵塞，直接插入 ϕ8mm 钢筋并将上、下分层巷道中锚杆条网固定并张紧。一般用速凝混凝土堵塞孔底。

4.2.2.3　本发明的特点

　　浅孔留矿法开采的极其破碎的上盘顶板的加筋预裂支护方法，具有如下特点：

　　（1）既可以实现深孔或中深孔的大面积预裂爆破，隔断爆破振动在保留围岩中的传播，还可以借助不耦合、间隔装药在预裂炮孔中预置 ϕ8mm 钢筋加固围岩。这种工艺在采矿过程及岩土施工过程中都还未见采用。

　　（2）这种工艺很方便推广到阶段矿房法、路基或边坡的平行深孔或中深孔预裂爆破中，以便维护保留的围岩。在边坡或路基施工中，还可以按照 4.2.1 节采纳锚杆条网带支护逐步揭露的保留围岩及其中留置的 ϕ8mm 钢筋。

　　（3）由预裂爆破孔中预置的张紧 ϕ8mm 钢筋及安装的锚杆、条网联合支护体共同构成保留围岩的支撑防护网。

参 考 文 献

[1] 周科平，朱和玲，高峰．采矿环境再造地下人工结构稳定性综合方法研究与应用［J］．岩石力学与工程学报，2012，31（7）：1429~1436.

[2] 张倬元，王士天，王兰生．工程地质分析原理［M］.2 版．北京：地质出版社，1994.

[3] 杨志法，尚彦军，刘英．关于岩土工程类比法的研究［J］．工程地质学报，1997，5（4）：299~305.

[4] 葛华，王广德，石豫川，等．常用围岩分类方法对某深埋隧洞的适用性分析［J］．中国地质灾害与防治学报，2006，17（2）：44~49.

[5] 刘爱华，董蕾．海水下基岩矿床安全开采顶板厚度计算方法［J］．采矿与安全工程学报，2010，27（3）：335~340.

[6] 李爱兵，李庶林．北洺河铁矿地下开采地压与岩移规律的研究［C］//中国岩石力学与工程学会．岩石力学新进展与西部开发中的岩土工程问题．暨西安：中国岩石力学与工程学会第七次学术大会论文集，2002：514~517.

[7] 占飞，付玉华，杨世兴．某铜矿胶结充填体的强度值设计［J］．有色金属科学与工程，2018，9（2）：75~80.

[8] 周宇，陈卫忠，李术才．跨海公路隧道岩石覆盖厚度探讨［J］．岩石力学与工程学报，2004，23（S2）：4704~4708.

[9] 王志修，曹辉，于世波，等．陡倾双塌陷坑下高阶段采场结构参数优化［J］．中国矿业，2018，27（S1）：239~244.

[10] 李俊平．矿山岩石力学［M］.2 版．北京：冶金工业出版社，2017：183~218.

[11] 江厚祥．隧道通过断层区围岩稳定性数值模拟［D］．重庆：重庆大学，2008.

[12] 陈守煜，韩晓军．围岩稳定性评价的模糊可变集合工程方法［J］．岩石力学与工程学报，2006，25（9）：1857~1861.

[13] 邱道宏，薛翊国，苏茂鑫，等．基于粗集功效系数法的青岛地铁围岩稳定性研究［J］．山东大学学报（工学版），2011，41（5）：92~96.

［14］高志亮，黄松奇．公路隧道围岩稳定性评价的改进人工神经网络方法［J］．数学的实践与认识，2002，32（2）：241~246.

［15］王新民，李洁慧，张钦礼，等．基于FAHP的采场结构参数优化研究［J］．中国矿业大学学报，2010，39（2）：163~168.

［16］来兴平，蔡美峰，张冰川．神经网络计算在采场结构参数分析中的应用［J］．煤炭学报，2001，26（3）：245~248.

［17］周科平．采场结构参数的遗传优化［J］．矿业研究与开发，2000，20（3）：7~10.

［18］李俊平．卸压开采理论与实践［M］．北京：冶金工业出版社，2019.

［19］李俊平，叶浩然，李宗利，等．二里河铅锌矿采场结构参数及巷道布置研究［J］．地下空间与工程学报，2019，15（3）：902~910.

［20］李俊平，侯先芹，李宏平，等．自拉槽自然崩落采矿法：中国，201810349373.8［P］.2019-07-30.

［21］谢学斌，邓融宁，董宪久，等．基于突变和流变理论的采空区群系统稳定性［J］．岩土力学，2018，39（6）：1963~1972.

［22］Xie Shengrong, Gao Mingming, Chen Dongdong, et al. Stability influence factors analysis and construction of a deep beam anchorage structure in roadway roof［J］. International Journal of Mining Science and Technology, 2018, 28: 445~451.

［23］李俊平，赵永平，王二军．采空区处理的理论与实践［M］．北京：冶金工业出版社，2012：211.

［24］李俊平，寇坤，刘武团．七角井铁矿矿柱回收与采空区处理方案［J］．东北大学学报（自然科学版），2013，34（1）：137~143.

［25］李俊平，刘非，朱斌，等．浅孔留矿法开采的极其破碎的上盘顶板的加筋预裂支护方法：中国，201511025411.7［P］.2017-09-05.

5 特殊矿体开采技术

　　无底柱分段崩落（见图5.1）容易在进路中无轨遥控式或智能化凿岩台车凿岩，中深孔切槽，扇形中深孔落矿，无轨遥控式或智能化铲车铲装、配合溜井卸矿；自然崩落法、有底柱分段崩落法、阶段或分段矿房法、两步骤回采的充填法等平底结构出矿（见图5.2），也容易在（分层）凿岩巷道或拉底巷道中无轨遥控式或智能化凿岩台车凿岩，中深孔切槽，扇形中深孔落矿，直漏斗或堑沟聚矿，无轨遥控式或智能化铲车铲装、配合溜井卸矿。总之，这些采矿方法，在中厚以上矿体开采中，配合自动转载、无人驾驶自动无轨运输，就基本能实现井下无人作业、智能化采矿。

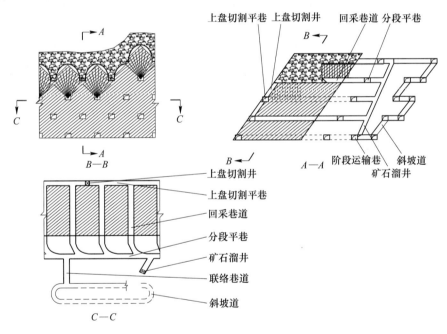

图 5.1　无底柱分段崩落采矿法

　　从上述作业过程简析及第1章绪论中可见，完全建成"无人矿井"的关键工序，取决于装药台车能否无人、自动装药并装填雷管等起爆设施、连接起爆设施及网络，因为从绪论及第3章精细爆破可知：遥控式或智能化、自动化台车凿岩，铲车铲装，自动化溜井放矿与装车，无人、自动化皮带或有轨机车、无轨汽车运输，自动化罐笼、箕斗提升，在国内外部分矿山都已部分或全部变成现实；装药台车自动化找孔、装药也已实现，但还未见自动化、智能化装填雷管、导爆索等起爆设施并连接起爆网络的报道。可见，在中厚至厚大矿体的上述方法采矿中，真正建成"无人矿井"，实现智能化、自动化高效、安全采矿已指日可待。

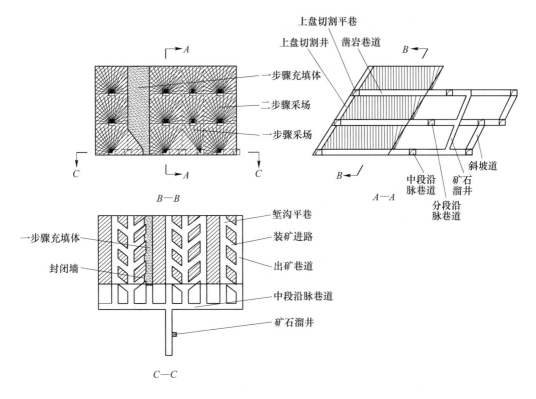

图 5.2　平底结构出矿的两步骤回采充填采矿法

　　然而，我国地下矿体的赋存形态极其复杂，不仅矿体倾角有水平至缓倾斜、倾斜、急倾斜之分，而且矿体厚度还有厚大、中厚、薄脉和极薄脉之分，另外矿岩还有稳固和松软、破碎等不稳固之分。我国占一定比例的金矿，几乎所有的钨矿都是以极薄脉矿体的形态赋存于岩浆岩中。目前除了中厚至厚大矿体的上述机械化或自动化采矿外，非煤矿山还未见薄脉至极薄脉矿体和松软、破碎等不稳固矿体机械化或自动化采矿的报道。

　　占我国地下矿体较大份额的薄脉至极薄脉矿体及松软、破碎矿体，当前还只能借助适合水平至缓倾斜稳固矿体的房柱法、适合倾斜稳固矿体的分段矿房法、适合急倾斜稳固薄脉矿体的浅孔留矿法、适合急倾斜稳固极薄脉矿体的削壁充填采矿法或掘槽式削壁充填采矿法及适合松软、破碎矿体的上向或下向充填采矿法等，人工采场浅孔凿岩或采场水平深孔凿岩，人工装药连线爆破落矿，部分薄矿体借助平底结构出矿时采纳了耙渣机、铲运机或装岩机铲装，一般借助人工或电耙配漏斗出矿，机械化程度极低，采场作业效率、安全度都很差，损失和贫化率较高。尤其在深埋矿体中浅孔落矿时，很容易因脱层而引发冒顶事故。

　　面对采场人工凿岩爆破等低效、高危作业，尤其面对地压、地热隐患越来越严重的深部开采，实现智能化、无人化高效、安全采矿迫在眉睫，急需变革这些薄脉至极薄脉或松软、破碎矿体的采矿方法，促进机械置换人，提高机械化程度，促进安全、高效采矿。

5.1　水平至倾斜薄脉至极薄脉矿体的机械化开采方法

水平至倾斜薄脉至极薄脉矿体的机械化开采方法主要针对倾角 55° 及其以下、厚度极薄到薄脉的人站立凿岩高度不够的矿体回采。该方法的施工要点是：首先在矿体脉内掘进沿脉的中段或副中段巷道（见图 5.3），然后垂直矿体走向在采场两端施工进路，进路顶板正好揭露上盘围岩与矿体分界线，回采时在中段或副中段巷道内垂直矿体走向并沿矿体倾斜方向布置呈排平行深孔作为炮孔，确保不破坏上盘围岩并保持底板基本平整从而减少抛掷爆破时的底板摩擦阻力。

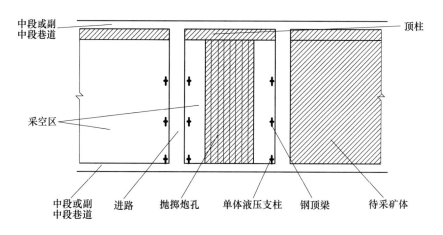

图 5.3　水平至倾斜薄脉至极薄脉矿体的进路掏槽采矿法水平投影图

该方法的优点是：无须增大采高而导致增大贫化率；人不用在暴露采场顶板下作业，降低了顶板维护成本；深孔集中爆破后在采场两端的进路中集中出矿，大幅度提高了机械化作业程度，可提高回采强度和生产效率；对于厚度小于 600mm 的高品位极薄脉矿体，不用像以前的全面法、房柱法那样贫化 150%~600% 采矿；可以拓展到开采厚度约 2m、人能站立但机械不便进入采场的矿体。

5.1.1　技术背景与发明思想

当开采水平至倾斜极薄脉至薄脉矿体时，若采用普通的房柱法或全面法，为了方便人员作业，一般控制采高约 1.7m，对于薄脉矿体必须剥离下盘围岩或上盘围岩才能达到上述悬空高度，这样将引起 150%~600% 甚至更大的贫化率。上述剥岩时，除非上盘围岩厚大且极稳定，一般剥离下盘围岩而避免上盘顶板围岩被爆破损伤，即使如此，人员长期在暴露的悬空顶板下凿岩爆破、出矿，不仅顶板维护费用较高，而且作业安全也很难保证。

若采用爆力运搬法开采，因在采场内分次爆破间隙的时间长、爆破后悬空暴露的采场顶板面积不断增大，造成悬空的采场顶板垮塌或冒落，将极大影响后续的爆力抛掷爆破效果，也增大了贫化率；在矿体倾角不大于 30° 时，由于抛掷距离有限，人员还必须进入采场辅助出矿，这时必将增大损失率和塌方冒顶事故风险；在矿体倾角大于 30° 时，还未见极薄脉矿体爆力运搬法开采的成功案例。

为了克服上述现有技术的缺点，该水平至倾斜极薄脉至薄脉矿体的进路掏槽式采矿法，采用中深孔或深孔精细预裂爆破保护顶板，并确保底板平整而减小抛掷阻力，借助中深孔或深孔抛掷或掏槽式抛掷爆破，安全高效，可以实现机械化凿岩爆破、在采场两端的进路中铲装出矿，是深孔或中深孔爆破、精细预裂爆破及爆力抛掷落矿的集成与发展。

当矿体沿倾斜方向起伏变化较大时，往往用中深孔替代深孔，否则，为了减小采掘比、提高采矿经济效率，一般应用深孔，从而增大中段或副中段巷道之间的距离。

5.1.2 技术方案

首先在矿体脉内掘进沿脉的中段或副中段巷道（见图5.3），然后在中段或副中段巷道内垂直矿体走向在采场两端沿矿体倾向施工进路。进路的顶板正好揭露上盘围岩与矿体的分界线。回采时在中段或副中段巷道内沿矿体倾斜方向布置呈排的平行深孔或中深孔作为炮孔，每排炮孔的最上一个炮孔确保切断矿体与上盘围岩并且不破坏顶板，每排炮孔的最下一个炮孔确保切断矿体与下盘围岩并且确保底板基本平整，从而确保顶板稳定并减少抛掷爆破时的底板摩擦阻力。

中段或副中段巷道中，矿脉与下盘围岩的分界线出露在中段或副中段巷道的底板以上 $0.5\sim1.5m$ 处（见图5.4），中段或副中段巷道的顶板揭露矿体与上盘围岩的分界线，以便后期深孔或中深孔凿岩。除非沿倾斜方向起伏变化较大，一般应用深孔，从而增大中段或副中段巷道之间的距离，减小采掘比。

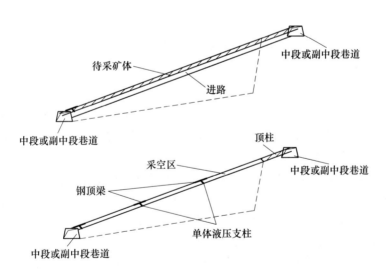

图5.4 水平至倾斜薄脉至极薄脉矿体的进路掏槽采矿法侧视图

进路的底板倾角小于或等于矿体倾角。进路的间距取决于对称抛掷爆破的钻孔排数及效果。根据炸药单耗及本矿区抛掷爆破试验确定炮孔的最佳排距、排内炮孔数目及各炮孔的装药量。由两端进路的体积确定采场两端每次可爆破的排数。通过多排分段微差爆破将矿石抛掷到采场两端的进路内，并在进路中出矿。进路既作为抛掷爆破时的受矿结构，又为爆破提供自由面及补偿空间。进路的底板倾角既要满足补偿空间的大小，还要考虑出矿机械的爬坡能力，可类似图 5.4 中的虚线清底而减缓坡度。

矿体厚度不小于 400mm 时，垂直矿体的每排炮孔数不少于 3 个，上、下两孔用于切断矿岩，中间炮孔数目根据矿体厚度及矿石性质确定，以便抛出矿石；矿体厚度小于400mm 时，垂直矿体的每排炮孔数一般取 2 个（见图 5.5）。抛掷炮孔的排距按最小抵抗线设计，顶、底板分界面内的炮孔主要起精细预裂爆破的作用，按中深孔、深孔预裂爆破设计孔间距。

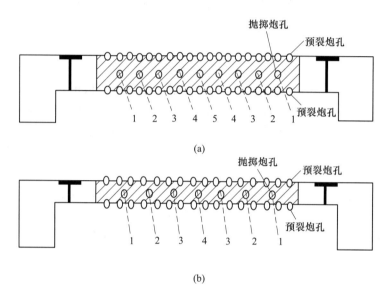

图 5.5   炮孔起爆顺序纵投影示意图
（a）厚度较大矿体；（b）较薄矿体图
1~5—爆破抛掷的顺序

对厚度小于 400mm 的矿体，为了确保顶、底板的预裂效果，也确保充分抛掷，常常按图 5.5（b）专门布置一排对称的抛掷炮孔。越靠近进路的抛掷孔装药量越少，越远离进路的抛掷孔装药量越大。

为了确保预裂效果，也不损伤顶板围岩，往往顶板先于底板预裂，如图 5.5 所示，然后按 1、2、3、4、5 的顺序逐排对称向采场两端的出矿进路中抛掷。因此，对薄矿体，一次抛掷中，往往采纳 1 段预裂顶板炮孔，2 段预裂底板炮孔，然后间隔 50~100ms 按顺序逐一起爆抛掷炮孔。为了确保充分抛掷，一般前几段按下限延时，后几段按上限延时。

所述平行深孔或中深孔的炮眼深度小于两中段之间采场斜长 3~4m，预留的未抛掷爆破的矿体留作顶柱。

当上、下中段间矿体的斜长较长或顶板较破碎时，为了保证爆破后悬空的采场顶板不出现垮塌或冒落，先用锚杆或锚索网支护进路顶板，必要时甚至喷浆封闭，然后清底，确保进路满足一次起爆的补偿空间及机械出矿的爬坡要求；或者分 2 次对称抛掷爆破，第一次爆破后在进路边的采空区中沿矿体倾斜方向每间隔约 10m 架设 30~50t 的单体液压支柱及钢顶梁支护采场顶板，采场全部采完后再沿倾向从下向上后退回收单体液压支柱及钢顶梁，并处理采空区。

为了预防相邻采场抛掷的矿石飞入已采完采场的采空区中，品位较低或矿石价值不高时，往往在前面采场采完后，间隔2m重新掘进路，在前面采场采空区与后面采场掘进的进路之间永久损失并留置约2m后的连续矿壁；品位较高，或要利用相邻采场的进路时，也可以废石胶结充填将要利用进路边的相连采空区，尤其矿体较厚且进路挖底不多时，常要如此预防矿石抛掷到已采完的采空区。

5.1.3　发明思想拓展

实施该发明方法，实现机械化采矿，并拓展应用空间，必须解决好如下5个问题：

（1）可以用凿岩台车在沿脉巷道中施工垂直矿体走向且平行矿体倾向的深孔或中深孔，实现凿岩的机械化作业。

（2）垂直矿体走向在采场两端施工进路，既作为抛掷爆破的受矿进路，也作为集中出矿进路，这可以促进铲运机或扒渣机等机械化出矿。为了确保未来的出矿安全，在该进路揭露出矿体与顶板围岩的分界面后，用锚杆或锚索网护顶，必要时可以喷射混凝土封闭锚网；进路宽度至少要确保出矿机械正常运行；进路高度既要满足抛掷矿石的补偿空间的需要，也要确保出矿机械能沿进路正常行走的坡度要求，因此，常常在进路护顶完毕后适当清底，尤其当矿体倾角较大时，更应清底而确保出矿机械能正常行走。

（3）当矿体真厚度较厚（大于300~600mm）时，可以将中段或副中段巷道内垂直矿体走向并沿矿体倾斜方向布置的呈排平行深孔或中深孔，调整为沿顶板矿岩分界面、底板矿岩分界面各布置一排平行上述炮孔的预裂爆破孔。爆破时按照精细爆破的要求先微差预裂沿顶板矿岩分界面的一排炮孔，再微差预裂沿底板矿岩分界面的一排炮孔，最后从采场两端的进路向采场中部逐排对称地抛掷爆破这两排预裂孔中间布置的抛掷炮孔，以便向进路中抛出矿石。当矿体真厚度较薄（介于200~600mm）时，既可以按前述先顶板、底板矿岩接触面预裂，然后借助中间布置的一排炮孔，逐孔对称向采场两端的进路抛出矿石，也可以直接一个顶板矿岩接触面内的炮孔和一个底板矿岩接触面内的炮孔组成一排，从进路向采场中部先后逐排对称向采场两端的进路中抛掷矿石。

对后一种情况，为了改善顶、底板矿岩接触面的预裂效果，可以在各排的进路及炮孔中间分别补充布置一个不耦合、间隔装药孔，每排炮孔起爆时，同时起爆它前、后的顶、底板矿岩接触面内的不耦合装药炮孔，确保一次沿预裂面起爆或破裂的炮孔数不少于3个。

（4）垂直矿体，纵向每排布置的抛掷炮孔的个数及装药量，依据矿体厚度及抛掷距离而定。一般抛掷距离越大时，抛掷炮孔的装药量越多，大区微差爆破时抛掷爆破的延时时间越长。

（5）前面的采场开采完毕后，为了避免后续采场抛掷的矿石飞入前面采场的采空区，尤其当矿体厚度较大且进路清底深度较小时，可以在前面采场的采空区与后面采场掘进的进路之间永久损失并留置约2m厚的连续矿壁，也可以采纳废石胶结充填复用进路的邻近采空区。具体施工，依据矿石的品位及开采效益而定。

采场矿石可以一次性大区微差爆破并对称抛掷到采场两端的进路中。如果采场顶板不稳固，在抛掷爆破过程中容易塌方冒顶而影响抛掷或造成贫化加大，这时也可以分次对称抛掷，并在第一次对称抛掷后，及时用单体液压支柱和钢顶梁补强支护采场顶板，如图5.3所示。

5.2 急倾斜薄脉至极薄脉矿体的机械化开采方法

急倾斜薄脉至极薄脉矿体，过去常用浅孔留矿法、削壁充填采矿法或掏槽式削壁充填采矿法开采。人员必须进采场，站在悬空顶板下的矿堆或削壁废石与矿石混合堆上逐层浅孔落矿、出矿平场，直到整个中段高度的矿石全部放落后，才开始大规模整体出矿。掏槽式削壁充填较一般削壁充填的差异就是：将每层矿体用浅孔掏槽的方式放落、粉碎，每层削壁的废石尽量保证一定的块度，出矿时借助筛分分离矿岩，从而大量节省选矿成本。

上述方法开采薄脉至极薄脉矿体，由于人员必须进采场，常常易发生顶板冒落事故，在放矿不均匀或天井风门管理不善时还常常发生通风窒息或炮烟中毒事故；尤其随着采深的加大，采场地压越来越大，在高地压下因顶板下挠而导致的顶板脱层事故越来越频繁，这种事故基本防不胜防。例如，内蒙古金陶股份有限公司由于采深达到800m，顶板频繁发生脱层，即使密集采用横撑、三角支架支撑矿石顶板和上盘围岩顶板，2019年8月19日、2019年9月11日仍连续发生了两起冒顶伤亡事故。另外，由于人员必须进采场，站在悬空顶板下的矿堆或削壁废石与矿石混合堆上逐层浅孔落矿、出矿平场、清理浮石，除了采场底部漏斗或平底结构可机械出矿外，采场内部只能人工浅孔凿岩爆破，不仅常发生冒顶事故，而且采矿效率极其低下。留矿法开采时每个采场出矿能力一般不足25~50t/d，削壁充填时更低。全国应用削壁充填采矿工艺最好的内蒙古金陶股份有限公司，采场日出矿能力不足20t。

为了避免人员进入采场，提高机械化程度，促进安全生产，提高采矿功效，特发明了一种急倾斜薄脉至极薄脉矿体的中深孔预裂爆破采矿法。

5.2.1 技术要点及发明背景

一种急倾斜薄脉至极薄脉矿体的中深孔预裂爆破采矿法，其发明要点是：在矿体脉内沿走向掘进沿脉的拉底巷道及脉内的分层凿岩巷道，每次落矿凿岩爆破时在拉底巷道或分层凿岩巷道中沿上盘、下盘矿岩分界线分别凿沿矿体倾向的上盘矿岩分界面中的预裂炮孔及下盘矿岩分界面中的预裂炮孔，确保每次预裂爆破切开本分层沿采场走向长2~4m内的矿岩。

本发明的特点是：突破了阶段矿房法适用的矿体厚度界线，从而使其可以在急倾斜薄脉至极薄脉矿体开采中应用，避免了削壁充填采矿法或留矿法在悬空顶板下的爆堆上凿岩、落矿，提高了作业人员的安全性，并可类似阶段矿房法借助铲运机或耙渣机等大规模、高效率的平底结构出矿。

一般削壁充填采矿法或浅孔留矿法开采倾角55°及其以上、厚度极薄至薄脉、围岩稳固至中等稳固的矿体。当矿体埋深较大或离地面较近时，围岩顶板在高地压作用下或靠地面的破碎、松散带作用下，极易发生不可预测的脱层、坍塌和冒顶。这不仅危及悬空顶板下的凿岩爆破安全，而且在大规模集中出矿过程中也常发生顶板大面积垮塌，因而造成出矿严重贫化。另外，现有的急倾斜薄脉中深孔落矿工艺，只能借助优化爆破参数来实现降低爆破夹制力，并减小炸药单耗及对围岩的损伤，这不仅不能避免爆破损伤围岩顶板，从而引起出矿过程中顶板围岩垮塌而严重贫化矿石，而且减小炸药单耗的作用很有限。因此，必须变革采矿工艺，避免在悬空顶板下凿岩爆破，从而提高机械化程度。

为了克服留矿法、削壁充填采矿法、掏槽式削壁充填采矿法及中深孔落矿借助优化爆破参数降低爆破夹制力并减小炸药单耗及对围岩的损伤等现有技术的缺点，在阶段矿房法的基础上，针对沿倾向矿体产状变化不大的矿体，另辟蹊径，集成中深孔、深孔精细预裂爆破工艺，发明了一种急倾斜薄脉至极薄脉矿体的深孔至中深孔预裂爆破采矿法。该方法的实质，就是借助中深孔、深孔精细预裂爆破，在阶段矿房法每次分层落矿时，先中深孔或深孔精细预裂爆破切断这部分矿体与围岩的联系。

5.2.2　技术方案

采用中深孔、深孔精细预裂爆破技术预先切开矿岩，这不仅避免了落矿爆破振动损伤围岩而引起出矿过程中顶板围压垮塌而造成贫化、损失，而且将削壁充填采矿法或浅孔留矿法的爆堆上凿岩爆破变更成了分层、拉底巷道内中深孔、深孔凿岩、落矿并阶段集中出矿的阶段矿房法，因而大幅度扩大了阶段矿房法的适用范围，避免了削壁充填采矿法或浅孔留矿法在悬空顶板下的爆堆上凿岩、落矿，明显提高了其开采的安全性、采矿效率和机械化程度。具体方案如下：

（1）首先在矿体脉内沿走向掘进沿脉的拉底巷道及脉内的分层凿岩巷道（见图5.6），每次深孔或中深孔落矿凿岩爆破时，在拉底巷道或分层凿岩巷道中按钻孔直径8~10倍的孔间距沿上盘、下盘矿岩分界线分别凿沿矿体倾向的上盘矿岩分界面中的预裂炮孔及下盘矿岩分界面中的预裂炮孔，确保每次深孔或中深孔精细预裂爆破切开本分层沿采场走向的长2~4m内的矿岩。

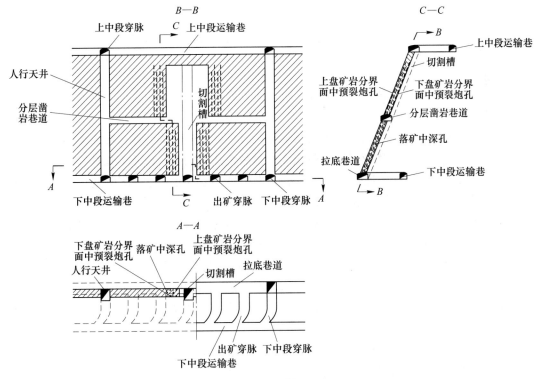

(a)

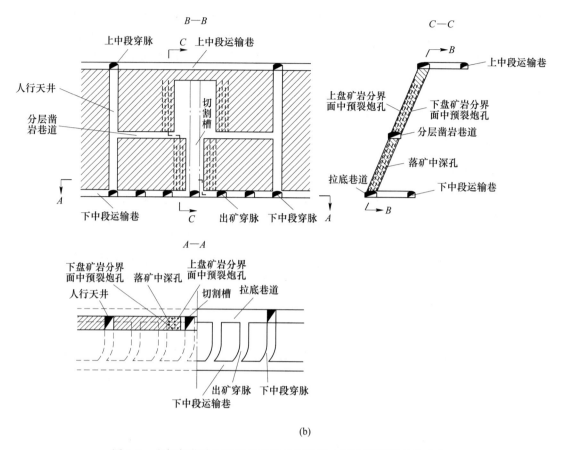

图 5.6　急倾斜薄脉至极薄脉矿体的深孔至中深孔预裂爆破采矿法
（a）极薄矿体；（b）薄矿体

（2）其次，每次落矿凿岩爆破时在上盘矿岩分界面中的预裂炮孔和下盘矿岩分界面中的预裂炮孔之间等孔距按钻孔直径 16~20 倍的排距沿矿体倾向凿 2 排落矿炮孔。

（3）上盘矿岩分界面中的预裂炮孔及下盘矿岩分界面中的预裂炮孔均为 1 排 4 个，落矿炮孔为每排 1~2 个。每次落矿时每排只 2 个预裂炮孔间隔装药或 4 个孔都不耦合、间隔装药，每次只抛掷 2 排落矿炮孔，以防切割槽的补偿空间不足。每排落矿炮孔的个数，依据矿体厚度而定，极薄矿体一般只布置 1 个，厚度超过 3m 时可布置 2 个。

（4）垂直走向掘进平底结构出矿穿脉，并在采场的一端或中部沿矿体倾向施工与拉底巷道及分层凿岩巷道等宽的切割槽；每次爆破落矿，都从切割槽向人行天井后退，上分层超前下分层 1~2 班；在上盘、下盘分界面内分别间隔孔装药或不耦合、间隔装药，并 2 段、3 段分别预裂爆破上盘矿岩分界面中的预裂炮孔、下盘矿岩分界面中的预裂炮孔，然后 4 段、5 段分别爆破 1、2 排落矿炮孔，并类似留矿法或阶段矿房法在平底结构出矿穿脉中机械化出矿。

（5）如果及时支护了拉底巷道或脉内分层凿岩巷道，可确保凿岩爆破过程中巷道顶板不冒落，可沿采场走向一次性凿岩上述预裂炮孔及落矿炮孔。否则，也类似第（3）条，每次只分别凿上盘、下盘分界面内的 4 个预裂孔及 2 排落矿孔，以免凿岩时顶板整体冒落伤人。

与现有技术相比，本发明主要针对倾角55°及其以上、厚度极薄至薄脉、围岩稳固至中等稳固、矿体产状变化不大的矿体开采，是阶段矿房法与深孔、中深孔精细预裂爆破的集成创新。由于采纳了深孔、中深孔预裂爆破落矿工艺，使得集成创新的急倾斜薄脉至极薄脉矿体开采的深孔、中深孔预裂爆破采矿法突破了阶段矿房法适用的矿体厚度界线，从而使其可以在急倾斜薄脉至极薄脉矿体开采中应用，避免了削壁充填采矿法或留矿法在悬空顶板下的爆堆上凿岩、落矿，提高了作业人员的安全性，并可类似阶段矿房法借助铲运机或耙渣机等大规模、高效率的机械化平底结构出矿。

5.2.3　应用特色

一种急倾斜薄脉至极薄脉矿体的深孔至中深孔预裂爆破采矿法，可以将急倾斜薄脉至极薄脉矿体的浅孔落矿变革为深孔至中深孔落矿，为不能机械化、大规模开采的急倾斜薄脉至极薄脉矿体实现机械化、智能化采矿创造了条件。具有如下应用特色：

（1）拉底或分层巷道中的深孔至中深孔凿岩爆破替代悬空顶板下的矿堆上的浅孔落矿；

（2）将浅孔留矿法、削壁或掏槽式削壁充填采矿法才能开采的薄至极薄矿体，变革为阶段矿房法开采；

（3）落矿前借助深孔至中深孔精细预裂爆破，首先实现顶、底板矿岩分界面的矿岩分离，这是弱化中深孔至深孔开采薄至极薄矿体的爆破夹制力的技术关键；

（4）可以实现平底结构机械化、大规模出矿，缩短采场开采时间。

5.3　松软、破碎矿体的机械化开采方法

洛阳嵩县前河金矿，急倾斜的矿体及离矿体5~8m内的近矿围岩f系数不足4，矿岩极其破碎。利用上向胶结充填采矿法回采时，顶板和两帮都极易垮塌，不仅造成损失和贫化，而且危及采矿安全，几乎木头门字形支架紧邻支架地密集支护进路顶板和帮墙，并需要超前支护确保顶板矿石不垮塌，充填过程中支架无法回收，采矿成本高达300元/t，采场（进路）日采矿石量不足20t。改用下向胶结充填采矿法，在胶结的人工顶板下回采，尽管顶板矿石冒落可控，但仍然需要支架紧邻支架地密集布置木支架护帮而防止帮墙垮塌，充填过程中木支架也无法回收，采矿成本也高达约300元/t，采场（进路）日采矿石量也不足20t。而且上向或下向胶结充填，矿体内或近矿围岩内都要极高成本地施工和维护溜矿井，但损失和贫化好严格控制。

为了大幅度降低采矿成本，提高采矿能力，增加作业安全性，提出了矿岩极破碎的急倾斜矿体的下（上）向胶结充填机械化采矿方法，为该类矿体实现机械化、智能化无人采矿创造了条件。该方法的技术要点是：自上而下或自下而上分层进路回采；在掘进分层联络道后，沿分层联络道进入矿体，应用悬臂式掘进机（综掘机）替代爆破落矿，逐分层沿走向切割薄矿体，或垂直走向间隔或顺序进路切割厚大矿体，全高布置进路，并铲车出矿，整个分层单步骤或两步骤前进式回采并后退式充填，采矿、充填结束后再转入下一分层，并在充填体顶板下下向回采，或在充填体底板上上向回采；这是下（上）向胶结充填采矿法与综掘机落矿的集成创新。

该方法的特点：因机械落矿而减小了对围岩的损伤，另外机械化开采时应用单体液压支柱+π型梁+塑料网支护顶板和帮墙，充填时才撤柱，高效、安全、矿石损失和贫化率低，采场布置灵活，回采成本不足80元/t，采场（进路）日采矿石可达220t。

5.3.1 技术方案

为了实现上述目的，一种矿岩极破碎的急倾斜矿体的下向或上向胶结充填机械化采矿方法，在前河金矿的技术方案是：

（1）在离矿体8m以外的下盘稳定围岩中布置充填井或溜矿井、螺旋式斜坡道，借助分层联络道和斜坡道，悬臂式掘进机自上而下或自下而上进入分层进路，前进式回采矿石，后退式充填并回撤单体液压支柱及π型梁，应用悬臂式掘进机（综掘机）替代爆破落矿，铲运机出矿。如图5.7和图5.8所示。

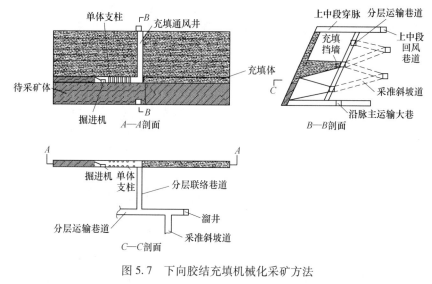

图 5.7 下向胶结充填机械化采矿方法

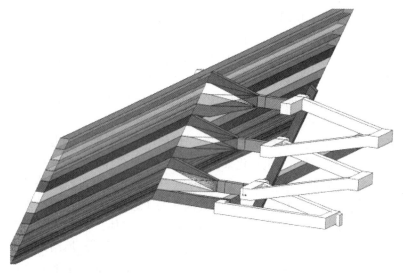

图 5.8 下向或上向胶结充填机械化采矿方法立体示意图

（2）利用悬臂式掘进机从斜坡道及分层联络道进入采场，逐一分层沿矿体走向或垂直走向全高布置进路，对矿体按如下分类实施自上而下或自下而上逐分层回采。

1）对薄脉矿体，在分层内沿走向前进式开采，后退式回柱、充填，实现单步骤回采。

2）对厚大矿体，在分层内垂直走向布置进路（采场），在分层内实施间隔或顺序的两步骤回采，回采中沿进路采纳前进式开采至矿体上盘边界，然后后退式回柱、充填，再间隔或顺序进路开采，等第一步骤开采完毕后，实施第二步骤的间隔或顺序回采留下的进路。

（3）采用如下防护方法以防范支柱回撤及采矿过程中侧帮岩体或顶板矿体垮塌落入充填体中。

1）下向分层进路充填，在架设单体液压支柱前，先铺设塑料网并局部锚杆护帮，且单体液压支柱尽量挤压紧侧帮，从而防止支柱回撤及开采过程中侧帮围岩垮落。

2）上向分层进路充填，在架设单体液压支柱前，先铺设塑料网并局部锚杆护帮、顶，且单体液压支柱和 π 型梁尽量挤压紧侧帮和顶板，从而防止支柱回撤及采矿过程中侧帮围岩垮落，同时防止顶板矿石冒落。

（4）采用如下方法充填及回撤支柱。

1）下向胶结充填采矿，在悬臂式掘进机采完一侧而移至另侧进路时，在已经回采完毕的这侧进路内铺设充填管路并连接主充填系统，分两次进行进路充填，第一次为打底充填，第二次为进路上部普通充填。其中第一次打底充填时采用钢筋混凝土假底，即在进路打底充填层铺设钢筋网，支柱每次回撤 2～4m，并架设柔性挡墙，进行第一次充填并防止跑浆，循环作业直至进路充填完毕。

2）上向胶结充填采矿，每次回撤 2～4m 支柱后，一次性完成进路充填，不必在底层铺设钢筋网。

与现有技术相比，由于采纳机械落矿而减小了对围岩的爆破损伤，另外采矿时单体液压支柱+π 型梁+铺设的塑料网护顶和帮，充填时回撤单体液压支柱和 π 型梁，安全高效、矿石损失和贫化率低，易于实现探采结合，适用于开采矿石与围岩不稳固或仅矿石不稳固的急倾斜高品位矿体，或矿石不稳固的厚大但不适合自然崩落法等崩落法采矿的矿体。

5.3.2 具体作业方式

5.3.2.1 悬臂式掘进机在各分层间的运移方式

悬臂式掘进机从斜坡道及分层联络道进入采场（进路）。对薄脉矿体实施自上（下）而下（上）逐分层进路回采，在进路内沿走向前进式开采待采矿体，后退式回柱、管道输送充填体并逐步后退充填已回采完的进路及分层联络道，实现单步骤回采。为了充分回采薄脉矿体而不贫化矿体，目前开发的最小尺寸的悬臂式掘进机，是石家庄冀凯科技的 75 掘进机，即 EBZ55，整机外形尺寸长 7400mm、宽 2000mm 和 1460～1600mm、高 1644～1760mm；最大不可拆分件质量 1934kg；最大不可拆分件尺寸：本体架长 2849mm、宽 760mm、高 1070mm，一运前溜长 3327mm、宽 448mm、高 420mm；整机质量 17.3t。

对厚大矿体，类似上述分层，并垂直走向布置进路，在进路内实施间隔或顺序的两步骤回采待采矿体，回采中也沿进路采纳前进式开采待采矿体至矿体上盘边界，然后后退式回柱、管道输送充填体并逐步后退充填已回采完的进路或分层联络道，再间隔或顺序进路类似开采待采矿体，等第一步骤开采完毕后，类似充填并实施第二步骤的间隔或顺序回采留下的进路中的待采矿体。全部开采并充填完毕后，再类似开采下（上）一分层的待采矿体。

为了提高厚大矿体开采效率，目前除了大尺寸悬臂式掘进机外，还开发了连采机、其与锚杆台车集成的掘锚机、十字锚杆钻车、全岩掘进机等各种成套掘、支设备，如图 5.9 和图 5.10 所示。

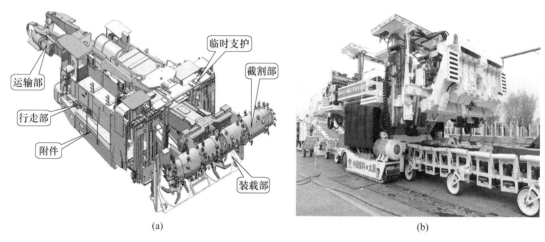

(a)　　　　　　　　　　　　　　　　　(b)

图 5.9　掘锚装备
（a）掘锚机；（b）十字锚杆钻车

图 5.10　适于 $f=10$ 的全岩掘进机

5.3.2.2　出矿方式与支护方式

薄矿体工作面采用悬臂式掘进机落矿（见图 5.10），厚矿体工作面采用连采机落矿（见图 5.9（a）），工作面布置如图 5.7 所示。单体液压支柱+π 型梁护顶示意图及支护效果，如图 5.11 所示，局部配套塑料网+锚杆。锚杆支护装备如图 5.12 所示。

铲运机出矿，或掘支运一体机（见图 5.12（b））等配连续运输机、皮带或无轨设备输送，沿分层联络道及分层运输巷道运至溜井卸矿，矿车在溜井底部放矿后，再罐笼提升矿车至地表矿仓，或罐笼运矿至箕斗装载矿仓，再竖井提升至地面矿仓。

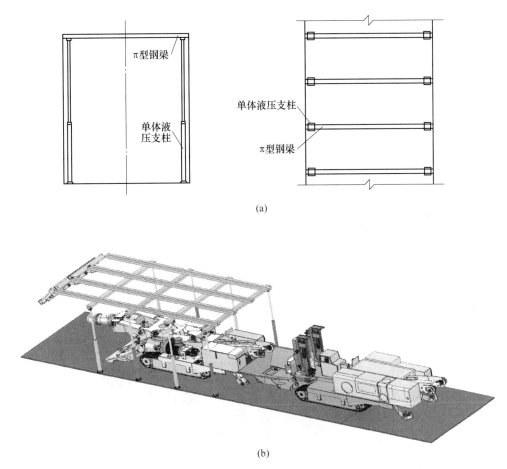

图 5.11　采场（进路）单体液压支柱+π 型梁支护方式示意与效果

（a）支护方式示意图；（b）综掘机配运锚机的掘进、支护效果图

5.3.2.3　充填及回撤支柱方式

如图 5.7 所示，下向胶结充填采矿，在悬臂式掘进机采完一侧而移至另侧进路时，在已经回采完毕的这侧进路内铺设充填管路连接主充填系统，分两次进行进路充填，第一次为打底充填，第二次为进路上部普通充填。为提高下分层开采的人工假顶的整体性，第一次打底充填时采用钢筋混凝土假底，即在进路打底充填层铺设钢筋网，支柱每次回撤 2～4m，并架设柔性挡墙，进行第一次充填并防止跑浆，如此循环作业直至进路充填完毕。上向胶结充填采矿，每次回撤 2～4m 支柱并架设柔性挡墙后，可以一次性完成进路充填，不必在底层铺设钢筋网。

5.3.2.4　支柱回撤时防范侧帮岩体垮塌落入充填体中的防护方式

如图 5.7 和图 5.11 所示，下向分层进路充填，为防止支柱回撤时侧帮围岩垮落，在架设单体液压支柱前，先铺设塑料网并局部锚杆护帮，且单体液压支柱尽量挤压紧侧帮，但这时可不用 π 型钢梁。上向分层进路充填，不仅要防止支柱回撤时侧帮围岩垮落，还要防顶板矿石冒落，因此，在架设单体液压支柱前，先铺设塑料网并局部锚杆护帮、顶，且单体液压支柱+π 型梁尽量挤压紧顶板，单体液压支柱尽量挤压紧侧帮。

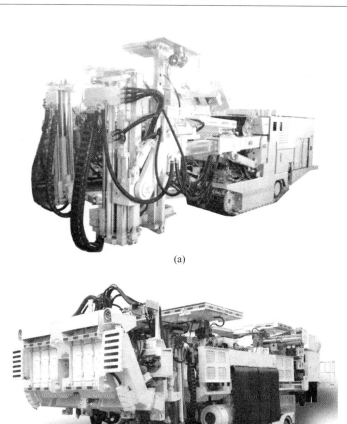

(a)

(b)

图 5.12　锚杆安装设备
（a）锚杆钻车；（b）掘支运一体机

5.3.2.5　采场（进路）的通风方式

实施自上（下）而下（上）逐分层进路开采，新鲜风流沿下中段沿脉运输巷道及斜坡道进入分层进路（采场），在进路用抽出式风机及风筒，将悬臂式掘进机切割矿体及铲运机装矿产生的粉尘排至充填通风井，经上中段穿脉及上中段回风巷道排出地表。

正在使用的分层联络道及分层主运输巷道以上的溜矿井可以用作充填、通风天井，从此上排污风、下放充填管道。正在使用的分层联络道及分层主运输巷道以下的溜矿井，用作下放矿石的溜矿井。

5.3.3　应用特色

一种矿岩极破碎的急倾斜矿体的下向或上向胶结充填机械化采矿方法，借助悬臂式掘进机替代凿岩爆破落矿，铲运机随在综掘机后出矿，上（下）向胶结充填护顶、护帮，为开采速度和效率极其低下的极破碎急倾斜矿体实现机械化、智能化采矿创造了条件。具有如下应用特色：

（1）悬臂式掘进机或连采机替代凿岩爆破落矿，铲运机等随在综掘机后出矿，上（下）向胶结充填护顶、护帮；

（2）采场布置灵活，回采成本不足 80 元/t，采场（进路）日采矿石可超 220t；

（3）适当增加综掘机的转速及冲击力，提高其刀盘破碎硬岩的能力（如全岩掘进机），可以将这种方式推广到所有适合两步骤充填采矿的硬岩矿山；

（4）采纳综掘+锚网支护等一体化机械，可大幅度提高护顶护帮能力，提高采矿效率。

参 考 文 献

［1］李俊平，赵英豪，段建民，等 . 水平至倾斜极薄脉至薄脉矿体的进路掏槽式采矿法：中国，201610051510.0［P］.2019-10-18.

［2］李俊平，刘非，朱斌，等 . 急倾斜极薄脉矿体开采的掏槽式削壁充填采矿法：中国，201610051510.0［P］.中国专利：2017-11-10.

［3］李俊平，王庆祥，刘冬生，等 . 一种急倾斜薄脉至极薄脉矿体的中深孔预裂爆破采矿法：中国，201911111778.9［P］.2019-11-14.

［4］李俊平，李过生，周茂普，等 . 一种矿岩极破碎的急倾斜矿体的下向或上向胶结充填机械化采矿方法：中国，201810456348.X［P］.2019-12-06.

6 地下矿智能配矿与生产调度系统

6.1 概　述

配矿是规划和管理矿石质量的技术方法，旨在提高被开采有用矿物及其加工产品质量的均匀性和稳定性，充分利用矿产资源，降低矿石质量的波动程度，从而提高选矿劳动生产率，提高产品质量、降低生产成本。矿石质量控制包括两个方面内容：一是矿山生产短期作业质量计划，它是根据年度计划及采场条件和作业环境，按月、周或日规划质量方案并组织实施；二是矿山生产过程工序环节作业控制，它是根据资源产出情况及各工序环节作业特点，通过对凿岩，尤其铲装与加工全过程实现逐级控制。因此，可以认为矿石质量控制是配矿计划-配矿作业综合措施的实现过程。

目前，国外在控制矿石质量方面主要是将计算机、网络与信息技术应用于矿石开采、运输、加工、贮存各生产作业环节的控制与管理。矿业发达国家的矿山，如澳大利亚纽曼山铁矿、帕拉布杜铁矿等的矿石质量控制计算机网络系统，将中心控制与现场作业控制紧密结合在一起，采场严格遵从由质量控制中心发布的矿石质量指令组织生产作业。又如美国希宾铁燧石公司的调度系统，将计算机中心控制与流动调度车计算机控制相结合，通过调度车终端与其他信息源沟通，可依据矿石质量变化信息，灵活地指挥各环节配矿作业。

国内大多数矿山在控制矿石质量方面，一般是利用计算机相关技术来建立配矿模型，如线性规划、0-1整数规划等，实现了矿山生产短期作业质量计划编制，但对整个生产过程还无法实现实时质量控制与管理。随着矿山可视化建模及 RFID、Zigbee、WiFi 等无线通信技术在井下的推广应用，井下通信与监控监测、人员设备定位、远程实时控制将成为现实，从而为地下矿山科学、合理的短期配矿计划提供技术支持，实现采场内铲装及配矿作业现场动态跟踪、调度与管理。

6.2　采区地质信息的精细化获取

智能配矿的关键技术之一是实现对矿区资源的实时、快速、精确获取，因此必须改变目前以传统地质为基础的资源评价方法，采用地质统计学等技术，实现资源评价的数字化、科学化。在这方面，国内外已有成熟的矿业软件系统可以应用，如 Datamine、surpac、Dimine、3dmine 等，通过矿山地质取样，建立采区的三维可视化品位模型，可对任意区域的矿量与品位信息进行提取、统计分析。

6.2.1　采区地质取样

在矿山建设及生产的各时间段，如地质勘探、基建探矿及生产探矿，矿石品位信息是在不断变化的。随着采矿工程的深入，对矿床的品位分布的了解也越来越细致。矿山配矿前一般要通过爆破钻孔超前取样、分析等手段弄清矿块分布和采矿点矿石的种类和品位等质量指标，采样的方法直接影响到样品化验时的矿石品位信息。矿山地质工作主要包括基建探矿与采样、生产探矿与采样。

6.2.1.1　基建探矿

其任务是在矿山基建勘探范围内，对地勘基础进行探矿工程加密，提高矿体的地质研究程度和工程控制程度，进一步详细查明地层、构造、矿体空间位置、厚度、产状以及矿石质量变化等信息，并对矿体进行二次圈定，探求基础储量，以便地质工作满足矿山基建生产保有矿量标准。

该阶段主要采用天溜井探矿。结合开拓采准切割工程，在中段运输平巷旁的勘探线处布置探矿天井控制矿体。探矿天井须沿中段高度掘透矿体。

6.2.1.2　生产探矿

其任务是及时探明下年度矿山生产开拓和采切范围内矿体的形态、产状、赋存条件、矿石质量变化等信息，以便储量升级，为矿山采掘计划的制定提供依据。矿山生产期采样包括探矿或起到探矿作用的采切工程刻槽取样、矿石拣块取样。

6.2.1.3　爆堆采样

其主要采用拣块法，具体做法是质检科的工作人员从爆堆中按一定的间隔拣取矿石，然后将这些矿石作为一个样品并对其进行加工化验。爆堆采样所得品位信息直接影响铲装与配矿的结果，所以必须严格把关样品品位信息，确保配矿结果的准确性。

拣块法已经不能适应自动精确铲装的需要。目前国内外采用现场自动拍摄爆堆图像，计算机图像识别和处理等技术。DTM 离散、0-1 整数规划等建模或爆堆三维坐标数据与炮孔化验品位实时比较与计算，可逐步实现爆堆快速采样与品位自动精确识别。

6.2.2　采区可视化建模方法

根据矿区地质资料或生产设计图纸，建立各采区的采切工程模型、矿体模型。主要方法有显式建模法与隐式建模法。

（1）显式建模法。根据采区上下中段、分段或分层平面图、提取设计采区的范围界线、矿体围岩界线，采准切割工程等，在三维可视化环境下，通过人机交互连线框的方式建立采场、矿体的实体模型，具体过程如图 6.1 所示。

（2）隐式建模法。首先对已有地质体样品数据进行样品数据组合，并按一定的插值方法确定其空间分布函数；然后利用空间分布函数和已知数据预估未知数据，从而获得整个空间的相对完备的地质体数据；最后使用三维地质体曲面重建算法对地质体进行三维建模与可视化，快速自动生成三维可视化模型，具体流程如图 6.2 所示。

图 6.3 为利用显式建模方法建立的采场矿体及采切工程模型、爆破模型。图 6.4 为利用隐式建模方法建立矿体模型的过程。与显式建模相比，隐式建模最大的优点是模型更新比较容易，更能适应因采矿动态变化的资源储量的建模要求。

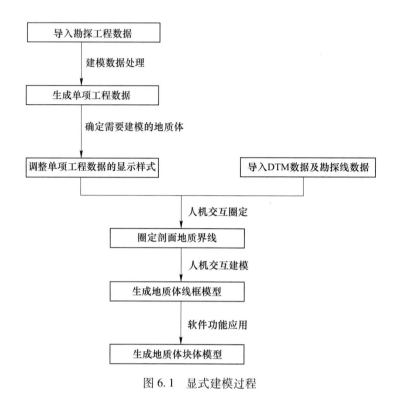

图 6.1　显式建模过程

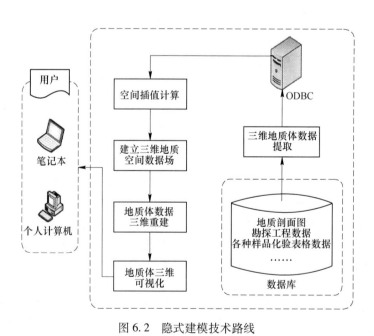

图 6.2　隐式建模技术路线

6.2.3　矿石品位空间插值方法

在估计采区矿石品位前，必须将实体模型离散成一个个小的单元块，即块体模型，并

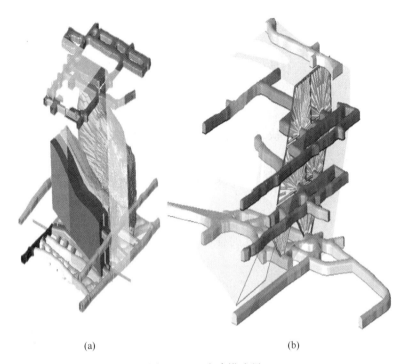

(a)   (b)

图 6.3　显式建模成果

（a）阶段矿房法采场实体模型；（b）采区中深孔爆破设计

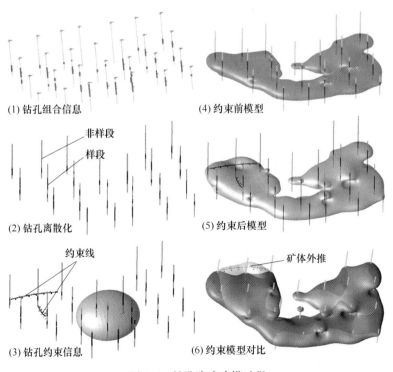

(1) 钻孔组合信息　　　　　　(4) 约束前模型

(2) 钻孔离散化　　　　　　　(5) 约束后模型

(3) 钻孔约束信息　　　　　　(6) 约束模型对比

图 6.4　钻孔隐式建模过程

用固定数组记录每个单元块的中心点坐标、单元块三个方向的尺寸以及单元块属性。矿体块段模型的建立分为两步：首先根据矿化的范围，确定块段的起点坐标、延伸长度、块尺寸、细分块尺寸等参数，建立一个大块；然后根据矿体边界（线框模型或边界品位）进行约束，得到矿体块段模型。矿石品位是储量估算的重要参数之一。在空间中，块段品位插值的主要方法有最近样品法、距离 N 次幂反比法、地质统计学法。

6.2.3.1　最近样品法

最近样品法是将距离单元矿块最近的样品品位值直接视作该单元矿块的品位估计值。最近样品法的一般步骤为：

（1）以被估单元矿块的中心为圆心，以影响半径 R 为半径作圆（三维状态下为椭球体）；

（2）分别计算出在影响范围内的每一个样品与单元矿块中心点的距离；

（3）确定距离单元矿块中心最近的样品，将最近样品的品位作为被估单元矿块的品位。

6.2.3.2　距离 N 次幂反比法

利用已知的邻近值，按距离的 N 次幂成反比的关系，估算网格点的值。估算步骤如下：

（1）以被估单元矿块的中心为圆心，以影响半径 R 为半径作圆（三维状态下为球），如图 6.5 所示；

（2）分别计算出在影响范围内的每一个样品与单元矿块中心点的距离；

（3）设单元矿块的品位 $\bar{x}$，计算公式为：

$$\bar{x} = \frac{\sum\limits_{i=1}^{n} \dfrac{x_i}{d_i^N}}{\sum\limits_{i=1}^{n} \dfrac{1}{d_i^N}} \tag{6.1}$$

式中，x_i 为落入影响范围的第 i 个样品的品位；d_i 为第 i 个样品到单元矿块中心的距离。

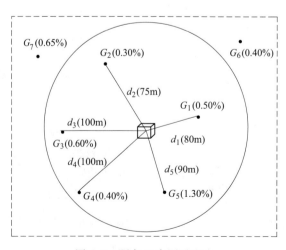

图 6.5　距离 N 次幂反比法

6.2.3.3 地质统计学法

地质统计学是应用数学中迅速发展的一个分支，它以区域化变量为基础，借助变异函数，研究既具有随机性，又具有结构性，或空间相关性和依赖性的自然现象的一门科学。通过假设相邻的数据空间相关，并假定表达这种相关程度的关系可以用一个函数来进行分析和统计，从而对这些变量的空间关系进行研究。目前已广泛应用于空间域或时间域自然变量的定量化描述，如空间变异、结构分析、空间预测和空间模拟等领域，它可以理解那些非系统的、在多个空间尺度上变化的自然现象的属性，还可以估测未知点的预测值超过给定阈值的概率。

普通克里格假设 $Z(x)$ 是空间中一个点承载的区域化变量，它满足二阶平稳假设或内蕴假设。现要对以 x_0 为中心的块段 G 的品位进行估算。其中 x_1，x_2，x_3，$\cdots$，x_n 是影响区域内的 n 个离散样品点，则块段 G 的线性估计量为：

$$Z_0^* = \sum_{i=1}^n \lambda_i Z_i \tag{6.2}$$

克里格估值的原则是，保证估计量 Z_0^* 是无偏的，且估计的方差最小。此时需满足：

$$E[Z^*(x_0) - Z(x_0)] = 0 \tag{6.3}$$

且估计方差 $\mathrm{var}[Z^*(x_0)]$ 为最小。估计方差的表达式为

$$\mathrm{var}[Z^*(x_0)] = E[\{Z^*(x_0) - Z(x_0)\}^2] = E[Z(x) - \sum_{i=1}^N \lambda_i Z(x_i)]^2$$
$$= C(x_0, x_0) + \sum_{i=1}^N \sum_{j=1}^N \lambda_i \lambda_j C(x_i, x_j) - 2\sum_{i=1}^N \lambda_i C(x_i, x_0) \tag{6.4}$$

式中，$C(x_i, x_j)$ 为随机变量在点 x_i 和 x_j 处的协方差；$C(x_i, x_0)$ 为在 x_i 处的变量至估计点 x_0 之间的协方差；$C(x_0, x_0)$ 为块金或块金效应。块金指按照估计方差的定义，当步长为 0 时方差值应该为 0，但实际上因出矿过程中的矿石流动等因素，导致步长为 0 的同一点的方差值不为 0，这种现象就称为块金或块金效应。

将式（6.2）和式（6.3）代入式（6.4）中可得

$$\sum_{i=1}^N \lambda_i = 1 \tag{6.5}$$

利用拉格朗日法构造函数求导，得出当 $\mathrm{var}[Z^*(x_0)]$ 取最小值时，需要满足的条件是：

$$\sum_{i=1}^N \lambda_i \gamma(x_i, x_j) + \mu = \gamma(x_j, x_0), \qquad \forall j \tag{6.6}$$

式中，$\gamma(x_i, x_j) = C(0) - C(x_i, x_j)$，$\mu$ 为拉格朗日参数。

联立式（6.5）和式（6.6），结合理论变异函数模型，即可求出 n 个权系数 λ_i 与 μ，此时 Z_0^* 就是块段 G 的克里格估计量，估计的方差叫作克里格方差 σ_k^*，在 x_0 处的估计方差见公式（6.7）。

普通克里格是工程中应用最广泛的一种插值方法，它是其他几种线性克里格的基础。当研究区域内的样品点数比较多，通过变异函数分析，能够充分掌握矿床品位的变化趋势时，该方法是最有效的插值方法。图 6.6 是利用空间插值方法估算的矿床品位模型。

$$\sigma_k^*(x_0) = \sum_{i=1}^{N} \lambda_i \gamma(x_i, x_0) - \gamma(x_0, x_0) + \mu \tag{6.7}$$

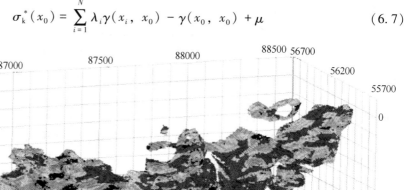
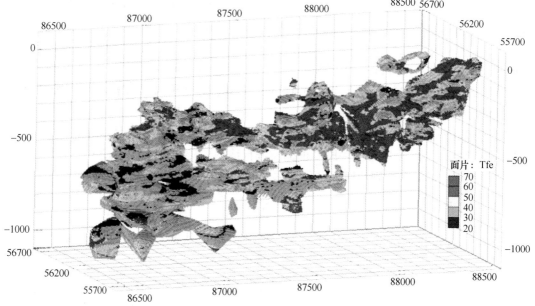

图 6.6　矿床品位空间分布模型

6.2.4　出矿品位预测

根据矿体或采区的矿体品位模型，通过采区空间几何约束、块体属性值约束，可以得到不同采场的矿量与品位信息。结合出矿方式与出矿量大小，分析矿石流动规律，可进一步预测出不同时间段同一采场的出矿品位时程曲线，为矿山配矿提供可靠的地质资料。

6.3　矿山配矿方法与原理

6.3.1　矿山主要配矿方法

实际矿山中的配矿方法有多种，大致可分为采区内配矿、矿仓配矿、储矿堆场配矿与联合法配矿等。根据矿山实际情况，采取不同的配矿方案。

（1）采区配矿。该方法适合用于在某一个采区内同时含有高品位矿石和低品位矿石的情况。根据矿山的生产目标，有计划地将一个采区内的高、低品位矿石按一定的比例进行回采并运出。由于是在一个采区内进行配矿，所涉及的生产范围小，使其具有容易执行、操作简易等优点；缺点是在实际生产的过程中必须严格监测回采面，确保矿石品位信息准确，否则难以确保矿石的质量。

（2）矿仓配矿。矿仓配矿一般适用于矿区内高品位矿石采场与低品位矿石采场距离较近，并且在采场附近设有配矿仓。根据矿石的配矿量设计配矿仓的容积，同时对配矿仓进行分格。分格与普通矿仓的设计是不相同的。根据计划所需矿量，算出各品位矿石所需的配矿用量，按矿量设计矿仓的容量与格板。我国山东银厂曾采用矿仓配矿。该厂的配矿仓分为14格，每格储存14t矿石，其中两格储存高品位矿石（4~5g/t），两格储存低品位矿石（2.6~3g/t），剩下的10格储存达到要求品位的矿石（（3.5±0.2）g/t）。

（3）储矿堆场配矿。若矿山当前开采的绝大多数矿石的品位都比较低，但又为了达到目标矿石品位并且又要充分利用低品位矿石时，就必须从其他地方运来一定量的高品位矿石，这时就应采用储矿堆场配矿。该法将储矿堆设置在破碎厂附近，把不同品位的矿石分别堆放或按比例分层堆放，并且按实际要求的供矿品位进行配矿，从而使矿石的平均品位达到供矿要求。这种配矿方法既可满足生产所需矿量，同时也能保证矿山的出矿量达到要求。一般来说，从矿山企业的经济效益考虑，储矿堆场的矿量应控制在矿山开采总量的55%~60%。否则，过多的储矿将影响资金周转，造成不必要的损失。该法可起到矿石转运、储存、分级和配矿多种作用，多数矿山均可使用，但其缺点是提高了配矿成本，增加了矿石的二次装运费用。

（4）联合法配矿。这种配矿方法又称为"二级配矿"，它联合应用采区配矿、矿仓配矿与储矿堆场配矿。一般来说，矿山在开采早期矿石品位相对较高，矿仓配矿便可达到要求的供矿品位。随着矿山开采到中后期，矿石品位降低以及开采条件等因素限制，其矿量不足以与低品位矿石进行配矿，必须从他处获得一定量的高品位矿石，并且对矿量具有一定的要求，此时就可在矿仓附近设置矿石堆场用来堆放高品位矿石，这样矿仓配矿与储矿堆场配矿联合使用，称为联合配矿法。

6.3.2　采区配矿的数学模型

在地下矿山生产中，通常会存在很多采区，每个出矿点的平均品位不同。精细化生产就是根据不同矿区的品位分布和资源量分布，按照质量目标和产量目标，制定详细的生产计划。实现矿石品质的搭配，提高资源利用率，变废为宝，延长矿山服务年限。采区或出矿进路应用遥控或智能铲装出矿和配矿，是实现地下矿山遥控或智能化无人采矿的关键环节。

建立采区或出矿进路出矿和配矿数学模型，是实现科学合理配矿的基础。比较成熟的技术有线性规划、0-1整数规划法、UM模型、模拟技术、非线性回归分析等。本书以采区配矿为例，根据出矿点与受矿点实际需求，着重介绍借助简单线性规划建立的生产配矿规划模型。在实际生产中由于各矿配矿需求不同，复杂程度也不同，实际建立的配矿模型各有差异。

6.3.2.1　多出矿点单受矿点模型

设地下采区有 n 个出矿点（采场），一个受矿点（矿仓或地表矿堆），其中每班次第 j 出矿点的矿石产量为 x_j，矿石品位为 g_j。生产配矿的线性规划数学模型应满足下列约束条件。

（1）产量和生产能力约束。各出矿点的产量在一定的生产技术条件下不能超过其采场的最大生产能力，而且还要满足矿山的基本生产任务，于是有：

$$Q_j \leqslant x_j \leqslant A_j (j = 1, 2, \cdots, n) \tag{6.8}$$

式中，x_j 为第 j 出矿点（电铲）计划矿石产量，万吨；A_j 第 j 出矿点由生产技术条件和设备能力决定的最大生产能力，万吨；Q_j 为第 j 出矿点由计划部门指定的生产任务，万吨。

（2）受矿点矿量约束。每个出矿点的矿石须运送到受矿点，设受矿点的接收矿石能力指标为 Q_r，则有：

$$\sum_{j=1}^{n} x_j \leqslant Q_r \tag{6.9}$$

（3）受矿点矿石品位约束。按入选品位不低于最低品位 g_1 和不高于最高品位 g_u 的要求，因此采出矿石的综合品位应满足约束：

$$\sum_{j=1}^{n} (g_j - g_u) x_j \leqslant 0 \tag{6.10}$$

$$\sum_{j=1}^{n} (g_j - g_1) x_j \geqslant 0 \tag{6.11}$$

（4）非负约束。各出矿点的产量要满足非负约束，因此有：

$$x_j \geqslant 0 \quad j = 1, 2, \cdots, n \tag{6.12}$$

（5）目标函数。要求配矿品位为 g，品位波动不超过 10%，因此目标函数可设为配矿后的金属量偏差为最小，即：

$$\min S = \sum_{j=1}^{n} C_j x_j \tag{6.13}$$

式中，C_j 为第 j 出矿点品位与理想品位 g 的偏差，即 $C_j = |g_j - g|$；g_j 为第 j 出矿点的出矿品位；g 为配矿目标品位。

这样，多出矿单受矿点配矿的线性规划模型即为：

$$\min S = \sum_{j=1}^{n} C_j x_j \tag{6.14}$$

s. t.
$$x_j \leqslant A_j \tag{6.15}$$

$$x_j \geqslant Q_j \tag{6.16}$$

$$\sum_{j=1}^{n} x_j \leqslant Q_r \tag{6.17}$$

$$\sum_{j=1}^{n} (g_j - g_u) x_j \leqslant 0 \tag{6.18}$$

$$\sum_{j=1}^{n} (g_j - g_1) x_j \geqslant 0 \tag{6.19}$$

$$x_j \geqslant 0 \quad j = 1, 2, \cdots, n \tag{6.20}$$

6.3.2.2　多出矿点多受矿点模型

设矿山有 n 个出矿点（采场），有 m 个受矿点（矿仓或地表矿堆），其中 x_{ij} 为第 j 出矿点运到第 i 受矿点的矿石产量，g_j 为出矿品位。配矿的线性规划数学模型应满足下列约束条件。

（1）产量和生产能力约束。各出矿点的产量不能超过其最大生产能力，并满足矿山生产计划任务的要求，于是有：

$$Q_j \leqslant \sum_{i=1}^{m} x_{ij} \leqslant A_j \quad j = 1, 2, \cdots, n \tag{6.21}$$

式中，x_{ij} 为第 j 出矿点运到第 i 受矿点的矿石量，万吨；A_j 为第 j 出矿点由生产技术条件和设备能力决定的最大生产能力，万吨；Q_j 为第 j 出矿点由计划部门指定的生产任务，万吨。

（2）受矿点接收矿石量约束。每个出矿点的矿石须运送到受矿点配矿，设第 i 受矿点的最大矿石接收能力为 Q_{ir}，则：

$$\sum_{j=1}^{n} x_{ij} \leq Q_{ir} \tag{6.22}$$

（3）受矿点矿石质量约束。按入选品位不低于最低品位 g_l 和不高于最高品位 g_u 的要求，第 i 受矿点的综合矿石品位应满足如下约束：

$$\sum_{i=1}^{m} \sum_{j=1}^{n} (g_j - g_u) x_{ij} \leq 0 \tag{6.23}$$

$$\sum_{i=1}^{m} \sum_{j=1}^{n} (g_j - g_l) x_{ij} \geq 0 \tag{6.24}$$

（4）非负约束。各出矿点运到受矿点的矿石量须满足非负约束，因此有：

$$x_{ij} \geq 0 \quad j = 1, 2, \cdots, n \tag{6.25}$$

（5）目标函数。要求配矿目标品位为 g，品位波动不超过 10%。因此，目标函数可取每个受矿点配矿后的金属量偏差为最小，即

$$\min S = \sum_{i=1}^{m} \sum_{j=1}^{n} C_j x_{ij} \tag{6.26}$$

式中，C_j 为第 j 出矿点品位与目标品位 g 的偏差，即 $C_j = |g_j - g|$；g_j 为第 j 出矿点的品位；g 为配矿目标品位。

这样，多出矿多受矿点配矿的线性规划数学模型即为

$$\min S = \sum_{i=1}^{m} \sum C_j x_{ij} \tag{6.27}$$

s. t.

$$\sum_{i=1}^{m} x_{ij} \leq A_j \tag{6.28}$$

$$\sum_{i=1}^{m} x_{ij} \geq Q_j \tag{6.29}$$

$$\sum_{j=1}^{n} x_{ij} \leq Q_{ir} \tag{6.30}$$

$$\sum_{i=1}^{m} \sum_{j=1}^{n} (g_j - g_u) x_{ij} \leq 0 \tag{6.31}$$

$$\sum_{i=1}^{m} \sum_{j=1}^{n} (g_j - g_l) x_{ij} \geq 0 \tag{6.32}$$

$$x_{ij} \geq 0 \quad i = 1, 2, \cdots, m \quad j = 1, 2, \cdots, n \tag{6.33}$$

6.3.3 配矿数学模型求解

多出矿单受矿点和多受矿点配矿模型均可以采用两阶段法求解。在第一阶段，要将原问题化为标准形式，然后在标准形式的数学模型中添加若干个非负的新变量 x_{n+1}，x_{n+2}，$\cdots$，x_{n+h}，目的在于使新构成的初始单纯形表的系数矩阵 A' 中包含一个 m 阶的单位子矩阵，其中 $A' = (b_{ij}) m \times (n + h)$，$(i = 1, 2, \cdots, m, j = 1, 2, \cdots, n, n + 1, \cdots, n + h)$。

在第一阶段中，目标函数以添加的所有 h 个人工变量的取值为最小，即求：

$$\min \quad Z_1 = \sum_{i=n+1}^{n+h} x_i \tag{6.34}$$

若能求出目标函数为 0 的最优解，所有的 k 个人工变量都是非基变量，而基变量全是由未添加人工变量前的 m 个变量所组成，此时舍去 k 个人工变量对应的各列之后所得的系数矩阵就包含有一 m 阶单位矩阵。然后令其为初始可行基 B0，转入两阶段法的第二阶段继续求解；否则，就可判断该问题无可行解。

利用线性规划数学模型可以求出配矿问题的精确解，但这要求生产调度按配矿计划进行准确调度，精细化管理。然而在实际生产过程中，常常会出现停电、设备故障等现象，使实际配矿计划不能按计划实现，特别是有时由于矿车车载质量大小不一、装满程度不一，矿量很难准确估计，导致每一开采矿块的采出矿量不能按线性规划配矿后的结果准确度量，给后续配矿工作带来了困难。为了便于均衡组织生产，及时调整调度中出现的异常情况，往往需要对模型进行优化，才能符合实际需求。

6.4　地下矿可视化生产调度系统

配矿任务生成以后，经过调度中心处理形成生产指令，再由出矿工队完成放矿及矿石运输工作。通过建立井下可视化生产调度系统，在对采区地质资源与井巷工程进行可视化表达的基础上，实现井下人员设备定位、矿区环境与设备工况的监控检测，建立矿区通信联络、车辆调度系统，从而为配矿作业提供智能决策平台。

6.4.1　地下矿生产调度系统总体设计

地下矿的生产调度系统基于三维可视化平台，由人员设备定位系统、通信联络系统、井下环境监控监测系统与智能调度管理系统组成。系统的主要功能有：资源评估与采矿设计、采矿计划编制、生产数据实时采集与井下车辆调度与管理，系统的逻辑构架如图 6.7 所示。

6.4.2　系统可视化平台

系统可视化平台一般采用较为成熟的 Dimine 三维矿业软件。该系统采用三维可视化技术，以数据库技术、三维表面建模技术、三维实体建模技术、八叉树块体建模技术与地质统计学方法为基础，可实现矿床地质建模、储量估算、矿山开采设计与优化、生产计划编制、爆破设计、矿山测量验收等矿山工程的可视化建模与快速成图。同时，软件平台还包含有虚拟现实系统，通过二次开发接口，通过生产数据库将现场采集的监控检测数据耦合到可视化平台中，实现资源评估、开采设计、矿山生产管理的无缝链接与集中管控。图 6.8 和图 6.9 分别为在三维矿业软件中建立的矿体与井巷工程模型。

6.4.3　生产数据实时采集系统

6.4.3.1　系统总体设计

采区生产数据采集系统是通过网络将数据采集终端与监控中心的计算机组结合起来，

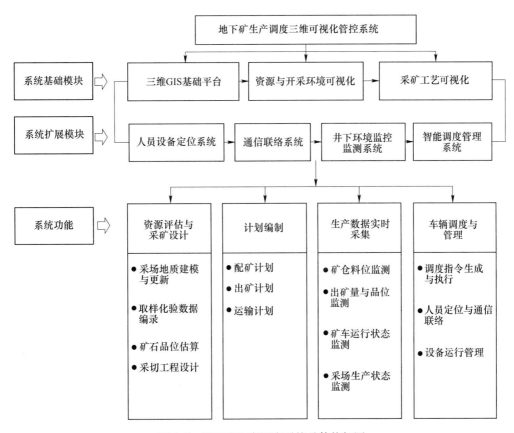

图 6.7 地下矿生产调度系统总体构架图

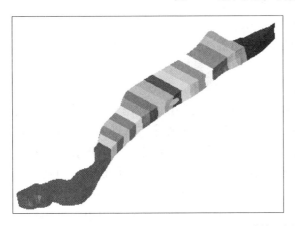
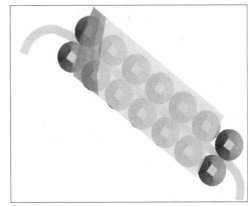

图 6.8 回采单元划分与底部结构

形成覆盖整个采区、深入各个采场的管理系统，对生产数据进行采集，如采场的出矿量与矿石品位、矿车载重量与行驶速度、采场地压与变形、设备定位信息等。在该系统中，数据采集终端利用串口与传感器连接，从传感器获取生产设备或其他方面的信号，经过终端设备的模数转换处理，再通过网络将数据发送给监控中心的计算机组，由监控中心对所有采集到的信息进行统一管理与分析。矿山数据采集系统的目标是实现对矿山生产数据的自动采集、有效传输、智能处理，具体包含以下几个特点。

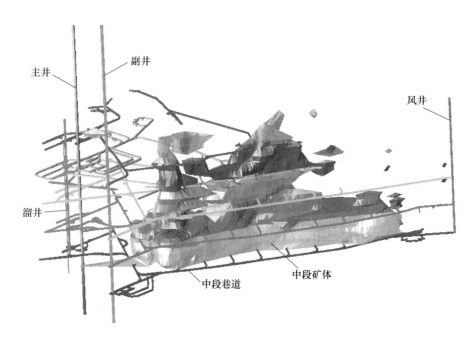

图 6.9　矿山开采系统复合图

（1）生产数据全面感知。数据采集系统获得数据的基本途径是借助生产流程的全面监测，而承担监测工作的是大量数据采集终端和传感器。这些传感器负责从采集对象处获得物理量，由终端设备负责定时采集。

（2）传感器兼容性好。数据的种类不同，所需要的传感设备也不同。数据采集系统能利用不同的传感器采集不同形式或内容的数据。因此，需要传感器的兼容性好。

（3）信息传递可靠。数据采集系统的网络可以由有线或无线组成。无论是哪一种形式的网络，数据完整、快速地传递到监控中心的计算机组，是网络数据传输的最终目标。因此，数据采集系统实质上是一种连接了终端的工业专用网络。

（4）数据智能处理。数据的采集和传输只是获得数据的手段，数据的真正用途在于对数据有效地处理。数据的处理主要由监控中心计算机中的相关程序与软件完成，因此，矿山数据处理软件决定了数据采集系统的智能处理程度，是整个系统中生产状况报告的提供单元。为了实现智能配矿的目的，从采场获得的配矿数据，通过矿业软件优化，直接生成配矿计划，再由调度管理系统生成出矿任务，任务指令通过网络系统发送至井下出矿工队或遥控、智能铲装机械，进而制定矿车铲装、运输计划。在整个出矿过程中，采场的矿量、品位信息、矿车的状态信息随着生产的进行实时自动更新，从而实现动态配矿。系统的整体构架如图 6.10 所示。

6.4.3.2　系统构架

根据矿山数据采集的内容，设计系统采用树形拓扑结构。该拓扑结构具有连接简单、维护方便，便于快速定位故障位置的优点。

终端设备通过传感器采集生产数据，登入网络将信息发送给监控中心的计算机组，计算机组配备专用的服务器用于处理收集到的数据信息，形成可供配矿与调度决策的生产状

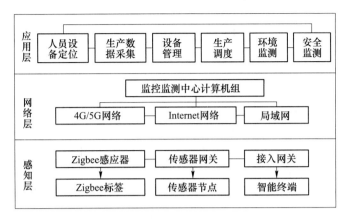

图 6.10 生产数据采集系统结构

况报告。同时,各生产现场设专门的值班室,通过有线数据线和终端设备相连,负责现场生产状况的人工管理与设备维护,并在突发情况下采取应急措施并向上一级管理层报告。该网络结构考虑了系统的集成性、稳定性和实际的可操作性,兼有纵向和横向的管理设置,矿山生产管理网络可以参考图 6.11 建设拓扑结构。

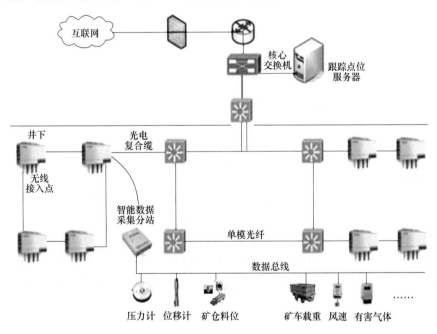

图 6.11 矿山数据采集系统拓扑结构

6.4.3.3 系统功能

(1)实时采集井下生产数据。及时准确地了解采区资源与采矿信息,是实现智能配矿的前提条件。

(2)数据分析与处理。对采集到的生产信息进行统计分析,形成生产报表,为配矿与调度决策做支撑。

(3)信息反馈。将调度指令或文字、语音信息传送给井下执行部门。

6.4.4　地下矿井人员设备定位与调度管理系统

6.4.4.1　综合系统简介

通过对人员设备进行定位，在生成配矿任务的基础上，制定矿车运输方案，并将调度指令传送到生产单位，从而实现计算机智能配矿。该系统是利用无线定位技术、无线通信技术、数据库技术、计算机技术与系统工程理论相结合建立的一套地下矿井生产管控系统。结合可视化平台，可以实时地掌握井下人员、设备的分布情况，了解井下采场的生产作业情况，并根据井下配矿计划、实际生产需要或突发情况（设备故障、各类事故）对井下的人员、设备及时合理地进行监控调度，系统的主要结构如图6.12所示。主要由移动定位系统（Zigbee）、数据通信系统（WiFi 或 5G 网络）、调度监控系统三大部分组成。

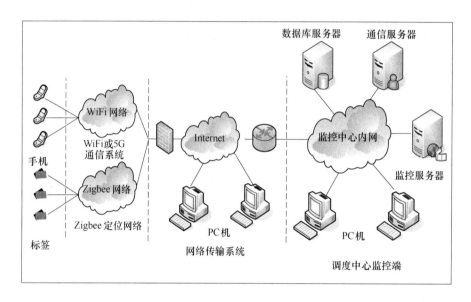

图6.12　地下矿井人员和设备定位管理系统总体结构

（1）移动定位系统。实现地下矿山的人员和设备的监控、调度管理等功能。移动定位系统除了包含用以实现定位功能的车载、人携定位标签以外，还必须配置其他相应的模块，以便实时采集井下人员、设备的位置信息，并能接收监控中心的调度指令。因此，定位系统的设计可以划分为三个主要模块：控制处理模块、Zigbee 定位模块和 Zigbee 通信模块，如图6.13所示。

（2）数据通信系统。井下的 WiFi 或 5G 通信网络是连接移动定位系统和管理系统的纽带。作为移动定位终端和监控管理中心的远程通信系统，该网络将实现车载、人携单元的位置信息、状态信息向调度管理中心的发送，以及调度中心向车载、人携单元发送调度指令和控制指令，监控中心内部通过百兆局域网实现通信服务器、数据库服务器和监控调度台的互联。数据通信系统示意图如图6.14所示。

（3）调度管理系统。调度管理中心主要由若干台监控服务器、数据服务器与可视化平台组成。监控终端通过互联网访问监控服务器，从而实现对车辆的跟踪监控。整个调度管理系统以互联网为平台，具有良好的可扩展性。监控中心内网与井下的 WiFi 或 5G 通信网

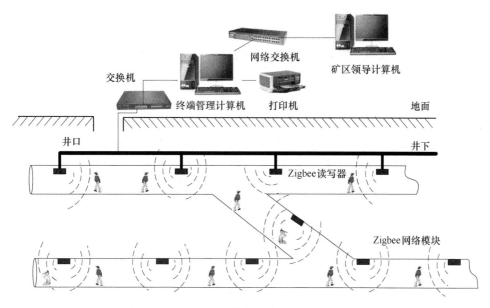

图 6.13 基于 Zigbee 技术的井下定位系统示意图

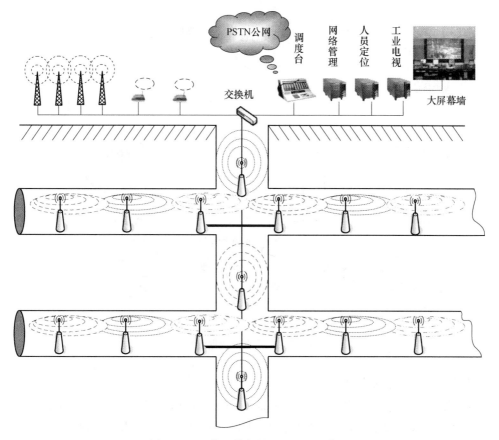

图 6.14 无线网络与骨干网配置示意图

络通过 Internet 网实现互联互通。监控调度管理软件实时接收和处理来自井下的人员和车辆的位置信息，在监控中心的 LED 多媒体显示屏及中心监控终端的电子地图上显示井下人员和车辆位置分布信息、运动轨迹以及其他信息，管理人员根据获取的其他生产信息对人员和车辆进行综合监控和调度管理。

6.4.4.2　系统工作流程

系统整体数据流程：移动端 Zigbee 定位标签接收其周围 Zigbee 参考点信号强度信息，经过解算后得到移动端的位置信息，利用 Zigbee 传感器网络，按规定的协议打包后发回监控端。监控端对收到的数据包进行分解，将跟踪点的坐标进行坐标转换和投影变换，将其转换为电子地图所采用的平面坐标系统中的坐标，然后在电子地图上实时、动态、直观地显示出来；对移动端发回的其他数据格式，按统一的数据格式进行存储。监控端发给移动端的监控命令或其他数据，也是按规定的协议打包，然后通过 Zigbee 网络以短消息的形式发给移动端的定位标签或直接通过网络电话发布调度指令。各种管理数据及车辆轨迹数据将自动存储到数据库，方便以后的查询和使用。由动态数据对象（activex data objects，ADO）负责监控终端与数据库的连接，其数据流程图如图 6.15 所示。

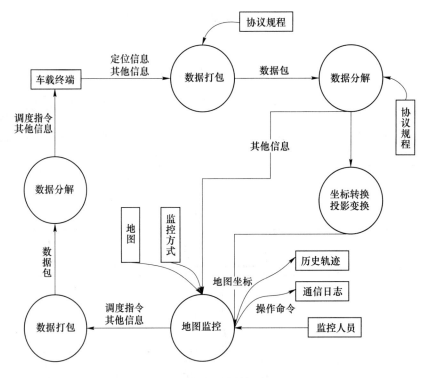

图 6.15　定位系统数据流程图

6.4.4.3　综合系统构成

综合系统主要包括系统管理、定位查询、生产管理和日志统计等四大子系统。

（1）系统管理子系统。主要用以管理企业的各种资源，包括人员管理、车辆管理、标签管理、可视化平台管理和用户管理五大功能。

（2）定位查询子系统。主要借助已经建立的井下 Zigbee 定位网络实现对井下作业人员和设备监控管理，利用 GIS 技术实现对井下各个中段的模型操作，并提供鹰眼操作，方便用户对某些重点区域进行查看。

（3）生产管理子系统。是生产调度系统的核心部分，该模块主要包括生产计划管理、生产任务管理以及生产调度管理三大模块。调度管理人员根据已经制定好的生产计划分配任务，可通过短信息或网络电话下达，并可灵活的根据实际生产需要，制定并发布调度指令，以期更好地满足矿山实际生产需要。

（4）报表统计模块。主要是为了方便管理人员了解与生产相关的各种信息，管理人员可以设定时间区间按日、月、季度或者按年度了解出勤情况、生产计划、实际产量和调度指令等信息。报表管理子系统主要包括人员出勤统计、计划产量统计、实际产量统计、调度指令统计四大部分。

参 考 文 献

[1] 李俊平. 基于智能采矿的采矿工程本科课程体系探索 [J]. 中国冶金教育，2020 (4)：36~38.

[2] 井石滚，卢才武，李发本. 基于 GIS/GPS/GPRS 的露天矿生产配矿动态管理系统 [J]. 金属矿山，2009 (4)：140~144.

[3] 王雪莉. 基于 WiFi 通信技术的地下矿山生产调度系统研究 [D]. 西安：西安建筑科技大学，2010.

[4] 邬书良. 地下铝土矿配矿模型的建立及优化研究 [D]. 长沙：中南大学，2012.

[5] 李娜. 露天矿中爆堆矿岩量计算方法的研究 [D]. 西安：西安建筑科技大学，2016.

[6] 钟小宇，徐振洋，李小帅，等. 一种露天矿山精确铲装系统及方法：中国，CN202010533843.3 [P]. 2020-09-22.

[7] 邹艳红，习文凤，何建春. 三维地质隐式建模技术与应用实例研究 [C]. 第十届全国数学地质与地学信息学术研讨会论文集. 2011：327~333.

[8] 邹艳红，胡伟. 杨赤中滤波与推估法在三维地质体快速建模中的应用 [C]. 中国地质学会：中国地质学会 2015 学术年会论文摘要汇编（中册）. 中国地质学会地质学报编辑部，2015：348~353.

[9] 钟德云，王李管，毕林. 融合地质规则约束的复杂矿体隐式建模方法（英文）[J]. 中国有色金属学报：英文版，2019, 29 (11)：2392~2399.

[10] 毕林，赵辉，李亚龙. 基于 Biased-SVM 和 Poisson 曲面矿体三维自动建模方法 [J]. 中国矿业大学学报，2018, 47 (5)：1123~1130.

[11] 汪朝. 岔路口钼矿资源数字化评价技术与边界品位确定研究 [D]. 长沙：中南大学，2012.

[12] 汪朝，王李管，刘晓明. 基于三维环境下资源量估算及分级方法研究 [J]. 现代矿业，2011, 27 (5)：6~9.

[13] 吴缨. 平果铝土矿二期配矿方法的探讨 [J]. 湖南有色金属，2002 (5)：1~3.

[14] 张春晖. 基于 S3C2410 的物联网矿山数据采集终端的研究与设计 [D]. 长沙：中南大学，2012.

[15] 卢留伟，王春毅，顾清华. 基于 WiFi/RFID 技术的井下监控调度系统 [J]. 黄金科学技术，2011, 19 (5)：79~82.

[16] 王雪莉，卢才武，顾清华. 无线定位技术及其在地下矿山中的应用 [J]. 金属矿山，2009 (4)：121~125.

[17] 张鹤丹，卢才武. 基于 WiFi 技术的井下人员定位系统研究 [J]. 金属矿山，2012 (9)：99~102.

7 深部通风与热害防控技术

关于深部或者深井，国际上有不同的界定。美国通常将深部解释为 5000ft（1554m），南非把 1500m 的矿井称为深井，波兰、日本、德国、俄罗斯等国家一般认为深井应在 600m 以上。我国的煤矿开采领域一般认为 600m 以上即为深井，金属矿山领域一般界定 800m 以上为深井。因此，深部通风涉及的矿井开采深度一般超过 600m。

随着矿井开采深度增加以及矿井生产机械化程度的提高，矿井热环境问题日趋严重，成为严重制约深部资源高效开采的重要因素。正常情况下，人体新陈代谢产生的热量必须与人体散热量相互平衡，在高温、高湿、高气压等恶劣的矿井微气候条件下，人体的热平衡将被打破，体内的蓄热量加大，损伤身体健康。根据南非金矿的统计数据，当井下气温达到 30℃ 时，开始出现中暑事故。据苏联的研究资料显示，在井下作业点气温超过 26℃ 的标准值 1℃ 时，作业人员劳动生产率下降 6%~8%。井下高温的另一个危害是导致事故率升高，根据日本的相关统计资料，在气温高于 30℃ 的工作面，事故率为气温低于 30℃ 工作面的 1.5~2.8 倍。另外，矿井环境中相对湿度较大，一般为 80%~90%，回风流中有时候达到 100%，在高温环境中，相对湿度每增加 10%，相当于气温升高 1~1.5℃。因此，矿井高温热害问题，不仅严重影响井下微气候条件，危害井下作业人员健康，降低劳动生产率，同时也危及矿井生产安全。可见，矿井热害已经成为深井矿山开采过程中的主要灾害之一。

矿井热害的出现一般与矿床开采深度有关。开采深度越深，随之而来的矿井热害问题越突出。矿井热害是通过改变和恶化矿井内部的微气候条件，首先对矿井作业人员的安全健康产生不利影响，进而对采矿工艺和采矿技术产生极为重要的影响。

矿井通风的根本任务就是通过输送新鲜空气进入井下需风点，排除和稀释矿井空气中的生产性粉尘、有毒有害气体等物质，并对矿井气温、湿度、风速等矿井气候条件要素进行舒适性调节，以达到安全生产的目的。相对于深矿井，浅矿井在采矿工程设计时，因为不涉及矿井热害问题，一般主要设计矿井通风系统，以便将粉尘、有毒有害气体稀释到安全允许的浓度以下。深井采矿工程设计时，由于已经不能忽视深井热害问题，除了按浅井考虑矿井需风量以外，还必须在矿井热交换理论的基础上考虑矿井降温问题，因此，深井采矿工程设计还应考虑热力因素对矿井通风系统的影响。

7.1 矿井热源分析

在矿井环境系统中，能够对风流加热（或吸热）的载热体称为矿井热源。由于矿井所处的地质地热环境、大气环境，以及采矿生产系统的不同，致使矿井热源也有所差异，但主要热源的种类基本相同。井巷围岩向风流的放热和散湿、机械设备运转放热、风流沿井巷向下流动的自压缩热以及运输矿石的放热，是造成矿内风流高温的基本热源，其中以井巷围岩的放热和散湿最为主要，因此，首先遇到的是矿山地热问题。

7.1.1 井巷围岩传热

井巷围岩温度随着开采深度增加而升高。根据目前对地温的认识，开采深度每增加100m，地下的岩石温度将上升 2.5~3℃。大量的统计资料表明，矿井热害的来源主要是地球内部的热量通过岩层向井巷中空气传递的结果。井巷围岩温度及围岩传热是导致巷道中风流温度升高的主要原因。深井中的高温现象描述，国外最早可以追溯到 16 世纪。我国煤炭科学研究总院抚顺分院于 20 世纪 50 年代最早开始了相关地温观测研究。

7.1.1.1 岩石的热物理性质

井巷围岩的传热与岩石的热物理性质密切相关，岩石热物理性质主要包括密度、比热容、热导率（导热系数）、导温系数、蓄热系数等。

（1）比热容 c。物质储热能力，以 c 表示比热容。岩石比热容定义为使 1kg 岩石温度升高 1℃所需要的热量，kJ/(kg·℃)。岩石质量为 m（kg），温度由 t_1 升高到 t_2 时所需要的热量为 $Q = cm(t_2 - t_1)$。常温条件下，岩石的比热容变化不大，约为（0.84±0.15）kJ/(kg·℃)；岩石的单位体积比热容 c_V 变化也不大，约为 1700~2100kJ/(m³·℃)。岩石单位质量比热容 c_p 与岩石单位体积比热容的关系为 $c_V = \rho c_p$，其中 ρ 为岩石密度，kg/m³。

影响岩石比热容的因素主要有含水率和孔隙率、岩石温度等因素。

1）含水率和孔隙率的影响。岩石含水率与孔隙率对岩石比热容有较大影响。含水岩石比热容 c_f 采用以下公式计算：

$$c_f = (Wc_w + mc_g)/(W + m) \tag{7.1}$$

式中，W 为含水岩石中水的质量，kg；m 为干燥岩石质量，kg；c_w 为常温下水的比热容，取 4.1868 kJ/(kg·℃)；c_g 为干燥岩石的比热容，kJ/(kg·℃)。

2）温度对比热容的影响。比热容和温度之间的关系，一般采用实验公式来表述。温度较低时（不超过 500℃），比热容与温度的线性关系可用经验公式 $c_t = c_0(1 + \beta t)$ 表示。其中 c_t 为 t℃时的岩石比热容；c_0 为 0℃时岩石的比热容，kJ/(kg·℃)；β 为温度系数，取 $3×10^{-3}$（1/℃）。表 7.1 为常温下岩石以及水、空气的比热容。

表 7.1 常温下岩石以及水、空气的比热容

岩石类型	花岗岩	石灰岩	砂岩	细砂岩	玄武岩	片麻岩	水	空气
比热容 c/kJ·kg⁻¹·℃⁻¹	0.65	0.91	0.84	0.95	0.92	0.17	4.19	1.005

（2）热导率（导热系数）λ。是岩石的重要热物理性质参数之一，指单位时间内沿着热传导方向上单位厚度岩层两侧温差为 1℃时通过的热流量，也叫导热系数。导热系数与热流密度、地温梯度的关系式可表示为

$$\lambda = -q/(dt/dz) \tag{7.2}$$

式中，λ 为导热系数，W/(m·℃)；q 为热流密度，W/m²；dt 为在岩层微元厚度两侧的温度变化量，℃；dt/dz 为地温梯度，℃/m。

岩石热导率的影响因素包括矿物成分、化学成分、岩石密度、孔隙率、含水率、温度等。岩石热导率随高热导率矿物成分含量增多而增加。岩石热导率具有各向异性，如对层

状岩石来说,平行于层面方向的热导率 $\lambda_{/\!/}$ 较大,垂直于层面方向的热导率 $\lambda_{\perp}$ 较小,两者之比为各向异性系数。常见岩石的各向异性系数见表 7.2。

表 7.2 常见岩石的各向异性系数表

岩石名称	花岗岩	片麻岩	大理岩	石英砂岩	页岩	砂岩
各向异性系数 K_{λ}	1.49	1.49	1.03	1.04	2.50	1.28

(3)导温系数 α。也称热扩散率,岩石的导温系数是一个综合性参数,它反映了岩石的热惯性特征,表示岩石在加热或冷却时各部分温度趋于一致的能力,即温度变化的速率。导温系数大的岩石对温度的变化敏感、反应快,在稳态热传导过程中,导温系数与比热容 c、密度 ρ 以及热导率 λ 存在如下关系:

$$\alpha = \lambda/(c\rho) \tag{7.3}$$

式中,α 为导温系数,m^2/s;ρ 为密度,kg/m^3;c 为比热容,$kJ/(kg \cdot \text{℃})$。

导温系数具有各向异性,在垂直于岩层层面方向和平行于岩层层面方向数值不同。导温系数随着岩石温度增高而降低。例如,花岗岩在 350℃ 时的导温系数为 $5.94 \times 10^{-6} m^2/s$,700℃ 时为 $1.73 \times 10^{-6} m^2/s$,1100℃ 时为 $1.33 \times 10^{-6} m^2/s$。

(4)蓄热系数 b。岩石蓄热系数 b 表示岩石的蓄热能力,单位为 $kJ/(s^{0.5} \cdot m^2 \cdot \text{℃})$,是一个综合性热物理参数,与上述的热导率 λ、比热容 c、密度 ρ 的关系可表述为

$$b = 1.1284(\lambda c\rho)^{1/2} \tag{7.4}$$

7.1.1.2 地温场及原始岩石温度

A 地温梯度

由于地球热场内部热源的作用,从地心向地表存在着温度差,沿地表法线方向形成无数个等温面。将沿着等温面法线方向上单位距离的温度增量称为地温梯度 G。即,两个不同深度上的岩石温度差 Δt 与两者距离 ΔH 之比,即 $G = dt/dH$,℃/100m。地温梯度一般为 1.8~4.8℃/100m,不同矿区地温梯度变化很大,有可能超出(低于或高于)此范围。地温梯度倒数称为地温率。表 7.3 为不同矿区的地温梯度。

表 7.3 不同矿区的地温梯度

矿区名称	地温梯度/℃·(100m)⁻¹	地温梯度平均值/℃·(100m)⁻¹	备注
平顶山矿区	3.2~3.5		
淮南九龙岗矿	1.83		
资兴周源山矿	2.41		湖南省
水口山康家湾铅锌金矿	1.93~2.61		湖南省
加拿大吉尔坎特湖金矿区	1.3		
姆口提金矿	0.7		
美国马格马铜矿	1.66~2.76		
南非维特瓦特斯兰德金矿	0.7~1.8		
西部金矿	0.86		
巴西莫咯煤矿	1.5~2.17		

续表7.3

矿区名称	地温梯度/℃·(100m)$^{-1}$	地温梯度平均值/℃·(100m)$^{-1}$	备注
赞比亚路安莎亚铜矿区	1.8~2.3		
印度克拉金矿	1.56		
澳大利亚阿哥纽镍矿	1.2		
丰羽铅锌矿	4.38		日本北海道
三河尖煤矿	2.75~3.46	3.1	安徽省徐州市

B 地温场及温度带的划分

近地表地温变化取决于地球内部因素和外部因素，即地球内部热流以及外部太阳辐射热。由于太阳辐射热量周期性变化，引起地表温度周期性变化，也影响到地表以下不同深度处岩石温度的变化。太阳辐射热量周期性变化导致的岩石温度变化幅度可表示为：

$$\Delta t_H = \Delta t_0 e^{-LH} \tag{7.5}$$

式中，Δt_H 为深度 H 处的地温变幅，℃；Δt_0 为地表大气温度的变幅，℃，$\Delta t_0 = (t_{max} - t_{min})/2$；$t_{max}$，$t_{min}$ 分别为当地最热和最冷月份的平均温度；H 为地表以下深度，m；L 为温度衰减系数，$L = (\pi/\alpha T)^{1/2}$，一般为常数，变化不大，α 为岩石导温系数，m^2/s；T 为温度变化周期，年（a）或者日（d）。

可见，地温变化幅度与大气温度变幅成正比，与深度成反比，因此地温变化幅度随着深度增加而变小。当地表以下深度 H 处的地温变幅为 0 时，该深度即为恒温带深度。由以上分析可知，在地球内热和外热的影响下，从浅层地壳地表原岩温度到某一深度原岩温度表现出明显的分带性，由地表向下依次可划分为变温带、恒温带和增温带，如图 7.1 所示。变温带受地表大气温度影响较大，恒温带是内热和外热平衡的结果，增温带内热占主要作用。根据我国矿山的地热统计资料，恒温带深度大部分在 20~30m 之间，个别矿山恒温带深度较大，为 30~50m。恒温带温度一般比本地区大气年平均温度高 1~2℃。

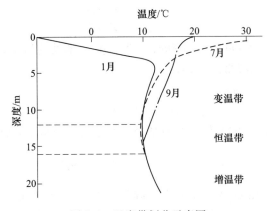

图 7.1 温度带划分示意图

a 变温带

从地表往下，变温带位于最上部，恒温带以上为变温带。变温带受到地表太阳辐射热量影响较大，变温带整体上随着季节变化而变化，夏季温度高，冬季温度低，并且这种影响随着变温带深度增加而减弱，到恒温带处这种影响为零。变温带范围一般为地表以下15~30m。

b 恒温带

恒温带位于变温带和增温带之间，在恒温带区域内，地球内热与外热达到热平衡。恒温带原始岩温一般不受地表气温季节性变化的影响，常年保持较稳定的值，变化幅度很小。矿区的恒温带深度和温度可以通过钻孔长期观测获得相关数据，恒温带温度一般略高于当地大气的多年平均温度1~2℃，同地表温度相近。恒温带影响因素很多，主要包括地理位置、气候条件、太阳辐射强度、地形、地下水、植被以及岩土热物理性质等。

恒温带深度可用如下公式近似计算，也可用相关经验公式确定。

$$h_a = 19.1 h_d \tag{7.6}$$

式中，h_d 为大气温度日变化影响深度（1~2m），取年平均值。

部分地区恒温带深度和温度资料见表7.4。

表7.4 部分地区恒温带深度和温度

地区	恒温带深度 h_a/m	恒温带温度 t_a/℃	多年平均气温/℃	地面平均温度/℃
辽宁抚顺	20	10.5	7.4	8.3
河北唐山	35	12.7	10.7	12.9
天津	32	13.6	12.8	13.5
山东东营	20	14.5	12.5	14.9
徐州	25	17	14	15.1
平顶山	20	17.2	14.8	16.9

c 增温带

恒温带以下范围称为增温带，岩温完全受到地球内热的控制，并且岩温随着岩层深度增加而升高。地温随深度增加的幅度称为地温梯度，可表示为：

$$G(Z) = \frac{\Delta t}{\Delta Z} = \frac{t_Z - t_a}{Z - h_a} \tag{7.7}$$

式中，$G(Z)$ 为地温梯度，℃/m 或℃/100m；t_Z 为深度 Z 米处的岩温，℃；Z 为埋深，m；h_a 为恒温带深度，m；t_a 为恒温带温度，℃。

因此，深度 Z 米处的岩温：

$$t_Z = G(Z)(Z - h_a) + t_a \tag{7.8}$$

若考虑水平方向地温率的变化，巷道某处的原始岩温应按下式计算：

$$t_y = t_h + \frac{Z - Z_h}{q_w} + G_{hh} L_h \cos\beta_h \tag{7.9}$$

式中，t_y 为巷道某点的原始岩温，℃；t_h 为恒温带温度，℃；Z 为地表至测算处的深度，m；Z_h 为恒温带深度，m；q_w 为地温率，m/℃；G_{hh} 为水平地温变化梯度，℃/m，水平方向地温变化不大时，可取0；L_h 为巷道某点距采用地温率 q_w 处的距离，m；β_h 为巷道与水平地温变化方向的夹角。

由于在矿山勘探过程中，直接获取地热资料一般是钻孔温度和地温梯度等数据，因此，一般采用地温梯度作为评价指标来评价地热状况。通常在地温正常区域，大地热流值

q 大约在 40~60mW/m² 之间，而一般岩石热导率 λ 在 2.0~2.5W/(m·K) 之间，按照大地热流值 q 与岩石热导率 λ 以及地温梯度 $G(Z)$ 的关系 $q = -\lambda G(Z)$，地温场中的正常地温梯度应在 1.6~3.0℃/100m 范围内。根据地温梯度范围可将地热状况划分成三类，对应如下三个区域：1）低温类（负地热异常区）：$G(Z) < 1.6℃/100m$；2）中常温类（正常地热区）：$1.6℃/100m < G(Z) < 3.0℃/100m$；3）高温类（正地热异常区）：$G(Z) > 3.0℃/100m$。

7.1.1.3 围岩与风流间的传热

当原始岩温与矿井风流存在温差时，就会发生换热现象。一般根据温差正负，热量既可以从围岩传递给风流，也可以从风流传递给围岩。一般情况下，原始岩温都要比风温高，因此热流一般来源于原岩中。在深井中，来自原岩的热流甚至会超过矿井其他热源的总和。

围岩向井巷传热的途径主要有两个，一是通过热传导由岩体深部向岩壁传热，二是经过岩体裂隙的渗流或淋水对流将热传给井巷。如果水量很大，这种对流传热量甚至会超过以热传导方式传递的热量。

井巷围岩的传导传热是一个不稳定传热过程，即使在井巷壁面温度保持不变的情况下，由于岩体本身就是热源，所以自围岩深处向外传导的热量值会随着时间变化。随着时间的推移，被冷却的岩体范围逐渐变大，其向风流传递的热量也逐渐减少，这时需要从围岩更深处将热量传递出来。而在传热的过程中，由于井巷壁面水分蒸发或者凝结，还会伴随着传质过程的发生。为了简化围岩与井巷间的传热过程，可将以上所述复杂影响因素归结到传热系数中，提出围岩与风流间的不稳定换热系数的概念。苏联学者舍尔巴尼于1953年出版的《矿井降温指南》中提出，不稳定换热系数是指巷道围岩深部未冷却岩体与空气温度相差1℃时，每小时从 1m² 巷道壁面向空气放出或吸收的热量，是围岩的热物理性质、井巷形状尺寸、通风强度及通风时间的函数。围岩与风流间的传热量可用下式来表示：

$$Q_r = K_\tau UL(t_{rm} - t) \tag{7.10}$$

式中，Q_r 为井巷围岩单位时间的传热量，kW；K_τ 为围岩与风流间不稳定传热系数，kW/(m²·℃)，取决于岩石的热导率、岩壁的散热系数、巷道的潮湿程度和通风时间，变化幅度较大，取值范围在 0.3~1.0kW/(m²·℃)，导热与散热条件较好且通风时间较短的井巷取大值；U 为巷道周长，m；L 为井巷长度，m；t_{rm} 为平均原始岩温，℃；t 为井巷平均风温，℃。有关不稳定换热系数的详细内容，见 7.3 节。

除采用不稳定传热系数计算围岩传热量外，还可采用对流换热公式计算围岩传热量。

$$Q_W = \alpha F_L\left(t_b - \frac{t_1 + t_2}{2}\right) \tag{7.11}$$

式中，α 为巷道壁面向风流的换热系数，kW/(m²·℃)；F_L 为巷道壁面积，m²；t_b 为巷道壁面平均温度，℃；t_1，t_2 分别为巷道起点、终点的风流温度，℃。

确定巷道壁面的换热系数是关键。其影响因素复杂，主要包括巷道壁面粗糙系数、巷道平均风速、巷道风流密度、巷道周长、巷道断面积、壁面平均温度及风流起点、终点温度。其中，壁面温度取决于巷道起点、终点原始岩温、经时系数等。具体计算可参见《煤矿井下热害防治设计规范（GB 50418—2017）》。计算时均假定围岩散热全部传递给巷道风流，使风流的热焓值增加，一部分表现为风流温度升高（显热），一部分表现为风流湿空气含湿量变化（潜热）。

7.1.1.4 运输矿岩的散热

矿岩运输过程中矿岩的散热，实际上是围岩散热的一种特殊方式和延续。矿岩从进风井巷运出，运输方向与新鲜风流进风方向相反，对进风流的加热效果明显。由于矿岩经爆破破碎采出后，不能继续从深部原岩中获取热量，因此运输过程中矿岩传递给风流的热量总体上弱于围岩。运输过程中矿岩的放热量可以采用如下公式计算：

$$Q_k = mc_m \Delta t \tag{7.12}$$

式中，Q_k 为运输过程中矿岩的放热量，kJ/s 或 kW；m 为矿岩运输量，kg/s；c_m 为矿岩比热容，kJ/(kg·℃)；Δt 为矿岩被冷却的温差，℃。

7.1.2 矿井空气自压缩升温及膨胀降温

7.1.2.1 计算原理

当矿井空气沿着井巷下行或上行时，由于海拔标高降低或升高引起的空气柱高度变化，使得矿井空气受压缩或体积膨胀，从而放出热量或吸收热量，导致矿井空气温度升高或降低。这就是矿井空气的自压缩升温以及自膨胀降温现象。这种现象，与空气压缩机气缸中的状态变化类似，即当空气进入矿井向下流动的过程是压缩加热的过程。开采深度越大，这种现象的影响越大。可见，在矿井空气的自压缩过程中，发生温升现象是由于位能转变为焓的结果。如果认为井筒空气不与外界发生热、湿交换的话，并且气体流速也没有发生变化，那么就可以认为矿井空气的自压缩或膨胀变化过程为单纯的绝热变化过程。

自压缩引起的温度变化符合以下绝热变化规律：

$$T_2/T_1 = (p_2/p_1)^{(\gamma-1)/\gamma} \tag{7.13}$$

式中，T 为干球温度，绝对温标，℃；p 为大气压，Pa；γ 为空气在常温常压下的比热比（比定压热容与比定容热容的比值）；下标 1、2 分别为起始状态和终了状态。

干空气比热比为 1.402，饱和空气比热比取最小值 1.362，因此，干空气 $(\gamma-1)/\gamma = 0.287$，饱和空气 $(\gamma-1)/\gamma = 0.266$。理论上可用上式计算干球温度变化量。但是由于井筒中空气的流动并非绝热流动，而是非绝热流动占主导地位。在自压缩过程中与井筒围岩的热湿交换以及其他热源（井筒中风水管线、提升设备以及其他机电设备）的影响，因此一般不用上式进行理论计算。

在纯自压缩或绝热自压缩过程中，风流的焓增与风流先后状态的高差成正比：

$$i_2 - i_1 = g(Z_2 - Z_1) \tag{7.14a}$$

对理想气体，在任意压力下 $\mathrm{d}i = c_p \mathrm{d}t$，即：

$$i_2 - i_1 = c_p(t_{d2} - t_{d1}) \tag{7.14b}$$

式中，i_2、i_1 分别为风流在起始点 1 和终点 2 的焓值，J/kg；g 为重力加速度，m/s²；Z_2、Z_1 分别为风流在起始点 1 和终点 2 的标高，m；c_p 为空气的比定压热容，J/(kg·℃)；t_{d1}、t_{d2} 分别为 1、2 两点的空气干球温度，℃。

由式（7.14）可知：

$$t_{d2} - t_{d1} = \frac{g}{c_p}(Z_1 - Z_2)$$

即
$$\Delta t_d / \Delta Z = g / c_p \tag{7.15}$$

式中，ΔZ 为 1、2 两点的标高变化量，m；Δt_d 为干球温度变化量，℃；其他同公式（7.14）。

若取比定压热容 $c_p = 1.005 \text{kJ/(kg} \cdot \text{℃)}$，$g = 9.807 \text{m/s}^2$，则式（7.15）可写为 $\Delta t_d / \Delta Z = 9.76 \text{℃}/1000 \text{m}$，即

$$\Delta t_d = (Z_1 - Z_2) / 102.48 \tag{7.16}$$

式（7.16）说明，井深每增加 1000m，矿井空气干球温度上升 9.76℃。这可作为矿井空气自压缩干球温度变化的估算公式。

【例题】假设矿井井口标高 1524m，井底标高 0m，地表气温 26.7℃（干球温度），由大气压强与标高的对应关系表可查得井口大气压 $p_1 = 12.22 \text{psi}$，井底大气压 $p_2 = 14.7 \text{psi}$，1psi = 6.8948kPa。需估算井底气温。按照理论计算公式（7.13）可知，$T_2 = (273 + 26.7) \times (14.7/12.22)^{0.276} = 315.38 \text{K}$，$t_2 = 315.38 - 273 = 42.38 \text{℃}$，$\Delta t_d = t_2 - t_1 = 42.38 - 26.7 = 15.68 \text{℃}$。按照干球温度估算公式（7.15），可知 $\Delta t_d = 9.76 \times 1.524 = 14.87 \text{℃}$，$t_{d2} = 26.7 + 14.87 = 41.57 \text{℃}$。可见，利用理论计算公式（7.13）计算的结果与估算公式（7.15）估算的结果基本吻合。

矿井空气绝热变化过程中膨胀吸收或压缩释放的能量可以表述如下：

$$Q_p = 9.807 \times 10^{-3} M (Z_1 - Z_2) \tag{7.17}$$

式中，Q_p 为空气绝热压缩过程中释放的能量，kJ/h；M 为通过井筒的空气质量，kg/h。

7.1.2.2 自压缩热源的影响

对于井巷围岩比较干燥，且不与风流进行换热和换湿的理想情况，按照温升计算的上述公式，对深度达到 1000m 的矿井，由于自压缩引起的温升将达到 9.8℃，采深超过 3000m 的矿井，温升接近 30℃。

实际上，矿井空气在井巷中流动的时候，在重力场的作用下发生的压缩或膨胀现象，并不是绝热的自压缩过程，而是非绝热的变化过程。井巷和风流中总会存在水分，且流动过程中，空气和围岩间会发生热、湿交换，所以风流的自压缩产生的焓增，有一部分必定消耗在水分蒸发上，使得风流的含湿量增加。另外，风流与井巷间的热交换也抵消了部分自压缩引起的温升。因此风流由于自压缩引起的温升并没有理想情况计算的那么大。

在矿井通风系统的进风井井筒中矿井空气的自压缩是主要的热源，而在其余的井巷中自压缩与其他热源相比较为次要的热源。在矿井通风系统的回风井筒中，风流因膨胀而焓值减少，风温会下降，降温数值与自压缩增温相同，符号相反。但是这种膨胀降温的效果，由于空气中水汽的冷凝散热以及其他影响因素，实际冷却效果甚微。

实际上，风流自压缩过程中，湿球温度变化也是关注的对象。按照文献《Mine Ventilation and Air Condition》，由自压缩引起的湿球温度可由下式进行估算：

$$\Delta t_w / \Delta Z = 4.37 \text{℃}/1000 \text{m} \tag{7.18}$$

式中，Δt_w 为湿球温度变化量，℃；ΔZ 为标高变化量，通常表述为每 1000m 的变化量。

空气自压缩与围岩放热一样，是矿井两种主要的热源之一，当然可以通过位于井下的矿井空调制冷系统来控制和消除空气自压缩产生的温升作用，但是在矿井空气被空调系统冷却之前，空气自压缩产生的热量已经进入矿井空气中。从这方面来讲的话，自压缩热源是无法消除的，而且随着采深的增加而增大。另外，应该说明的是，矿井空气自压缩温升

是自身位能转换成焓的结果，并不是一种外部热源输入造成的外来热源，但由于在深井条件下，风流自压缩温升在矿井通风空调中所占比例较大，所以一般将其归为矿井热源来讨论。

作为矿井热源的主要类型，工程设计中可采用以下公式计算：

$$Q_Y = GA(Z_1 - Z_2)E \tag{7.19}$$

式中，Q_Y 为风流的压缩热（膨胀热），kW；G 为风流的质量流量，kg/s；A 为功热当量，kJ/(kg·m)，取 $9.81×10^{-3}$kJ/(kg·m)；Z_1、Z_2 分别为风流的起点、终点标高，m；E 为风流吸收或放出热量的系数，一般取 $0.2 \sim 0.3$。

7.1.3　机电设备放热

随着机械化程度的提高，井下机电设备装机容量越来越大，成为井下主要热源之一。一般来说，机电设备运转消耗的电能不是用来做有用功就是转换为热量。对矿井而言，一般情况下动能可以忽略，可以认为机电设备消耗的一部分电能所做的有用功主要是提高了物料的位能，其余的电能均转换为热能，几乎全部散发到流经机电设备的风流中。而且这部分转换为热能的能量占比较大，原因在于机电设备运行过程中能量损失以及大部分的做功直接转换成热量或通过摩擦间接转换成热量。电力驱动、压缩空气驱动以及内燃柴油驱动的机械设备能量损失及热量转换基本相同。

7.1.3.1　采掘机械放热

采掘机械消耗的电能几乎全部转换成显热传递给流经此处的风流，即

$$Q_c = M_b \Delta i \tag{7.20}$$

式中，Q_c 为风流获得的热量，kW；M_b 为风流的质量流量，kg/s；Δi 为风流的焓增，kJ/kg；风流的温升 $\Delta t = \Delta i / c_p$，℃；$c_p$ 为空气比定压热容，kJ/(kg·℃)。

工程实践中，采掘设备运转放热一般按照设备实耗功率计算：

$$Q_c = \eta N \tag{7.21}$$

式中，Q_c 为采掘设备运转放热量，kW；η 为采掘设备运转放热风流的吸热比例系数，可通过实测数据统计获得；N 为采掘设备实耗功率，kW。

采掘机械放热是造成工作面气候条件恶化的主要原因之一。

7.1.3.2　提升运输设备放热

对于提升设备来说，其消耗的电能一部分用于对矿岩做有用功，另一部分电能则直接转换成热量或通过摩擦间接转换成热量。提升设备所释放的热量与其功率之间的关系取决于提升方式。

对于有轨运输来说，由于轨道坡度一般较小，所以做的有用功也比较小，因此，电机车消耗的电能几乎都是以热量的方式散发。电机车散发的热量与其功率之间的关系，与电机车运转工作时间等有关。

7.1.3.3　通风机的放热

从热力学的概念来讲，通风机并不做有用功，所以电机所消耗的电能全部转换成热量传递给风流。因此流经风机风流的焓增等于风机输入功率除以风流的质量流量，并直接表现为风流的温升。根据空气特性，风流经过风机后，其干球温度的增量小于湿球温度的增量。

另外，由于主通风机基本上连续运转，因此不考虑停止时间。

7.1.3.4 灯具的放热

灯具工作消耗的电能全部转换成热量传递给风流。井下灯具连续工作，不考虑停止工作时间，计算比较容易。另外，个人佩戴的矿灯也是热源，但由于其功率一般不超过4W，可忽略不计。

7.1.3.5 水泵运转放热

水泵消耗的电能，只有较少部分通过电机、轴承等摩擦转换成热能而散失到空气中，消耗的大部分电能用来做有用功，这是水泵在运转放热方面与其他机电设备不同的主要方面，这部分有用功是提高水的位能。

在工程设计中，一般按下式计算机电设备散热量。

$$Q_d = \sum \phi \cdot N_d \tag{7.22}$$

式中，Q_d 为机电设备散热量，kW；$\sum \phi$ 为机电设备总散热系数，一般情况取 0.2，水泵取 0.035~0.040；N_d 为同时使用的机电设备总额定功率，kW。

7.1.4 地下热水放热

在地下开采过程中，地下水（ground water）以及矿井生产用水（mine water）是通常会遇见的两种水源。对所有的地下水来说，都是矿井的热源，特别是来源于储热构造以及岩层中的地下水。由于地下水和热量均来源于围岩或地热资源，因此地下水的温度接近原始岩温或者超过岩石温度。地下水热量传递给矿井空气的方式，主要是通过蒸发的方式来使得矿井空气中的潜热增加。可以通过岩石灌浆、隔绝地下水、排水沟或者管道输送等方式减少蒸发作用。地下水温度很高或者温度超过矿井空气湿球温度的情况下，越利于地下水向空气的散热，尤其是应避免冷却后的空调冷风与矿井热水接触。同样，矿井生产用水也可能被围岩加热而形成井下热源，比如凿岩用水、除尘用水以及充填过程中的排水等。因此在深热矿井，预防和控制地下水带来的热害措施中，既要重视地下水，也要注意控制矿井生产用水，尤其是使用过程中与高温围岩接触后通过敞开式排水沟排出的生产废水。

在地下井巷的地下水传热的过程中，矿井空气之所以能够获得潜热，主要是地下热水自由水面的水分蒸发作用。在此过程中矿井空气获得的潜热遵循焓湿计算原则。蒸发速率取决于地下热水和矿井空气之间的蒸气压差、温度差、空气流速以及自由水面的面积等因素，且成正比。由于温差的作用，在此过程中除了空气潜热变化外，也会有显热的变化。根据有关文献，空气从开放通道的地下热水中获得的总热量可以用以下公式计算：

$$q = G_w c_w (t_1 - t_2) \tag{7.23}$$

式中，q 为空气从开放通道的地下热水中获得的总热量，kJ/s 或 kW；G_w 为热水的质量流量，kg/s；c_w 为水的比热容，kJ/(kg·℃)，标准状态下，水的比热容取 4.187kJ/(kg·℃)；t_1、t_2 分别为流入、流出风路两点处的水温，℃。

根据上式，若地下热水的涌水量为 12.62L/s，地下水进入工作面的温度为 43.3℃，流出工作面的水温为 36.7℃，在此过程中矿井风流吸收的总热量为 348.7kW。关于总热量中显热和潜热的比例问题，已有相关研究结论。通常认为在正常情况下，有不少于 90% 的总热量是潜热。那么在上述例子中，矿井通风系统空气获得的潜热约为313.8kW，获得的显热大概为34.9kW。上式适用于明水沟排水的情况。

当采用管道排水或暗水沟形式排水时，矿井热水的传热量可按下式计算：

$$Q_w = K_w S(t_w - t) \qquad (7.24)$$

式中，Q_w为热水的传热量，kW；K_w为水沟盖板或者管道的传热系数，kW/（m²·℃），可查阅辛嵩等的《矿井热害防治》等资料获取；S为水与空气的传热面积，水沟排水时$S = B_w L$，管道排水时$S = \pi D L$，m²；B_w为水沟宽度，m；L为水位高度，m；D为水管直径，m；t_w为水沟或管道中水的平均温度，℃；t为巷道中风流的平均温度，℃。

通过观测数据，热水对风流的加热作用相当显著，甚至超过围岩对风流的加热。根据某矿山实例，在风流通过涌出水温40℃热水的巷道时，空气中热增量有82%来源于热水，仅有18%来源于围岩放热。同时，水温每增加1℃，风温增加0.16℃；排水沟每延长10m，风温增加0.13℃。当矿井水水温超过52℃时，会造成人体烫伤。

实际工程设计中，对热水水沟散热量的计算，也可采用以下公式：

$$Q_R = (0.0057 + 0.0041 V_b) F_s \left[(t_s - t_q) S_X + \frac{\gamma(d_s - d_p)}{c_p} \right] \qquad (7.25)$$

式中，Q_R为热水水沟的散热量，kW；V_b为水面上空气流动速度，m/s，$V_b = (0.5158 + 0.353 W_p) W_p$；$F_s$为热水表面积，m²；$t_s$为热水平均温度，℃；$t_q$为水沟附近空气的温度，℃，$t_q = (t_1 + t_2)/2$；$t_1$、$t_2$分别为水沟出口、入口的空气温度；$d_s$为对应于$t_s$的饱和空气含湿量（kg/kg 干空气）；$d_p$为巷道风流的平均含湿量（kg/kg 干空气）；$S_X$为水沟形式系数，$d_s = d_p$时明水沟取1、暗水沟取0.6；$c_p$为巷道风流的比定压热容，kJ/（kg·℃），一般情况下取1.005kJ/（kg·℃）；γ为水蒸气的汽化热；W_p为巷道平均风速，m/s。

7.1.5　其他热源

除了以上四种主要热源以外，矿井生产过程中，造成矿井空气温度升高的其他热源还包括以下六种情况：（1）人员新陈代谢（human metabolism）；（2）氧化（oxidation）；（3）爆破（blasting）；（4）岩石运动（rock movement）；（5）水管（pipeline）；（6）水泥的水化放热（hydration heat）。

这五种热源不是矿井热害的主要热源，它们引起温升的计算也只能采取近似计算方法，因此统称为其他热源。对其他热源的计算可以采用矿井热平衡方法，也就是通过测算的方法获得矿井空气获得的总热量，扣除便于计算的已知热源的热量，得到的就是未知热源的热量。具体计算分析如下。

7.1.5.1　人体新陈代谢

人体散发出来的热量是一个持续的过程，通过对流、传导以及辐射等方式来实现，传热过程会使得矿井空气的显热和潜热均增加。人体新陈代谢传递给矿井空气的热量，受矿井作业人员劳动强度、着装、持续时间以及气候环境条件等因素的影响。这种由于人员新陈代谢产生的矿井热源，对矿井热环境的影响处于较轻微与中等影响之间。

人体新陈代谢传递给空气的热量是其产热量的一部分，工程设计中一般按下式计算：

$$Q_t = R_t n_t \qquad (7.26)$$

式中，Q_t 为人体散热量，kW；R_t 为人体散热系数，kW/人，见表 7.5；n_t 为巷道、采场、掘进工作面、硐室等作业面的总人数，人。

表 7.5　新陈代谢产生的热量

劳动强度	人体散热系数/kW·人$^{-1}$
休息时	0.09~0.12
轻体力劳动时	0.14
中等体力劳动时	0.21
繁重体力劳动时	0.47

7.1.5.2　氧化作用

矿井热源氧化过程所涉及的氧化物质主要包括矿岩的氧化、采场充填物的氧化以及木材氧化等。所有氧化过程都会产生和放出热量。尤其是在煤矿环境中，煤的氧化占矿井热源总热量的比例较大，根据相关文献，在不正常的情况下，煤氧化过程产生的热量会占到 80% 的矿井总热量。对金属非金属矿山来说，如果矿物中硫含量较高，那么由于硫化物氧化引起的热量也是很可观的。煤、硫化物等可燃物氧化作用放出的热量，得不到释放产生热量聚集，会发生自燃现象，从而导致矿井内因火灾风险，火灾烟气及火灾风压的影响，会使得受影响区域的矿井空气温度增加好几度。如果不加以扑灭和控制的话，会对矿井环境和井下人员带来灾难性后果。

对矿井热环境影响较大的是矿岩氧化作用，目前仍然没有比较有效的办法可计算氧化过程产热量。在有些高硫矿床或者煤矿，氧化过程产生的热量会非常高、非常显著，在这种情况下矿井冷负荷计算就必须考虑氧化过程的产热量。由硫化物或煤自燃而发生井下内因火灾以及由明火引发的外因火灾，尽管火灾时可能会形成强度、规模不等的矿井热源，但是这些均属于短期的现象，不会长期对矿井热环境产生影响。应该注意的是，井下也会存在某些隐蔽的火区，也会对火区附近局部围岩温度场造成影响。

工程设计中，井下矿物或其他有机物的氧化放热一般采用下式计算：

$$Q_0 = q_0 v^{0.8} UL \tag{7.27}$$

式中，Q_0 为氧化放热量，kW；q_0 为当量氧化散热系数，即巷道风速为 1m/s 时单位面积氧化放热量，kW/m^2，这是一个综合参数，可实测求得，一般为 $(3.0~4.6) \times 10^{-3}$ kW/m^2。无实测数据时可参照表 7.6 选取或类比邻近矿山取值；v 为巷道平均风速，m/s；UL 为氧化散热面积，一般取巷道壁面面积；U 为巷道周界长，m；L 为巷道长度，m。

表 7.6　当量氧化热系数表

地点	q_0/kW·m^{-2}	地点	q_0/kW·m^{-2}
一般岩石井巷	0.00058~0.00233	岩巷掘进面	0.00116~0.00233
煤巷	0.00349~0.00582	煤巷掘进面	0.0093~0.01163
采煤工作面	0.01163~0.01745	掘进巷道回风段	0.00232

7.1.5.3　爆破作业

井下爆破作业过程中炸药爆炸时，炸药中有超过 50%~90% 化学能会转化为热量的形式急剧释放，从这个角度讲，炸药爆破可以被认为是比较重要的热源。但是考虑到井下采场的爆破作业一般在工人下班时间或者特定的时间段进行，尤其对于掘进工作面爆破，要考虑掘进工作面局部风流的热量获得，也就是说炸药爆炸产生的热量对于矿井空气升温的影响只是局部的。另外，在下班时间爆破或者在特定时间段进行爆破作业，对井下工人来说，可以非常有效地减少甚至避免爆破热源的影响。也就是说，当爆破热量传递给矿井空气时，工人由于减少了接触暴露而得到了有效防护。

在爆破过程中，产生的大部分热量被围岩所吸收，矿井空气获得的爆破热量无法直接进行精确计算，矿井空气获得爆破热量的计算只能采取估算的方法。1972 年，Fenton 提出了一种大致估算空气获得爆破热量的计算方法。

7.1.5.4 岩石运动

由地质或采矿沉陷作用导致的岩石移动，也是一种矿井热源。在井下采场或者采空区等废弃工作区域，围岩或者矿石的人为崩落或者自然塌落，是岩石移动导致热量释放的原因。

岩石移动产生的热量大小与岩石质量、移动距离以及摩擦系数等有关，同样难于量化和计算，准确的计算是不可行的。岩石移动产生热量的 1% 会传递给风流，和前面说的爆破产生热量对矿井空气的影响类似，岩石移动过程中产生的大部分热量被岩体本身所吸收，并且放热过程比较短暂。因此，通常情况下，岩石移动产生的热量被忽略。

7.1.5.5 管线产生的热量

排水管管线通常情况下会比矿井空气温度高，因此排水通常是井下管线中唯一的热源，会给矿井空气传递热量。

供水管线或者充填管线的温度与竖井井筒空气温度相同或略低，会从矿井空气中吸热。

另外矿井空调系统冷却水管线（来源于冷水源）温度低于工作场所矿井空气温度，与供水管线、充填管线一样会从空气中带走热量，但是冷却水管线对空气的冷却作用一般被认为是一种冷量的损耗。

压缩空气管线的温度通常情况下与工作面空气温度相同，这是因为压缩机的冷却器将压缩空气温度降低到环境温度。压缩空气在使用时，除了膨胀做功以外还会由于膨胀作用产生环境的冷却效果。但是这种冷却效果微乎其微。

各种生产管线与矿井空气的传热计算是非常困难的。尽管各种管线获得或者损失的热量通常情况下可以忽略不计，但在实践中，应尽量避免和减少各种入井管线与矿井空气的热量交换，必须采取绝缘的措施来隔绝热量交换。

7.1.5.6 水泥的水化放热

硅酸盐水泥为低水水化热水泥，矿渣水泥为高水水化热水泥。水泥水化热计算按下式：

$$Q_s = q_s UL \tag{7.28}$$

式中，Q_s 为水泥水化热，kW；q_s 为水泥水化时单位面积放热量，kW/m²，混凝土砌碹时取 0.015 ~ 0.016 kW/m²，喷锚支护时取 0.00725 ~ 0.0154kW/m²；其他同公式（7.27）。

另外，矿井空气流动的过程中，由于要克服流体黏性以及巷道壁面带来的沿程阻力、障碍物引起的局部阻力以及正面阻力物产生的正面阻力，而且矿井中空气流动也伴随有压力损失以及能量耗散，这些都有可能产生热量，但事实并非如此，因为在风流流动过程中，矿井空气温度和焓值的变化为零。因此风流压头损失并不能对矿井空气产生加热效果。

注意，在矿井环境系统中矿井热源不仅指对风流进行加热的载热体，也包括从风流中进行吸热的载热体。由于矿区所处的地热环境、大气环境以及生产系统等差异，不同矿区、甚至同一矿区的不同矿井，热源会出现一定差异，但通常情况下矿井主要热源种类基本相同，如围岩、矿井空气自压缩（或膨胀）、机电设备运转、地下热水四种类型。通常也根据矿井热源放热量（吸热量）是否受矿井风流温度高低的影响，将其分为如下两大类：（1）相对热源，如围岩、地下水等，放热量（吸热量）受矿井空气温度影响；（2）绝对热源，如机电设备运转、氧化作用、爆破作业等，其放热量受矿井空气温度高低的影响很小。

7.1.6 矿井主要热源的总散热量计算

按照式（7.29）计算矿井主要热源的总散热量。

$$\sum Q_i = Q_w + Q_R + Q_Y + Q_d + Q_h + Q_t + Q_{其他} \tag{7.29}$$

式中，$\sum Q_i$ 为风流从环境中吸收（放出）的热量总和，kW；Q_w 为井巷围岩散热量，kW；Q_R 为热水水沟散热量，kW；Q_Y 为压缩热，kW；Q_d 为机电设备散热，kW；Q_h 为氧化散热，kW；Q_t 为人体散热，kW；$Q_{其他}$ 为其他热源的总散热量，kW。

7.2 矿井热环境评估

7.2.1 人体热平衡

7.2.1.1 人体热平衡计算

在正常条件下，人体依靠自身的调节机能，使得能量代谢过程中产生的热量与对外环境的散热保持一种动态平衡状态，将体温保持在37℃左右，从而阻止热效应对人体产生危害。当环境温度较低时，人体就会放出热量，当环境温度较高时，调节机能使得人体吸收热量，这种蓄热和散热的机能是有限的，如果超过极限负荷，体温就会发生变化，严重时甚至产生热害。在体力劳动的条件下，做功消耗的能量仅占代谢热量的小部分，平均约为10%，大部分通过热对流、热辐射以及汗液挥发的形式与环境热量发生热交换。

这种人体平衡状态可以用热平衡关系式表示，即

$$M - W_k = q_e + q_r + q_c + q_s \tag{7.30}$$

式中，M 为新陈代谢产生的能量，kJ/h；W_k 为肌肉做功消耗的热量，kJ/h；$M-W_k$ 为人体产生净热量，kJ/h；q_e 为人体与环境间以汗液挥发方式散发的热量，kJ/h；q_r 为辐射散热，kJ/h；q_c 为对流散热，kJ/h；q_s 为蓄存于人体内的热量，kJ/h。式中，人体获得热量取"−"，热量散失取"+"。

当人体新陈代谢产热量、做功消耗热量以及散热量达到平衡时，蓄存于体内的热量 q_s 为零；产热量大于做功消耗以及散热量时人体蓄热量 $q_s > 0$，这时体温升高；反之，人体蓄热量 $q_s < 0$、体温降低。图 7.2 为不同散热方式散热量随环境温度的变化。该实验结果测量

对象为处于休息状态的着装男性，相对湿度45%，空气流动性差。纵坐标为人体单位时间获得的热量或散失的热量，横坐标为环境气温（干球温度）。

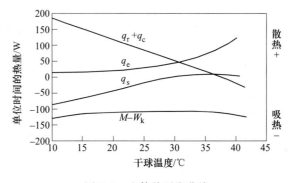

图7.2　人体热平衡曲线

由图7.2可见：（1）环境温度较低时，人体主要以对流和热辐射的方式向环境散热，即 q_r+q_c 为正值，但随着环境温度升高，q_r+q_c 减小，却仍为正值；同时，人体蒸发散热量 q_e 也为正值，但数值上小于对流、辐射的散热量 q_r+q_c；随着气温升高，蒸发散热量 q_e 与对流、热辐射散热量的差值减小。可见，环境温度升高，蒸发散热量 q_e 的比例逐渐增大，这时蓄存于人体内的热量 q_s 为负值，热量不会在人体内积蓄。（2）当环境温度较高时（大约超过30℃），$q_e > q_r+q_c$，说明温度较高时人体散热方式以蒸发散热为主，对流和热辐射散热方式减弱，这时人体蓄热量 q_s 为正值，热量在人体内蓄积；空气温度进一步升高，当超过人体体温后，环境空气以对流和热辐射方式对人体传热，q_r+q_c 变成负值。（3）大约在28℃时，达到中性点，即 $q_s=0$，这时人体散热达到热平衡。在其他温度条件下，人体蓄热量 $q_s \neq 0$。

按照图7.2，当气温为10℃时，按照热平衡方程，可得：$M-W_k=123W$，$q_e=18W$，$q_r+q_c=190W$，$q_s=-85W$。

图7.3为不同环境气温条件下对流散热量、辐射散热量与蒸发散热量的比例。图7.3

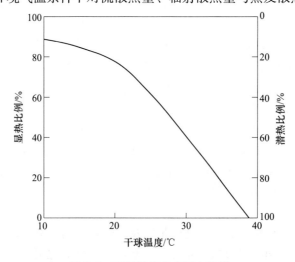

图7.3　不同散热方式所占比例

中横坐标为环境气温，纵坐标为人体散热量中的显热和潜热比例。其中显热对应于对流散热和热辐射，潜热对应于蒸发散热量。从图7.3可见，随着气温升高，蒸发散热逐渐成为主要散热方式。37.8℃（100℉）时，人体散热全部为蒸发散热方式。

体温降低和体温升高均会破坏人体热平衡状态，导致体温高于或低于正常体温，引起身体不舒适。因此人体热平衡关系与舒适性密切相关。对流、辐射以及蒸发是人体与环境热交换的三种方式，通过对流、辐射和蒸发三种方式的散热量主要与环境温度、湿度、风速以及气压等有关。气温较低时，对流和辐射作用加强，向外界环境散热；气温适中，人体感觉舒适，达到热平衡；气温超过28℃并接近体温时，对流和辐射作用减弱，汗液蒸发加强，舒适性降低；超过37℃，人体将从空气中吸热，容易引起中暑等。

井下气温一般应不超过28℃。舒适性较好的相对湿度在50%~60%，矿井相对湿度较高，一般在80%~90%。矿井气候条件调节一般从温度和风速两个方面进行调节，矿井温度升高时可以提高风速便于降温，反之温度较低时减小风速便于保暖。

7.2.1.2 环境热应力及人体热适应能力

人体对于热湿环境的热应力具有一定的适应性，也就是说，当人体代谢产生的热量无法与周围环境达到热平衡时，人体为了维持自身正常体温，会具有一定的调节功能。当环境热应力升高时，人体尝试通过前述的热平衡机理来维持热平衡。人体对热应力的适应和调节可以用三个主要人体生命体征来表示，即人体深层温度、心跳以及出汗率，其中，深层温度最关键。人体深层温度的微小变化（升高或降低）是人体热病的早期预警和症状。美国ACGIH（美国工业卫生学家协会）推荐热环境中作业人员的人体深层温度上限值为38℃（100.4℉）。心率指标也是人体热病的表征指标，但是当环境热应力较低时敏感性差。三个指标中，出汗率指标应用最广泛，原因在于这个指标易于观测和测量，并且在轻微热环境中敏感性好。但是出汗率在高热应力环境中可靠性降低。评价热环境极限值的重要影响因素是人员不同的忍耐度，个体对热环境的忍耐度随着个体的不同存在一定的差异。

在矿井热环境下采取如下相关措施，有助于人体按照热调节机理达到和保持与热环境之间的换热平衡：着装轻便、透气性好，有助于对流、辐射以及蒸发散热；提供足够的风量有助于人体散热，特别对人体蒸发散热效果显著，但也应注意风速不能过大，尤其是当气温高于体温时，加大风速反而使得人体通过对流、热辐射获得更多的环境热量；开展井下作业人员对热环境的适应性训练，提高人体热适应能力。热适应训练应逐步安全、有计划地实施，如5~8天以上为一个循环，工作量从50%开始，每天增加10%。其他措施包括合理安排工作和休息时间、补充盐水和维生素C。

尽管人体对环境热应力有其固有的抵御能力，而且也采取了一定预防措施，但是矿井热害导致的热病是不能完全避免的，因此很有必要了解矿井热害导致的相关热病症状，如身体脱水，盐缺失；由湿热引起的热疹、水泡或皮肤感染；热痉挛（痉挛、恶心、头晕）；热衰竭（昏厥、昏迷）；体温升高，中暑（体温高于40℃，停止汗液挥发，导致昏迷或死亡）。

7.2.2 矿井气候参数

矿井气候参数主要包括温度、湿度、风速以及气压等，矿井气候条件影响人体热平衡。衡量矿井气候条件，应考虑矿井气候参数的综合作用。

温度是表征矿井气候条件的主要参数之一。矿井通风一般处于地表不深的地带，通风风流来源为地表空气，因此受地表空气温度影响较大。矿井深度越浅，风流温度受地表气温影响越大。我国北方地区冬季矿井进风段解冻以及南方地区夏季进风段结"露"现象，都较典型地反映了地表气温对矿井温度的影响。矿井越深，岩石与矿井空气换热越充分，地表气温的影响逐渐减弱。影响矿井空气温度的因素较多，主要包括围岩散热、地下水沟热水散热、空气自压缩热、机电设备散热、氧化散热以及人体散热。一般情况下，风流温度的变化主要取决于围岩与空气的温差以及岩石的热导率。岩石与空气的热交换有传导、对流和辐射三种，其中热传导、对流占主导。

矿井空气属于湿空气，是由干空气和水蒸气混合而成的。湿度的表示有绝对湿度、相对湿度以及含湿量。含湿量是指含有 1kg 干空气的湿空气中水蒸气的含量。虽然矿井风流中水蒸气的含量仅占 0.5%~2%，但空气湿度对矿井气候的好坏起决定性影响。矿井空气湿度对人体散热的影响在高气温环境下尤为明显，因为在高温时汗液挥发是人体散热的主要方式，若环境湿度较高，则汗液蒸发困难，造成人体蓄热。研究表明，在高温环境中，相对湿度每增加 10%，相当于气温升高 1~1.5℃。

风速同样影响矿井气候。风速对气温起着调节作用，体现在一定气温条件对应有适应的风速。也就是说，矿井风速应与矿井气温相适应，否则，影响舒适性。提高风速尽管可以提高蒸发和散热强度，但当风速提高到一定程度时（高于 5m/s），对人体反而有害。特别是当环境温度高于人体温度时，加大风速不利于人体散热。另外，安全规程中规定的最低排尘风速、最高容许风速等数值，主要考虑了粉尘排放效果及人体安全，与气候条件关系不大。

空气压力对矿井气候的影响没有前三个参数重要。它在矿井气候测量中的主要作用是确定矿井风流密度。湿空气压力等于所含干空气压力与水蒸气压力之和。

环境舒适性是人体自身对热平衡的主观体验。矿井气候不仅影响人体热平衡，而且对劳动生产率和安全生产状况有较显著影响。矿井气候条件对工作人员健康、安全以及劳动生产率的影响会随着气温上升而加剧。井下潮湿环境中气温不超过 28℃ 为宜，因为在高温高湿气候条件下作业，中枢神经系统会受到抑制，引起注意力、判断力和反应能力降低。研究表明，当矿井空气温度超过规定的标准值时劳动生产率会逐渐降低，同时工伤事故数量也会增加。据相关试验数据，当矿井工作地点空气温度超过标准值后，气温每超过标准值 1℃，劳动生产率降低 6%~8%；气温每增高 1~2℃，每千人工伤频数会增加一倍。因此，在高温环境下劳动生产率定额应相应降低。

7.2.3 矿井热环境评价指标

矿井热环境评价指标也称舒适性指标。评价矿井气候条件的指标较多，有直接评价指标，也有基于经验的指标，主要是基于某种热力参数来进行评价，分别介绍如下。

7.2.3.1 直接评价指标

所谓直接评价指标（direct index），是建立在单一焓湿测量（psychrometric measurement）基础上而建立的热负荷评价标准。这类评价指标的特点主要是易于测量，指标测量所需仪器较多，但不能反映所有气候参数的综合影响。这类指标相对目前应用来讲显得过时和陈旧。

A 干球温度

干球温度（dry-bulb temperature，t_d）是影响人体健康、安全以及生产效率的主要气象参数之一，是常用的气象条件评价指标，不能全面反映气象参数的综合作用。但由于井下环境湿度较大，且变化情况比较稳定，干球温度能从一定程度客观反映气候条件状况。另外由于其使用方便，以前大多数国家常采用干球温度作为评价指标。使用干球温度作为评价指标时，应结合风速进行辅助评价。

B 湿球温度

湿球温度（wet-bulb temperature，t_w）是衡量矿内空气气温以及潮湿程度的一个指标，综合体现了气温和湿度两个气候参数对人体散热和舒适性的影响。相同气候条件下，空气湿球温度总是不超过相应的干球温度。当空气中水蒸气饱和时，湿球温度等于干球温度；当空气中水蒸气达不到饱和时，湿球温度小于相应的干球温度；湿球温度与干球温度的差值反映了空气的潮湿程度，差值越大说明空气越干燥，水分越容易挥发。也就是说，假设干球温度一定，如果空气越干燥，湿球温度数值越低；如果空气越潮湿，湿球温度数值越高，但不会超过相应的干球温度。

显然，当湿球温度不高时，体力劳动产生的热量容易散失到环境中，易于达到人体热平衡，舒适性增加。当湿球温度较高时，体力劳动的散热比较困难，难于达到热平衡，舒适性降低。特别是当空气流动性差（风速低）而相对湿度较高时，用湿球温度衡量环境条件是简单、实用而且比较客观、合理的方法。但是，当空气流速高、干球温度高的情况下，仅用湿球温度就不能客观反映矿井气候条件的真实状况。

矿井环境的湿球温度与干球温度一样，很容易通过干湿温度计进行测量。

7.2.3.2 经验评价指标

经验指标（empirical index）主要是基于实际或者实验的一类评价指标，这类指标在热环境评价中应用的历史很长而且目前应用也很广泛。这类指标通常考虑的因素较多，属于多因素指标，一般能较好地评价环境热应力，评价结果与热环境状态的相关性较好。与直接指标相比较，这种指标则缺乏理论指导。

A 卡他度 K

卡他度（kata thermometer）是评价作业环境舒适性程度的一个综合性指标。由英国希尔等人提出。卡他度用卡他计来测量，采用模拟方法度量环境对人体散热的效果，可以综合反应因对流、辐射以及蒸发三者作用下的散热量。卡他度单位为 W/m^2，可以看出，卡他度表示的是单位面积、单位时间的散热量。卡他计是一种特殊的酒精温度计，下端储液球比普通气温计要大，上端有一个小液球，管壁上仅有两个刻度值，分别为 38℃和 35℃。测定时，先将下端液球放入 60~80℃ 的热水中加热，直至液面上升到上端小液球空间 1/3 处取出，悬挂在要测定的环境中，记录液面从 38℃ 下降到 35℃ 经过的时间 t（单位 s），每个卡他计有不同的卡他常数 K_0（单位 J/m^2），据此可计算卡他度数值 K，如下式所示：

$$K = K_0/t \tag{7.31}$$

式中，K 为干卡他度 K_d 或湿卡他度 K_w，$mcal/(cm^2 \cdot s)$；K_0 为卡他计常数，表示由 38℃

下降到35℃时储液球每平方厘米的散热量，mcal/cm²；t为液面从38℃下降到35℃的时间，s。

相同气候环境下，用卡他计分别测得湿卡他度数值和干卡他度数值，前者总是大于等于后者。显然，卡他度数值越大，说明散热条件越好。不同劳动强度对卡他度要求不同，劳动强度越大，卡他度数值越大。相同劳动强度下由于考虑了蒸发散热，因此湿卡他度大于干卡他度，见表7.7。

表 7.7　劳动强度与卡他度的关系　　　　　　　　　　（mcal/cm²·s）

劳动强度	轻微劳动	一般劳动	繁重劳动
干卡他度	>6	>8	>10
湿卡他度	>18	>25	>30

注：1cal=4.1868J。

卡他计也许是最早用来测量环境冷却能力的仪器，南非使用这个评价指标。湿卡他计能很好地模拟人体在湿热环境中的散热情况，但是卡他计最大的缺陷是对空气的流动太敏感，即对风速敏感。有学者认为，等效温度与湿卡他度相比，能更好地评价环境舒适性。

B　等效温度 t_e

在风速为零、相对湿度为100%的条件下，使人产生某种热感觉的空气干球温度（饱和气温），代表使人产生同一热感觉的不同风速、相对湿度和气温的组合，该饱和气温定义为等效温度。等效温度可以看成是相对湿度100%、空气静止时，人体感觉舒适的空气干球温度，也称为有效温度、实效温度、感觉温度、同感温度等。从理论上讲，等效温度能够反映温度、湿度以及风速等气候参数的综合作用效果，开始被应用于室内采暖与降温领域，是一种基于人的直观感觉指标。等效温度与气温、湿度以及风速有关，这一点与湿卡他度类似，与湿卡他度对环境条件的反应具有一致性，只是湿卡他度受温度和风速的影响比等效温度更敏感。湿卡他度和等效温度同时使用，有利于对环境气候条件做出综合判断。等效温度与人体主观热感觉的关系见表7.8。

表 7.8　等效温度与人体生理反应（热感觉）对应表

等效温度/℃	热感觉	生理学作用	机体反应
42~40	很热	强烈的热应力影响出汗和血液循环	面临极大的热击危害，妨碍心脏血液循环
35	热	随着劳动强度增加出汗量迅速增加	心脏负担加重，水盐代谢加快
32	稍热	随着劳动强度增加出汗量增加	心跳增加，稍有热不适感觉
30	暖热	以出汗方式进行正常体温调节	没有明显不适感
25	舒适	靠肌肉的血液循环来调节	正常
20	凉爽	利用衣服加强显热散热和调节	正常
15	冷	鼻子和手的血管收缩	黏膜皮肤干燥
10	很冷		肌肉疼痛，妨碍表皮血液循环

等效温度可以根据环境的干球温度、湿球温度以及风速从等效温度计算图7.4中查出，也可按公式计算。

【例题】干球温度为32℃，湿球温度为30.3℃，风速为0.8m/s时，求对应的等效温度。

可在图 7.4 中将干球温度坐标中的 32℃ 点与湿球温度坐标轴上的 30.3℃ 点连线，与风速为 0.8m/s 的等效温度曲线相交，可查出对应的等效温度为 29.1℃。

当干湿球温差大于 5℃，湿球温度为 25~35℃、风速在 0.5~3.5m/s 的范围内时，也可以按公式（7.32）计算等效温度。

$$t_e = [20.86 + 0.354t_w - 0.133v + 0.0707v^2 + (4.12 - X_1 + X_2)]/0.4129 \quad (7.32)$$

式中，X_1、X_2、X_3 为组合参数，即 $X_1 = 8.33[17X_3 - (X_3 - 1.35)(t_w - 20)]/[(X_3 - 1.35)(t_d - t_w) + 141.6]$，$X_2 = 5.27 + 1.3v - 1.15\exp(-2v)$；$X_3 = 4.25[(t_d - t_w)X_3 + 8.33(t_w - 20)]/[(X_3 - 1.35)(t_d - t_w) + 141.6]$，$v$ 为风速，m/s；t_d、t_w 分别为对应的干球温度和湿球温度，℃。

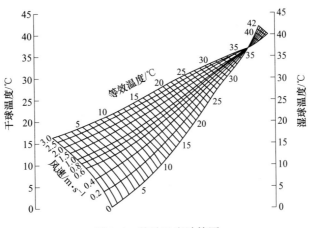

图 7.4 等效温度计算图

C 热应力指数 HSI

热应力指数又称为热强指数（heat stress index），是以热交换和个体热平衡为基础，加入劳动强度因素的综合性评价指标，它是表示人体维持热平衡所需的通过皮肤的实际蒸发热损失与可能的最大蒸发热损失之比。热应力指数可以表示为

$$HSI = E_H \times 100\%/E_W \quad (7.33)$$

式中，E_W 为人体的排汗量不超过 1L/h、皮肤温度 35℃ 时，由出汗蒸发形成的最大散热率；E_H 为维持人体热平衡所必需的散热率。

热应力指数可以用曲线图表示。如图 7.5 所示，重体力劳动 $A_1 = 0.5$m/s、$A_2 = 1.25$m/s、$A_3 = 2.5$m/s，中体力劳动 $B_1 = 0.5$m/s、$B_2 = 1.25$m/s、$B_3 = 2.5$m/s，轻体力劳动 $C_1 = 0.5$m/s、$C_2 = 1.25$m/s、$C_3 = 2.5$m/s，该曲线表示不同劳动强度所许可的气候条件。

曲线图 7.5 中，A、B、C 代表不同劳动强度条件下的风速曲线。如湿球温度为 30℃，相对湿度为 90%，干球温度 31.8℃，风速 B_2 为 1.25m/s 的条件下，可进行中等强度劳动；当干球温度为 36℃，相对湿度 45%，风速 B_1 为 0.5m/s 的条件下，可进行中等强度体力劳动；当湿球温度超过 32℃，此时热应力指数 HIS 已经超过 100，仅能从事轻体力劳动。热应力指数在欧美各国比较常用。

热应力指数 HSI 还可按照下式计算：

$$HSI = [M_{sk} - (R + C)] \times 100/E_{max} \quad (7.34)$$

式中，R 为人体与环境的辐射热交换，W/m^2；C 为人体与环境的对流热交换，W/m^2；M_{sk} 为人体净产热率与呼吸热损失的差值，W/m^2；E_{max} 为皮肤最大热损失，W/m^2。

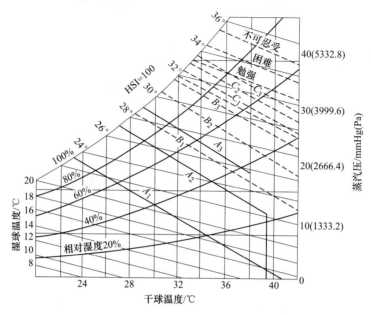

图 7.5 热应力指数 HSI 曲线

实际求热应力指数 HSI 时，还规定了皮肤平均温度 35℃。当环境的 HSI 大于 100 时，意味着人体开始蓄热，体温上升，这种热环境是难以忍受的。当环境热应力指数 HSI 小于 0 时，人体开始失去热量，体温下降，容易形成冷害。

D   湿球黑球温度 WBGT

湿球黑球温度（wet-bulb-globe temperature index）是以干球温度、湿球温度以及黑球温度计分别测得的温度按照一定比例进行加权求和算出的温度指标。黑球温度是包含了周围环境的气温、热辐射等综合因素，其温度大小间接表示了人体对周围环境感受的辐射热情况。它是一种体感温度，在相同的体感之下可比气温高 2~3℃。湿球黑球温度综合了温度、湿度、风速和热辐射四项指标，湿球黑球温度指数 WBGT 可按下式计算：

$$WBGT = 0.7t_w + 0.2t_B + 0.1t_d$$

在矿井条件下，该指数可写成：

$$WBGT = 0.7t_w + 0.2t_B \tag{7.35}$$

式中，WBGT 为湿球黑球温度指数，℃；t_w 为湿球温度，℃；t_B 为黑球温度，℃；t_d 为干球温度，℃。

E   PMV-PPD 指标

PMV 称为预计的平均热感觉指数，PPD 为预计不满意者的百分数。这种评价方法即采用预计的平均热感觉指数和预计不满意者的百分数综合评价热环境。PMV 指标是由丹麦学者 P. O. Fanger 提出的表决人体热舒适性的指标，借助分析测试对象的热感觉表决票来取值。该指标综合考虑了人体活动情况，衣着情况，空气温度、湿度和风速以及平均辐射温度等六个因素。根据人体热平衡原理，确定出 PMV 指数的数学表达式，可参考杨德源等的《矿井热环境及其控制》，在此不再赘述。PMV 指标作为一种度量热感觉的尺度，采用七级热感觉标尺，见表 7.9。

表 7.9 PMV 指标值与热感觉的对应关系

指标值	+3	+2	+1	0	−1	−2	−3
热感觉	热	暖和	稍热	中性舒适	稍凉	凉	冷

PMV 指标仅代表了绝大多数人对同一环境的舒适感觉，由于个体之间对于热舒适性感觉的差异，这种大多数人表决的舒适环境，少数人对此环境并不满意。因此采用 PPD 指标来表示对热环境不满意的百分数。PMV 与 PPD 之间存在一定的统计学关系。

$$PPD = 100 - 95[-(0.3353PMV^4 + 0.2179PMV^2)] \tag{7.36}$$

由表 7.9 可知，舒适状态正好位于七个等级中心，热感觉标尺是以 PMV = 0 为最佳状态，在数值上对称分布。当 PMV = 0 时，PPD = 5%，表示室内环境处于最佳状态，但是有 5% 的受试者感到不满意。PMV-PPD 指标尽管可以较全面地反映出环境参数的综合作用，但比较复杂，多用于建筑热环境评价，在矿井中的应用和研究尚不多见。

7.2.3.3 理论型评价指标

比冷却力（specific cooling power）也叫空气冷却度，比冷却力是一种理论型热应力评价指标，用 SACP 表示。该指标建立在传热学基础上，表示环境通过辐射、对流、传导、蒸发等方式对人体皮肤表面（面积 $1.75m^2$）的最大冷却能力，单位为 W/m^2，是一种理论型评价指标。这个评价指标在 20 世纪 70 年代提出。从物理意义上讲，比冷却力和卡他度均为表征空气冷却度的指标，目前还没有直接测量比冷却力的仪器，但是湿卡他温度计可以提供近似值，也就是说，湿卡他度与比冷却力的大小相关联。

比冷却力与人体的能量代谢率相适应，指人体与周围环境的最大热交换速度。比冷却力与湿球温度及风速之间的关系曲线如图 7.6 所示。利用该关系可以确定湿球温度与风速对人体散热的联合等效作用。例如，湿球温度为 32℃、风速为 0.25m/s 时的空气比冷却力为 $80W/m^2$，说明该环境只适应能量代谢率不超过 $80W/m^2$ 的轻体力劳动。

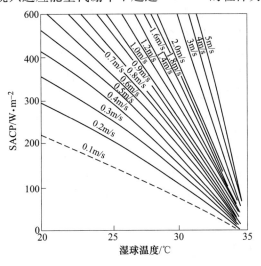

图 7.6 比冷却力与湿球温度、风速的关系图

7.2.4　评价指标的比较

7.2.4.1　干球温度

干球温度最容易测定，也是应用最广的气候参数。但是不能全面反映高温、高湿矿井的热环境特点以及空间环境中人体的热感觉。

7.2.4.2　湿球温度

湿球温度能够体现气温和湿度对人体散热的影响。在干球温度较高、湿度较低的环境中进行体力劳动时仍然感觉舒适性较好，说明湿球温度不高。但在气温不太高的环境中如果湿度较高、劳动感觉到吃力时湿球温度较高，而且湿球温度与干球温度越接近时散热条件越不好。可见，湿球温度指标在空气流动性差、湿度较高的环境中比较适用；在空气流速高、干球温度高的环境下，湿球温度对热环境评价偏差较大。

在矿内的热湿环境中，湿球温度能反映环境的热湿情况。据有关资料，在一定条件下 1℃ 湿球温度的变化对人体热舒适性的影响程度相当于 9.3℃ 干球温度变化的影响效果。

7.2.4.3　等效温度

在美、英等国，等效温度是应用最广的一种基于经验的环境热应力评价指标，不管是在一般工业企业还是在矿山作业环境都得到了比较广泛的应用。这个指标是由美国 ASHRAE 协会 1923 年提出的。等效温度将空气温度、湿度以及风速综合为一个单一经验指标，这个指标旨在等效反映人体对环境冷暖程度的主观感觉。等效温度的缺点也比较明显，没有充分考虑湿度以及风速的影响，这个缺陷在矿山环境，尤其高温高湿的深井环境中显得尤为明显。具体来说，该指标在低温环境下强调了湿度的作用，在高温环境中对湿度的影响估计不足，在 0.5~1.5m/s 的风速下等效温度值偏高，在高温高湿环境中没有考虑风速的影响；另外没有将辐射热包含在内，在热辐射环境下该指标的适用性受到限制。

尽管等效温度同样也可以反应温度、湿度和风速的综合作用，但是该指标与卡他度指标存在很大区别。

7.2.4.4　卡他度

卡他度利用卡他计模拟人体散热效果，实质上反映了空气冷却能力。卡他度是第一个通过测定空气冷却能力来评价热环境条件的指标。湿卡他度与干卡他度相比，更适用于评价高温矿井的热环境，原因在于湿卡他度测定的散热不仅反映了对流和辐射，也能反应蒸发散热，这与高温矿井人体散热的主要方式为蒸发散热吻合。

卡他度可以采用卡他计进行测量，也可以近似采用气温（干球温度）、风速、湿球温度确定。干卡他度与气温、风速的关系，湿卡他度与湿球温度、风速的关系，可通过相关实验得出相关经验公式。

卡他冷却能力相同的两个地点，人的舒适感觉不一定相同。产生这种差异的原因是卡他温度计散热面积比人体外表面散热面积小得多，它对低风速的敏感性要高于人体对低风速的敏感性。为弥补卡他度存在的缺陷，也有人采用湿球温度、空气流速和湿卡他度综合评价环境条件。

7.2.5　矿井热环境评价标准

由于人的热适应能力与其所处的大气环境有关，处于热带地区人员的适应能力大于处于寒带地区人员的热适应能力。因此，不同国家和地区的矿井热环境评价标准有较大的差异。

20世纪60年代以前针对矿井高温作业制定标准的国家主要有比利时、德国、荷兰、新西兰以及波兰等。最早制定矿井热环境指标及标准的是德国，通过法律规定干球温度不超过28℃，或者通过缩短作业时间来实现高温矿井作业限制。俄罗斯规定干球温度不超过26℃，英国规定有效温度为28℃，澳大利亚最高限值为湿球温度27℃，目前德国也采用湿球温度27℃为最大值。美国还没有法定的高温标准，但是推荐采用湿球温度，有些矿山采用有效温度作为评价指标，把21℃作为目标有效温度，极限值为27℃。以干球温度为衡量标准的国家还有波兰、荷兰、意大利以及日本等。总体上看，干球温度超过26℃的情况下，就应从限制作业时间甚至禁止作业等方面采取措施，预防热害。其中日本规定了干球温度超过37℃禁止作业。采用湿球温度衡量指标的还有新西兰等国家。一般情况下在湿球温度达到23℃以上时，开始考虑缩短工作时间，最高限值为27℃。匈牙利采用有效温度，规定允许值为26℃。也有采用黑球温度作为评价标准，一般要求在达到30℃以上，停止作业。

我国最早采用干球温度指标评价矿井高温环境，一般把26℃作为极限值，同时考虑风速的变化，当温度升高时，风速增加，当温度降低时，风速应降低。近年来在有关新规范中也有采用等效温度评价矿井热环境。

国家能源局发布的《矿井热环境测定与评价方法》NB/T 51008—2012，以等效温度（有效温度，综合了干球温度、湿球温度以及风速等）作为评级指标，并规定了适用于高温矿井的评价标准。采用井下人员作业场所等效温度进行热环境评价。生产矿井采掘工作面风流等效温度不应超过25℃，机电设备硐室风流等效温度不应超过28℃，否则应评价为热害环境。热环境评价等级与等效温度之间的对应关系见表7.10。按井下高温环境的热害等级，应相应地缩短作业人员工作时间，并给予高温津贴。

表7.10 高温矿井热环境评价

等效温度 t_e/℃	$t_e \leqslant 25$	$25 < t_e \leqslant 28$	$28 < t_e \leqslant 30$	$30 < t_e \leqslant 32$	$t_e > 32$
热害等级 D	0	1	2	3	4
影响	无影响	汗腺启动，通过渗汗散发积蓄的体温热量	心跳加快、血液循环加速，不能长时间工作	人体难以保证正常体温，很容易中暑，无法继续工作	极易中暑，需要紧急救护

总体上看，合理的矿井热环境评价指标既注重科学性，能客观反映矿井热环境的真实情况，又注重使用方便，避免指标的复杂性，便于实际使用。从矿井热环境评价指标来看，直接指标、经验指标以及理论性评价指标三者各有优缺点。基于各自的特点，直接指标目前已经很少单独使用，使用时一般会配合其他指标；经验性指标尽管出现时间较早，主要是基于实际经验和人的主观感受，缺少热力学方面的理论指导，但仍然是目前应用的主流指标；理论性指标目前应用不多，还处于发展阶段。

以上所讨论的各个指标，主要基于空气热力参数的舒适性评价指标，也就是传统意义上的热环境评估指标，没有考虑生理、心理及行为方面的因素。在热环境评价中，采用生理性指标、心理性指标以及行为性指标进行分析，也可以对热环境进行一定程度的评估。

7.3 矿井风流热湿交换及风温预测

7.3.1 风流热湿交换理论基础

矿井热湿交换理论是研究矿井风流通过井巷与环境进行热、质交换规律的理论，是矿井降温基本理论的重要组成部分，是矿井降温设计的基础。矿井风流热湿交换不仅涉及传热理论，而且与传质理论密切相关。

7.3.1.1 传热理论基础

物体之间或者物体内部有温差就会有热量转移现象发生。热量总是从温度高的物体传到低温物体，并最终使温度趋于一致的现象称之为传热。热传导（heat conduction）、热对流（heat convection）和热辐射（heat radiation）是传热的三种方式。

热传导是指物质各部分没有相对位移，只是通过各部分直接接触而发生的热量传递。单纯的热传导只会发生在密实的固体内部，而对于流体（液体和气体），当存在温差时，就会发生对流现象，难以维持单纯的热传导。在地下矿山通风过程中，地热从井巷围岩深部原始岩温区域向已被冷却的岩壁进行传递的现象，属于典型的热传导现象。

流体一旦流动，热量随之移动，这种现象称为热对流，也称对流换热。对流换热包含了流体分子热扩散的热传导以及热焓随流体的迁移过程。这两种热量传递过程，工程上称为热对流。矿井研究的热对流，最常见巷道风流与岩壁间的对流换热，也称为岩壁向风流的放热。

热辐射又称为温度辐射。热辐射很少在地下矿山热交换过程起重要作用，因此热传导和热对流是讨论的重点。

A 热传导

矿井中典型的热传导过程包括井巷围岩原始岩温区域与岩壁间、风筒内外壁之间、水管内外壁之间等热传递。热传导可以分为稳定热传导和不稳定热传导两种类型。

a 稳定热传导

稳定热传导指物体各点温度不随时间 τ 发生变化的热传导过程。一维稳定热传导方程为

$$q = \lambda \frac{t_1 - t_2}{\delta} \tag{7.37}$$

式中，q 为通过均质厚板（板的长度和宽度远大于厚度）的热流密度，W/m^2；λ 为导热系数，$W/(m \cdot ℃)$，也叫热传导率、热导率，物理意义为单位截面或长度的材料在单位温差或单位时间下直接传导的热量，是物体导热能力的热物理参数，导热系数的倒数称为保温系数；δ 为厚板的厚度，m；t_1、t_2 分别为厚板两侧的温度，℃。

b 不稳定热传导

不稳定热传导指物体内部各点温度随时间 τ 变化的热传导过程。一维不稳定热传导方程为

$$q = -\lambda \frac{\partial t}{\partial x} \tag{7.38}$$

式中，各量的物理意义基本同式（7.37）。

c 温度场及其数学表达

同一时刻物体内各点温度分布的状况称为温度场。$t=f(x)$、$t=f(x,\tau)$、$t=f(x,y,z)$、$t=f(x,y,z,\tau)$ 分别称为一维稳定温度场、一维不稳定温度场、三维稳定温度场、三维不稳定温度场。同一时刻，温度场中所有温度相同的点连接构成的面称为等温面，不同的等温面与同一平面相交，则在此平面上形成的一簇曲线叫等温线。两个等温面之间的温度增加率，即沿着等温面法线方向上每米距离温度的增加量，称为温度梯度。

假设研究对象为各向同性的连续介质，温度场的数学表达式可用微分方程表示。下面分别给出直角坐标系和圆柱坐标系条件下的热传导基本微分方程。

（1）直角坐标系不稳定热传导基本微分方程：

$$\frac{\partial t}{\partial \tau} = \alpha \left(\frac{\partial^2 t}{\partial x^2} + \frac{\partial^2 t}{\partial y^2} + \frac{\partial^2 t}{\partial z^2} \right) \tag{7.39}$$

式中，α 为导温系数，m^2/s，$\alpha = \lambda/c\rho$，也叫热扩散系数、热扩散率，是物体特有的热物性值，表示在加热或冷却时物体各部分温度趋向于一致的能力；导温系数越大，温度变化传播速度越快，物体内部温差越小；c 为比热容，$J/(kg \cdot ℃)$，对于固体和不可压缩液体，比定压热容等于比定容热容，即 $c_p = c_V = c$；ρ 为物体的密度，kg/m^3；λ 为导热系数，$W/(m \cdot ℃)$，也叫热导率、热传导率。该式也称为傅里叶热传导方程式。

矿井中常用圆柱坐标系不稳定热传导微分方程，便于简化巷道围岩热传导温度场问题。

（2）圆柱坐标系不稳定热传导微分方程：

$$\frac{\partial t}{\partial \tau} = \alpha \left(\frac{\partial^2 t}{\partial r^2} + \frac{1}{r} \cdot \frac{\partial t}{\partial r} + \frac{1}{r^2} \cdot \frac{\partial^2 t}{\partial \varphi^2} + \frac{\partial^2 t}{\partial z^2} \right)$$

若 φ、z 方向温度没有变化，上式可简化为：

$$\frac{\partial t}{\partial \tau} = \alpha \left(\frac{\partial^2 t}{\partial r^2} + \frac{1}{r} \cdot \frac{\partial t}{\partial r} \right)$$

若温度不随时间变化，即：

$$\frac{\partial t}{\partial \tau} = 0$$

则稳定热传导方程为：

$$\frac{\partial^2 t}{\partial r^2} + \frac{1}{r} \cdot \frac{\partial t}{\partial r} = 0 \tag{7.40}$$

解以上微分方程，可以得出物体内部温度场分布规律。对温度分布按照式（7.38）进行微分，就可解出流经任意位置的热流密度 q。圆柱坐标系条件下 φ、r、z 三个方向的热流密度 q_φ、q_r、q_z 分别为：$q_\varphi = -\lambda \cdot \partial t/(r\partial \varphi)$、$q_r = -\lambda \cdot \partial t/\partial r$、$q_z = -\lambda \cdot \partial t/\partial z$。

B 热对流与对流换热

热对流是指流体中温度不同的各部分物质在空间发生宏观相对运动引起的热量传递现象。热对流通常不能以独立的方式传递热量，必然伴随着热传导过程。固体表面与接触的流体间存在温差时所产生的热迁移，称为对流换热。对流换热与流体的流动机理密不可分，同时，导热也是物质的固有本质，因而对流换热是流体的宏观热运动（热对流）和微观热运动（热传导）联合作用的结果。

流体与固体壁面之间对流传热的热流与它们的温度差成正比。这种关系可采用对流换热基本计算式定量表述，也叫牛顿冷却公式：

$$q = h(t_{BM} - t_d) \tag{7.41}$$

式中，q 为热流密度，W/m^2；h 为对流换热系数，也称表面换热系数、散热系数、放热系数，$W/(m^2 \cdot ℃)$；t_d 为流体温度，$℃$；t_{BM} 为固体表面温度，$℃$。

热流密度表示单位面积的固体表面与流体之间在单位时间内交换的热量。若已知热流密度 q，则可算出单位时间固体表面积 A 的传热量 $Q = qA$。

对流换热系数 h 与导热系数 λ 不一样，其物理意义是指在单位面积固体表面上，当流体与壁面之间的温差为 $1℃$ 时，单位时间所传递的热量。该参数不仅与流体性质（比热容、密度、动力黏度系数、导热系数等）及其流动状态（风速、风温）等因素有关，还与固体表面几何尺寸与形状等有关，是一个综合参数，是过程量不是物性值。

实际中对流换热系数的影响因素众多，参数本身的变化范围很大，因此以上牛顿冷却公式只能看作是对流换热系数（传热系数）的一个定义式。它既没有揭示影响对流换热的诸因素与换热系数之间的内在联系，也没有给工程计算带来任何实质性的简化，只不过把问题的复杂性转移到对流换热系数的确定上去了。因此，在工程传热学计算中，主要任务是计算对流换热系数，其计算方法主要有实验求解法、数学分析法和数值分析法。由于该参数影响因素的复杂性，理论上很难加以确定。因此，对流换热系数通常采用实验求解法，实验依据为相似理论和量纲分析理论。把影响对流换热系数的众多变量分成几个数群，这种数群称为相似准则，是无因次的。通过相似实验，可以获得对流换热系数满足的无量纲关系式。

对于圆管内的紊流，可采用下式计算对流换热系数：

$$Nu = 0.023Re^{0.8}P^{0.4}r \tag{7.42}$$

式中，Nu 为努塞尔数，$Nu = hd/\lambda$，反应对流放热强度的准则，是无量纲（无因次数）参数，表示流体内部导热热阻与流体相对于固体壁面的对流热阻的比值；h 为圆管壁表面与流体的对流换热系数，$W/(m^2 \cdot ℃)$；λ 为流体导热系数，$W/(m \cdot ℃)$；d 为管道内径，m；Re 为雷诺数，$Re = \rho Vd/\nu$，是无量纲（无因次数）参数，反应流体受迫流动的准则；ρ 为流体密度，kg/m^3；V 为空气流速，m/s；ν 为空气运动黏度，m^2/s；Pr 为普朗特数，$Pr = \nu/\alpha = \nu c\rho/\lambda$，是无因次数（无量纲）参数，反应流体物性参数的准则，表示流体物理性质对对流换热的影响；α 为流体导温系数，m^2/s，$\alpha = \lambda/c\rho$；c 为比热容，$J/(kg \cdot ℃)$。

由于对流换热系数表示的是固体表面与流体的对流换热强度，因此以上公式中不包含固体的物性参数。

C 复合传热

如果传热过程既涉及到固态内部的热传导过程，同时也涉及到固态表面与流体的热对流过程，这个传热过程称为复合传热过程。井巷围岩与风流之间的传热过程、风筒内外风流的传热过程都涉及到复合传热过程。

以下讨论复合传热过程不随时间变化的稳态过程，以厚板及在其旁侧流体为例讨论，说明复合传热过程。

a　厚板单侧流动的复合传热过程

厚板中的热传导过程，即为厚板壁面与流体之间为热对流过程。依据热传导过程中流过厚板的热流密度 q 等于对流换热过程中厚板壁面传递给流体的热流密度 q，有：

$$q = \lambda \frac{t_1 - t_{BM}}{\delta} = h(t_{BM} - t_d)$$

则厚板壁面温度：

$$t_{BM} = \frac{\frac{\lambda}{h\delta}t_1 + t_d}{\frac{\lambda}{h\delta} + 1} \tag{7.43}$$

式中，q 为热流密度，W/m^2；λ 为流体导热系数、热导率或热传导率，$W/(m \cdot ℃)$；δ 为厚板厚度，m；h 为对流换热系数，$W/(m^2 \cdot ℃)$；t_1，t_{BM} 分别为厚板两侧的温度，其中后者为对流换热处壁面温度，℃；t_d 为流体温度，℃。

由公式 (7.43) 可见，对流换热系数 h 增大，壁面温度 t_{BM} 越接近于流体温度 t_d，即随着对流换热系数 h 增大，壁面温度 t_{BM} 降低；厚板中温度梯度 $(t_1 - t_{BM})/\delta$ 加大，放热量 q 增大。因此，壁面处的对流换热强度对厚板内部温度场有影响。

b　厚板双侧流动的复合传热过程

厚板和冷、热流体同时接触，冷、热流体位于厚板两侧，即复合传热过程包括热流体与厚板一侧壁面的对流换热过程、厚板内部的热传导过程以及厚板另一侧壁面与冷流体的对流换热过程。同样，可利用热量守恒关系，即热流体通过对流换热传递给厚板一侧的热量等于厚板中热传导的热量，也等于厚板另一侧通过对流传递给冷流体的热量。可推导出复合传热方程式如下：

$$q = K(t_{d1} - t_{d2}) \tag{7.44}$$

式中，q 为热流密度，W/m^2；t_{d1}，t_{d2} 分别为厚板两侧热、冷流体温度，℃；K 为传热系数，$W/(m^2 \cdot ℃)$。

传热系数 K 和传热热阻率 R 互为倒数，计算式分别如下：

$$K = (1/h_1 + \delta/\lambda + 1/h_2)^{-1} \tag{7.45}$$
$$R = (1/h_1 + \delta/\lambda + 1/h_2) \tag{7.46}$$

式中，K 为传热系数，$W/(m^2 \cdot ℃)$；R 为传热热阻率，$(m^2 \cdot ℃)/W$；λ 为厚板导热系数、热导率，$W/(m \cdot ℃)$；δ 为厚板厚度，m；h_1、h_2 分别为热流体一侧对流换热系数和冷流体一侧对流换热系数，$W/(m \cdot ℃)$。

式 (7.46) 说明，厚板传热热阻是由厚板内的导热热阻与厚板两侧的对流放热热阻叠加而成。从而可得到所谓的平壁传热过程各环节（平壁两侧流体的对流换热环节、平壁的导热环节）的热阻，见表 7.11。

热阻表示热量在热流路径上遇到的阻力，反映介质或介质间的传热能力的大小。热阻按传热过程不同，可分为导热热阻、对流换热热阻以及辐射热阻。热阻率表示单位换热面积上的热阻值，单位为 $(m^2 \cdot ℃)/W$。

表 7.11　平壁传热过程各环节热阻

单位	导热热阻	对流换热热阻	传热过程热阻
整体换热面的热阻 /℃·W^{-1}	$\dfrac{\delta}{\lambda A}$	$\dfrac{\delta}{hA}$	$\dfrac{R}{A}=\dfrac{1}{h_1 A}+\dfrac{\delta}{\lambda A}+\dfrac{1}{h_2 A}$
单位换热面的热阻 /m²·℃·W^{-1}	$\dfrac{\delta}{\lambda}$	$\dfrac{1}{h}$	$R=\dfrac{1}{h_1}+\dfrac{\delta}{\lambda}+\dfrac{1}{h_2}$

热电类比是传热学中的常用方法，即将电学中欧姆定律及电路中电阻串并联理论应用于传热学热量传递现象的研究。对于热阻的分析可以采用热电对比的方法，热流密度、温差、热阻之间的关系相当于电流强度、电压和电阻的关系。热路和电路的相似性见表 7.12。

表 7.12　热路和电路的相似性

项目	转移驱动力	转移阻力	转移量	基本定律
电学	电压 $\Delta U(\mathrm{V})$	电阻 $R(\Omega)$	电流强度 $I(\mathrm{A})$	$I=\Delta U/R$
传热学	温差 $\Delta t(\text{℃})$	热阻 R（℃/W）	热流密度 $q(\mathrm{W/m^2})$	$q=\Delta t/R$

c　圆筒壁的复合传热过程

圆筒壁单位长度换热系数 K：

$$K=\cfrac{1}{\cfrac{1}{\pi d_1 h_1}+\cfrac{1}{2\pi\lambda}\ln\cfrac{d_1}{d_2}+\cfrac{1}{\pi d_2 h_2}} \tag{7.47}$$

圆筒壁单位长度热阻 R：

$$R=\cfrac{1}{\pi d_1 h_1}+\cfrac{1}{2\pi\lambda}\ln\cfrac{d_1}{d_2}+\cfrac{1}{\pi d_2 h_2} \tag{7.48}$$

圆筒壁单位长度热流密度 q：

$$q=K(t_{d1}-t_{d2})=\cfrac{(t_{d1}-t_{d2})}{\cfrac{1}{\pi d_1 h_1}+\cfrac{1}{2\pi\lambda}\ln\cfrac{d_1}{d_2}+\cfrac{1}{\pi d_2 h_2}} \tag{7.49}$$

式中，d_1 为圆筒内径，m；d_2 为圆筒外径，m；其余符号意义同式（7.44）~式（7.46）。

推广到多层筒壁情况，单位长度热流密度可采用下式计算：

$$q=K(t_{d1}-t_{d2})=\cfrac{(t_{d1}-t_{d2})}{\cfrac{1}{\pi d_1 h_1}+\sum_1^n\cfrac{1}{2\pi\lambda_i}\ln\cfrac{d_i}{d_{i+1}}+\cfrac{1}{\pi d_2 h_2}} \tag{7.50}$$

矿井典型圆筒壁复合传热过程包括局部通风方式中风筒传热过程以及水管传热过程。

7.3.1.2　空气与自由水面接触时的热湿交换

A　热湿交换原理

当空气与水直接接触时，在自由水面附近或水滴周围，会形成饱和空气边界层，其温度等于水表面温度。如果边界层温度大于周围空气温度，则由边界层向周围空气传热，反之，由周围空气向边界层传热。

边界层内饱和水蒸气压力（水蒸气分子浓度）取决于边界层饱和空气温度。如果边界层水蒸气压力大于周围空气水蒸气分压力（边界层内外的水蒸气分子浓度存在类似关系），边界层水蒸气分子向周围空气扩散，水中分子会不断脱离水面进入边界层，这个过程就是水不断向空气中蒸发的过程。反之，边界层中过饱和的水蒸气会发生凝结现象，过多的水蒸气分子将回到水面。水的蒸发和凝结现象属于空气与水接触的湿交换过程，属于传质过程。

水蒸气从浓度高的区域向水蒸气浓度低的区域进行转移，是在水蒸气浓度差或水蒸气分压差的作用下完成的。因此，水蒸气分压差（水蒸气浓度差）是产生湿交换（传质）的原因，这与温度差是产生热交换（传热）的原因类似。

B 湿交换量计算

a 水蒸气分压差计算湿交换量

湿交换量可表示为：

$$W = K_1(p_s - p_w)A/B \tag{7.51}$$

式中，W 为单位时间蒸发量，kg/s；K_1 为湿交换系数，kg/($m^2 \cdot s$)；p_s 为边界层饱和水蒸气压力，Pa；p_w 为空气的水蒸气分压力，Pa；A 为水与空气接触的表面积，m^2；B 为大气压，Pa。湿交换系数 K_1 可由风速 v 按经验公式 $K_1 = 4.8 \times 10^{-6} + 3.36 \times 10^{-6}v$ 计算。

b 含湿量差计算湿交换量

湿交换量还可用含湿量差代替水蒸气分压差计算：

$$W = \sigma_1(d_w - d)A \tag{7.52}$$

式中，W 为单位时间蒸发量，kg/s；σ_1 为按含湿差计算湿交换量的对流质交换系数，kg/($m^2 \cdot s$)，对空气一般存在以下关系 $\sigma_1 = h/c_p$，称为热质交换类比律；d 为主体空气含湿量，kg/kg 干空气；d_w 为边界层空气含湿量，kg/kg 干空气；c_p 为空气比定压热容，kJ/(kg·℃)；h 为空气与水接触的对流换热系数，W/($m^2 \cdot$℃)；A 为水与空气接触的表面积，m^2。

c 显热、潜热以及总热交换量计算

空气与水直接接触时，根据水温不同，可能发生显热交换，也可能既有显热交换又有潜热交换，即同时伴有质交换（湿交换）。显热（sensible-heat）交换是空气与水之间存在温差时，由导热、对流和辐射作用而引起的换热结果。潜热（latent-heat）交换是空气中的水蒸气凝结（或湿源的水分蒸发）而放出（或吸收）汽化潜热的结果。

空气获得潜热的原因是自由水面的水分蒸发，蒸发速度与空气和水之间的蒸汽压力之差、温度之差、空气流动速度、水的表面积成正比。除了空气获得潜热以外，空气还会获得显热，显热主要取决于温度差。

热湿交换的总热交换量 dQ 是显热交换量 dQ_s 和潜热交换量 dQ_L 的代数和，可推导出：

$$dQ = \sigma_1[c_p(t_w - t) + \gamma(d_w - d)]dA$$

上式整理后可得：

$$dQ = \sigma_1[(c_p t_w + \gamma d_w) - (c_p t + \gamma d)]dA$$

空气的焓可近似表示为：

$$i = c_p t + \gamma d$$

则可写成:

$$dQ = \sigma_1(i_w - i)dA \qquad (7.53)$$

式中, i_w 为边界层空气的焓, kJ/kg; i 为主体空气的焓, kJ/kg; c_p 为空气比定压热容, kJ/(kg·℃); t 为周围空气温度, ℃; t_w 为边界层空气温度, ℃; γ 为水的汽化潜热, J/kg; σ_1 同公式 (7.52)。

当空气与自由水面接触, 热湿交换 (传热过程的显热交换、传质过程的潜热交换) 同时进行时, 总热量交换的推动力是焓差而不是温差。

严格意义上来说, 风流的单位热焓:

$$i = c_{pL}t_d + c_{pD}dt_d + \gamma d \qquad (7.54)$$

式中, i 为风流的单位热焓, kJ/kg; c_{pL} 为干空气比热容, 1.005kJ/(kg·℃); t_d 为空气干球温度, ℃; c_{pD} 为水蒸气比热容, 1.84kJ/(kg·℃); d 为含湿量, kg/kg 干空气; γ 为水蒸气在0℃的汽化热, 2501kJ/kg。等号右侧前两项为显热, 第三项为潜热。

按照热力学相关知识, 只需要知道空气干球温度 t_d、湿球温度 t_w, 就可计算出相对湿度 φ、含湿量 d、焓 i, 但是计算过程比较复杂。为了便于工程使用, 热力学提供了一种图解的方法求解风流的热焓值, 即通过采用矿井风流焓湿图, 查干、湿球温度和相对湿度曲线得到风流热焓值。空气与自由水面接触的热湿传递, 可用于敞开式热水沟与空气的换热。

7.3.2 围岩与巷道风流热湿交换

围岩与巷道风流的热交换过程比较复杂, 此过程不仅有热量的传递, 即传热过程, 同时也伴随着传质。围岩与巷道风流的总热量交换 q 以显热 q_s 和潜热 q_L 两种途径和方式进行, 即 $q=q_s+q_L$。显热传递导致风流温度变化, 潜热传递导致风流含湿量 (水蒸气量) 的变化。从围岩与风流的热交换过程来看, 应包括围岩内部热传导过程、壁面与风流的表面换热过程。

围岩与巷道风流热交换过程中, 巷道壁面若为干壁, 则围岩散发到空气中的总热量, 可全部看成是以显热的形式传递的, 即 $q=q_s$。若为湿壁, 围岩散发到空气中的总热量, 是以显热和潜热的方式传递的, 即 $q=q_s+q_L$。巷道壁面完全干燥 (干壁) 只是一种理想和假设的情况, 在实际中壁面总是有一定的潮湿程度。但是巷道壁面的潮湿性特点不能等同于自由水面, 因此在考虑湿壁时, 对巷道的潮湿性要用特殊的方法处理。图7.7为巷道围岩与风流的热湿交换示意图。

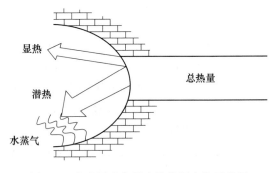

图 7.7 巷道围岩与风流的热湿交换示意图

7.3.2.1 围岩与风流热湿交换机理

A 调热圈 (冷却圈)

在岩体没有被开挖之前, 一般来说是处于一个热平衡状态, 这与原岩中应力的分布类似，即各点的温度为原始岩温。对原始岩温的分布规律见本章 7.1 节矿井热源分析的相关内容。当井巷开挖通风之后，岩体原始岩温的平衡状态遭到破坏。风流温度一般低于原始岩温，因此岩体开始通过井巷壁面向风流放热，风流吸收热量后，通过回风流将热量带走；由于壁面与风流之间的对流换热，使得壁面附近区域内岩体原有的热平衡状态遭到破坏，岩体内部的温度不断降低，并且温度降低的范围不断向岩体内部延伸，直到达到新的热平衡状态。因此围岩与风流的热交换过程，不仅包含井巷壁面的对流换热，也与围岩深部与井巷壁面之间的热传导密不可分。该热传导为非稳定导热过程。围岩温度由壁面向深部逐渐升高，直至达到原岩温度，在此范围内升温率逐渐降低。升温率可近似以巷道轴线为中心，向围岩深部单位长度岩体的温度增量，可理解为圈柱坐标系下沿经向的温度梯度 $\partial t/\partial r$。根据风流对围岩的冷却程度，一般规定自岩壁向围岩内部温度 t 达到原岩温度（原始岩温）t_{gu} 的 99% 的区域为风流对围岩的冷却影响范围，称为井巷围岩的调热圈（surrounding rock heat-adjusting zone），也称为调温圈、冷却圈等。

$$\frac{\left| t - t_{\mathrm{gu}} \right|}{t_{\mathrm{gu}}} \geq 0.01 \tag{7.55}$$

式中，t 为围岩中任一点的温度，℃；t_{gu} 为深部原始岩温，℃。

B 调热圈温度场影响因素

调热圈内的温度分布状态称为调热圈的温度场。调热圈内温度相同的各点连接起来组成了调热圈温度场的等温面，以井巷中心线为轴线，则调热圈温度场的等温面近似为一组同心圆柱面。从轴线到温度为原始岩温的等温圆柱面的直线距离称为调热圈半径。井巷断面形状、巷道空间位置（竖直井筒、倾斜井巷、水平井巷）不同，对调热圈温度场形状都有影响。

竖直井筒调热圈温度场：竖直井筒断面一般为圆形截面，温度场分布如图 7.8（a）所示。由于原始岩温随着竖直方向的变化较大（竖直方向原始岩温随着深度增大），不同标高处的调热圈温度场有区别，一般不为圆柱面。

水平巷道调热圈温度场：断面一般为拱形断面，温度场分布如图 7.8（b）所示，一般认为水平方向上岩温不变。倾斜井巷调热圈温度场介于以上两种情况之间。

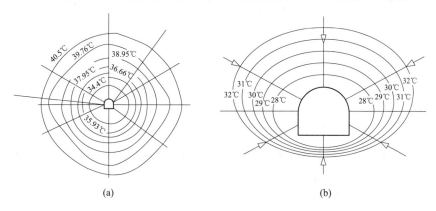

(a)　　　　　　　　　　　　(b)

图 7.8　调热圈温度场示意图

影响调热圈半径大小的因素较多，主要包括风流温度、原岩温度、岩石热导率 λ、孔隙率等热物理性质、岩壁与风流间的热湿交换状态以及通风时间等因素。在通风条件下，围岩的调热圈半径是随着对风流的放热而不断扩大的。一般情况下，新掘进的井巷调热圈较小，随着通风时间增加，调热圈半径不断变大，但其向围岩深处的扩展速度逐渐变慢。在围岩被冷却的过程中，由于温差和温度梯度的逐渐降低，围岩对风流的传热量也逐渐减少。随着通风时间的进一步增长，调热圈半径的扩展速度越来越慢，甚至不再随时间有明显的变化。显然，调热圈使得围岩内的热量逐渐散发到矿井风流中，在围岩与风流的传热过程中起到缓冲作用。

C　调热圈半径

当井筒和风流进行热交换时，为了便于研究，一般假设：井筒为无限长空心圆柱体，围岩原始岩温沿井深方向按线性规律变化；井壁散发的热量全部用于风流的温升和加湿（即传递的总热量包含用于温升的显热和用于水汽蒸发的潜热两部分）；围岩各向同性、均质，热物理参数不变。

在上述假设的条件下，围岩热传导的微分方程为：

$$\frac{\partial t}{\partial \tau} = \alpha\left(\frac{\partial^2 t}{\partial r^2} + \frac{1}{r}\frac{\partial t}{\partial r}\right) \tag{7.56}$$

式中，α 为导温系数，m^2/s，$\alpha = \lambda/c\rho$。

单值条件包括几何条件、物理条件、初始条件和边界条件，对于以上热传导微分方程来说，几何条件（导热体的几何形状及尺寸，如平壁或圆筒壁的厚度、直径等）、物理条件（导热体的物理特性，如物性参数 λ、c、ρ 的数值是否随温度变化，有无内热源，其大小及分布等）在假设中都已给定。

初始条件，又称为时间条件，反应导热系统的初始状态。即 $\tau = 0$，直角坐标系 $t = f(x, y, z, 0)$ 或圆柱坐标系 $t = f(r, \varphi, z, 0)$。边界条件，反应导热系统在界面上的特征，可理解为系统与外界环境之间的关系。显然，对于调热圈的讨论，初始条件为：

$$\tau = 0, \ t = t_{gu}, \ R_0 < r < \infty$$

边界条件为：

$$\lambda\left(\frac{\partial t}{\partial r}\right)_{r=R_0} - h\left[t - t(\tau)\right]_{r=R_0} = 0 \ 或\left(\frac{\partial t}{\partial r}\right)_{r=R_0} - \frac{h}{\lambda}\left[t - t(\tau)\right]_{r=R_0} = 0$$

$$\lim_{r\to\infty} t(r, \tau) = t_{gu}$$

式中，R_0 为井筒半径，m，对非圆形断面巷道时取等效半径；r 为由井筒中心到围岩中任一深度的半径，m；t 为围岩温度，℃；$t(r, \tau)$ 为围岩调热圈中任意一点温度，℃；h 为表面对流换热系数，$W/(m^2 \cdot ℃)$；λ 为导热率，$W/(m \cdot ℃)$；$t(\tau)$ 为风流温度，随着通风时间 τ 变化，℃；t_{gu} 为原始岩温，℃；$(\partial t/\partial r)_{r=R_0}$ 为壁面处围岩温度梯度，℃/m。

由调热圈定义可知，井巷围岩调热圈的大小与通风时间有关，以下分别按照稳态和非稳态两种情况分别讨论和计算调热圈半径。

a　稳态条件下的调热圈半径

即公式（7.56）为 0，此刻，围岩与风流换热的热传导方程为：

$$\frac{\partial^2 t}{\partial r^2} + \frac{1}{r}\frac{\partial t}{\partial r} = 0$$

巷道壁面 $r=R_0$ 时围岩向壁面导热的热流密度等于壁面与风流对流换热的热流密度，即壁面处内边界热流密度等于壁面处外边界热流密度：

$$-\lambda \frac{\partial t}{\partial r}\bigg|_{r=R_0} = h(t_w - t_f)$$

调热圈边界条件 $r=R_n$，$t=t_{gu}$；岩壁处边界条件：$r=R_0$，$t=t_w$。

积分整理，可得调热圈半径 R_n 为：

$$R_n = R_0 \cdot \exp\left(\frac{1}{K_{u\tau}} - \frac{1}{Bi}\right) \tag{7.57}$$

式中，Bi 为毕渥数，$Bi=hR_0/\lambda$；$K_{u\tau}$ 为不稳定换热系数的无因次形式：

$$K_{u\tau} = \frac{R_0\left(\frac{\partial t}{\partial r}\right)_{r=R_0}}{t_{gu} - t_f} \tag{7.58}$$

对公式（7.58）求导，可得出 $K_{u\tau}$ 的理论解。其解析式是由 Bassel 函数和 Kelvin 函数复合而成，十分复杂，工程使用不方便。因此采用五元回归拟合方法给出数值解公式，实际应用比较方便，能满足精度要求。其计算公式为：

$$K_{u\tau} = \exp\left[(A + B\ln F_0 + C\ln^2 F_0)\right] + \left(\frac{A' + B'\ln F_0 + C'\ln^2 F_0}{Bi + 0.375}\right) \tag{7.59}$$

各系数取值见后续 7.3.2.3 节的不稳定传热系数计算。

按公式（7.57）计算调温圈半径，应注意有一定的假设条件，即围岩各向同性且连续，断面形状为圆形，壁面干燥且忽略井巷轴向温度梯度变化，风温一定，原岩温度分布均匀。另外，调热圈中的温度场已不再随时间而变化。

b 非稳态条件下的调热圈半径

如果掘进时间短，围岩温度场随着通风时间变化，也就是调热圈半径随着通风时间变化，可将围岩视为半无限体，则有：

$$\frac{t - t_f}{t_{gu} - t_f} = \text{erf}\left(\frac{x}{2\sqrt{h\tau}}\right)$$

式中，t 为围岩温度，随着时间 τ、r 变化，即 $t(\tau, r)$，℃；t_f 为风流温度，℃；t_{gu} 为原始岩温，℃；x 为围岩温度场某点到巷道壁面的距离，$r=R_0+x$，也叫调热圈厚度，m；h 为表面对流换热系数，W/(m²·℃) erf 为高斯误差函数。

$$\text{erf}(U) = \frac{2}{\sqrt{\pi}} \int_0^U e^{-z^2} dz$$

由以上两式可得：

$$\text{erf}(U) = \frac{t - t_f}{t_{gu} - t_f}$$

根据 $(t-t_f)/(t_{gu}-t_f)$ 的数值，可利用高斯误差函数值表查得到对应的自变量 U，因此 $x = 2U(h\tau)^{1/2}$，则调热圈半径为：

$$R_n = R_0 + 2U\sqrt{h\tau} \tag{7.60}$$

式中，τ 为通风时间，s；其他同式（7.57）。

可见，如果掘进时间短，调热圈半径与掘进时间呈平方根关系；井巷掘进时间越长，调热圈越大。

a 与 b 的区别，前者是稳态，后者非稳态。其他条件类似。对于调热圈半径等参数的研究和讨论，除了数学解析方法外，还可采用数值分析和相关实验分析。

D　深部岩体地温测量

深部围岩调热圈参数是深部岩体地温分布及矿井热害防治技术的基础，对深部岩体地温进行测量是获得调热圈参数的工程方法和手段。深部岩体工程地温测量方法主要有三种，分别是深孔测温、掘进面浅孔测温以及地面钻孔测温。表 7.9 为深孔测温示意图。

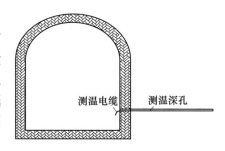

测温电缆　　测温深孔

图 7.9　深孔测温示意图

根据观测资料，井巷调热圈厚度 x 一般在通风 3 年以后趋于稳定，围岩调热圈厚度随岩性变化，一般为 15~40m，砂岩为 10~20m，页岩为 8~10m，煤为 3~5m。

7.3.2.2　井巷岩壁与风流的对流换热

井巷壁面与风流的对流换热，用岩壁表面的对流换热系数表征。风流与井巷壁面的相互换热过程属于对流换热过程，这个过程既包含流体宏观流动产生的对流作用，也包含流体内部分子间微观运动的导热作业。对流换热是非常复杂的过程，矿井中也不例外。在一般的工程实践中可采用常用的对流换热系数（表面放热系数）进行计算和讨论。

一般情况下，矿井中围岩温度会高于风流温度，所以热量传递的方向是由围岩向风流传热，相应地，对流换热系数也常被称为壁面对风流的放热系数。如前所述，该系数是表示壁面与风流之间对流换热强度的物理量，是一个过程量，不是物性常数。

对于围岩与风流的热交换过程，大多情况下是围岩向风流放热，因此对流换热系数在矿井传热学中常被称为巷道壁对风流的放热系数，简称放热系数。这个系数表征的是固体壁面与流体之间的热量交换强弱的物理量，它不是一个物性常数。壁面对风流的放热系数与多个物性参数之间呈现复杂函数关系，概括起来，这些影响因素包括巷道断面几何特征（巷道断面形状及尺寸、巷道粗糙度）、流体类型及流态、流体密度、流体比热容、流体流速等。由于围岩放热系数完全来源于传热学理论中对流换热系数的概念，是对流换热系数的直接应用，因此放热系数可应用于稳定放热过程中干燥巷道壁面与风流之间的对流换热。如前所述，对流换热系数的确定通常采用实验方法。下面介绍几种典型实验方法。

A　借助相似实验、量纲分析等确定围岩放热系数

类似公式（7.42），相似实验可确定努塞尔数 Nu 为：

$$Nu = CRe^m P^n r \qquad (7.61a)$$

式中，Nu 为努塞特数，表示壁面流体的无量纲温度梯度，即流体对流换热的强弱，$Nu = hd/\lambda$；h 为壁面与风流的对流换热系数，W/(m²·℃)；d 为巷道当量直径，$d = 4A/U$，m；A 为巷道断面，m²；U 为巷道周界长度，m；λ 为空气的导热系数（即热传导率、热导率），W/(m·℃)；C、m、n 均为实验确定的无量纲常数，其中 C 取决于巷道断面形状，m 取决于巷道支护类型及尺寸，n 取决于流体流态；Re 为雷诺数，$Re = \rho Vd/\nu$；ρ 为流体密

度，kg/m³；V 为空气流速，m/s；ν 为空气运动黏度，m²/s，流动边界层与风流黏性有关；Pr 为普朗特数，$Pr = \nu/\alpha = \nu c\rho/\lambda$，是无因次数（无量纲）参数，反应流体物性参数的准则，表示流体物理性质对对流换热的影响；α 为流体导温系数，m²/s，$\alpha = \lambda/c\rho$，温度边界层与流体导温系数；c 为比热容，J/(kg·℃)。

当几何尺寸和流速一定时，流体黏度大，流动边界层厚度也大；流体导温系数大，温度传递速度快，温度边界层厚度发展得快，使温度边界层厚度增加。因此，普朗特数的大小可直接用来衡量两种边界层厚度的比值。普朗特数在不同的流体于不同的温度、压力下，数值是不同的。液体的 Pr 数随温度有显著变化；而气体的 Pr 数除临界点附近外，几乎与温度及压力无关。大多数气体的 Pr 数均小于 1，但接近于 1；例如，当空气比热比 $\gamma = 1.4$ 时，普朗特数 $Pr \approx 3/4$。根据矿内空气流动情况，空气温度变化幅度不大，即普朗特数变化不大，实际计算中可做常数处理。

B 借助阻力系数和雷诺数确定围岩放热系数

日本学者平松良雄借助阻力系数和雷诺数提出努塞特数 Nu 为：

$$Nu = EuRe/8 \tag{7.61b}$$

式中，Eu 为阻力系数，$Eu = 2\Delta pd/(L\rho \nu^2)$，无量纲（无因次）系数；$\Delta p$ 为巷道通风阻力，Pa；d 为巷道当量直径，m；L 为巷道长度，m；ρ 为风流密度，kg/m³；ν 为风流运动黏度，m²/s；努塞特数 Nu、雷诺数 Re 意义同公式（7.61a）。

C 借助普朗特数、阻力系数以及雷诺数确定围岩放热系数

我国学者王英敏等借助普朗特数、阻力系数以及雷诺数提出努塞尔数 Nu 为：

$$Nu = \frac{PrEuRe}{8[1 - (1 - Pr)(1 - 2.6\sqrt{Eu})]} \tag{7.61c}$$

该对流换热系数计算公式同时考虑了阻力系数 Eu、普朗特数 Pr、雷诺数 Re，其意义同公式（7.61a）和公式（7.61b）。

D 按常温状态的空气普朗特数取值

下式是目前比较常用的方法。与巷道断面形状系数相乘，考虑巷道粗糙度修正系数，可得努塞特数 Nu：

$$Nu = 0.0195\varepsilon Re^{0.8} \tag{7.61d}$$

为了计算方便，还可使用诺模图确定巷道对流换热系数 h，也可按照流速 v、粗糙度系数 ε（光滑壁面取 1，主要运输大巷取 1.0~1.65，运输巷道取 1.65~2.5，工作面取 2.5~3.1）、风流密度 ρ、巷道周长 U、面积 A 等参数确定对流换热系数 h。如苏联舍尔巴尼引入了粗糙度并简化了放热系数的影响因素，直接给出表面换热系数与巷道壁面粗糙度、巷道断面形状参数以及风流质量流量 G(kg/s) 之间的关系 $h = 2.33\varepsilon G^{0.8}U^{0.2}/A$。还有学者直接用巷道平均风速 v_p 和粗糙度系数 ε_m 计算对流换热系数：

$$h = 2.728 \times 10^{-3}\varepsilon_m v_p^{0.8} \tag{7.62}$$

日本学者田野等经过实验，得出对流换热系数与巷道支护方式、空气运动黏度、当量半径等之间有一定关系。提出不同支护形式下，对流换热系数 h 与空气运动黏度 ν、巷道当量半径 R_0 之间的回归关系，见表 7.13。

表 7.13 不同支护方式下的对流换热系数

支护形式	对流换热系数 h/W·m^{-2}·℃$^{-1}$
无支护	$h = 7.7v^{0.8}R_0^{-0.2}$
木支护	$h = 9.3v^{0.8}R_0^{-0.2}$
混凝土支护	$h = 5.3v^{0.8}R_0^{-0.2}$

值得注意的是，以上的热对流过程讨论，仅适用于稳定对流放热过程。对流换热系数（放热系数）表征的是固体表面与流体之间的对流换热强度。该参数考虑了流体相对于固体表面的对流热阻以及流体内部的导热热阻，但未考虑固体（围岩）内部热传导情况。因此对流换热系数与不稳定传热系数有本质区别。

在井巷壁面与风流的对流换热过程中，存在着由岩体内部朝向壁面的非稳态导热过程。不稳定传热系数基于岩石的非稳态导热，更多地考虑了围岩与风流之间换热影响因素，这较前述的稳定对流放热过程更符合实际情况。

7.3.2.3 井巷围岩与矿井风流的不稳定传热

在巷道开凿形成后，由于风流温度低于岩石温度，因此巷道壁以对流放热的方式向风流放热。巷道壁向风流放热导致巷道围岩温度降低，并形成冷却带。巷道中风流获得热量后温度升高。随着热量传递，围岩与风流之间的温差逐渐减小，巷道围岩向风流传递的热量逐渐减少。原岩温度分布和巷道风温均会随着时间而变化，这个传热过程是一个不稳定的传热过程。井巷围岩和风流的传热过程包含了岩体的热传导、岩壁与风流的对流换热。为了反映围岩与风流的传热过程，常用围岩与风流的不稳定传热系数进行量化表征。

不稳定传热系数是指巷道围岩深部未被冷却岩体与矿井风流间温差 1℃ 时，每小时从 1m^2 巷道壁面向（从）空气放出（吸收）的热量。1953 年由苏联学者舍尔巴尼提出。不稳定传热系数是围岩热物理性质、井巷断面形状尺寸、通风强度以及通风时间等影响因素的函数。不稳定传热系数的解析式为：

$$K_\tau = \frac{\lambda_y}{R_0}f(Bi, Fo) = \frac{\lambda_y}{R_0}K_{u\tau} \tag{7.63}$$

式中，K_τ 为不稳定传热系数，W/(m^2·℃)；R_0 为巷道当量半径，m，$R_0 = 0.564(A)^{1/2}$，从传热学角度讲，巷道当量半径为特征长度；A 为巷道断面积，m^2；λ_y 为岩石导热系数，W/(m·℃)；Bi 为毕渥数，表征固体内部单位导热面积上的导热热阻（R_0/λ_y）与单位面积上的对流换热热阻（即外部热阻 $1/h$）之比，$Bi = hR_0/\lambda_y$，无量纲数；Fo 为傅里叶准数，表征导热时间的无量纲数，$Fo = \alpha\tau/R_0^2 = \lambda_y\tau/(c_y\rho_yR_0^2)$，其中 α 为岩石导温系数（热扩散系数），m^2/s；c_y 为岩石比热容，kJ/(kg·℃)；ρ_y 为岩石密度，kg/m^3；τ 为通风时间，s；$K_{u\tau}$ 为无因次不稳定传热系数，$K_{u\tau} = f(Bi, Fo)$；h 为井巷壁面与风流的对流换热系数（表面传热系数），W/(m^2·℃)。

毕渥数与努塞特数尽管从形式上有相似之处，但是物理意义不同，努塞特数用于研究对流换热问题，其表达式中的 λ 为流体的导热系数，且对流换热系数 h 是未知数，因此努塞特数为待定准则。毕渥数研究岩石等固体的导热问题，一般情况 h 为已知数，且表达式中的 λ_y 为固体的导热系数，因此毕渥数为已定准则。毕渥数 Bi 的大小反映了物体在非稳态导热条件下，固体内温度场的分布规律，或者认为是固体内部导热热阻与界面上换热热阻之比。努塞特数 Nu 是表示壁面附近流体的无量纲温度梯度。

由于不稳定换热系数考虑了岩石的非稳态导热，因此相较于对流换热系数（表面放热系数），考虑了围岩非稳态导热对对流换热的影响，因此更加符合工程实际。无因次不稳定传热系数 $K_{u\tau}$，又称为经时系数，由式（7-58）和式（7-59），有：

$$K_{u\tau} = \frac{R_0\left(\dfrac{\partial t}{\partial r}\right)_{r=R_0}}{t_{gu} - t_f} = f(Bi, Fo)$$

$$= \exp\left[(A + B\ln Fo + C\ln^2 Fo)\right] + \left(\frac{A' + B'\ln Fo + C'\ln^2 Fo}{Bi + 0.375}\right)$$

当 $1 \leqslant Fo < \infty$ 时，$A = 0.02001$，$A' = -1.063224$，$B = -0.2998413$，$B' = 0.1366794$，$C = 1.59764 \times 10^{-2}$，$C' = -9.702536 \times 10^{-3}$；当 $0 \leqslant Fo < 1$ 时，$A = 2.409134 \times 10^{-2}$，$A' = -1.063224$，$B = -0.3142634$，$B' = 0.151002$，$C = 1.469856 \times 10^{-2}$，$C' = -1.625136 \times 10^{-2}$。

以上计算不稳定传热系数的实用关系式比较复杂，可以将其做成曲线图，以傅里叶准数为横坐标、无因次不稳定传热系数为纵坐标，不同的毕渥数对应不同曲线。根据傅里叶准数和毕渥数的大小，确定无因次不稳定传热系数，具体参见辛嵩等编著的《矿井热害防治》。

另外，也可以利用诺模图直接计算不稳定传热系数 K_τ。根据通风时间 τ、导热系数 λ、巷道当量半径 R_0、岩石比热容 c 与密度 ρ 的乘积、对流换热系数 h 的顺序在诺模图上查出不稳定传热系数。

以上经时系数 $K_{u\tau}$ 的计算，傅里叶准数 Fo 分为两个区间 $[0,1)$、$[1,+\infty)$，毕渥数 Bi 未进行分区，取值范围统一为 $0 < Bi < \infty$。有些资料中对毕渥数考虑了趋向正无穷的情况，按 $0 < Bi < \infty$ 和 $Bi \to +\infty$ 两种情况计算经时系数，对应的将 Fo 细分成三个区间 $(0, 1]$、$(1, 2]$、$(2, +\infty)$。因此，组合出以下几种计算情况：（1）$0 < Fo \leqslant 2$，$0 < Bi < \infty$，再将 $0 < Fo \leqslant 2$ 细分成 $0 < Fo \leqslant 1$ 和 $1 < Fo \leqslant 2$。这种情况下当 $0 < Fo \leqslant 1$，$0 < Bi < \infty$ 时，与前述 $0 < Fo \leqslant 1$ 时的公式和系数相同；$0 < Fo \leqslant 1$，$0 < Bi < +\infty$ 时和 $1 < Fo \leqslant 2$，$0 < Bi < +\infty$ 时，与前述 $1 < Fo < +\infty$ 时的公式和系数相同。（2）$2 < Fo < +\infty$，$0 < Bi < +\infty$。（3）$2 < Fo < +\infty$，$Bi \to +\infty$。

后两种情况采用不同的计算公式来计算无因次不稳定传热系数。可参考《煤矿井下热害防治设计规范（GB 50418—2017）》。对不稳定换热系数的计算方法较多，有各种不同的表达式，但是从实质上看，均为傅里叶准数和毕渥数的函数。

以上讨论的无因次不稳定传热系数 $K_{u\tau}$ 实质上是（围岩）无因次温度，可以定义为：

$$K_{u\tau} = \frac{R_0\left(\dfrac{\partial t}{\partial r}\right)_{r=R_0}}{t_{gu} - t_f} \tag{7.64}$$

式中，$K_{u\tau}$ 为无因次不稳定传热系数；$(\partial t / \partial r)_{r=R_0}$ 为壁面处围岩温度梯度，$^\circ\!C/m$；t_{gu} 为原始岩温，$^\circ\!C$；t_f 为风温，$^\circ\!C$。

由不稳定热传导方程可知，井巷围岩壁面处的热流密度 q 可表示为：

$$q = \lambda_y\left(\frac{\partial t}{\partial r}\right)_{r=R_0} = \lambda_y\frac{t_{gu} - t_f}{R_0}K_{u\tau} \tag{7.65}$$

经时系数 $K_{u\tau}$ 与巷道壁面热流密度成正比。而经时系数与傅里叶准数、毕渥数有关，总体上看，经时系数 $K_{u\tau}$ 随着傅里叶准数增加（延长通风时间长）而递减，随着毕渥数增大（围岩热阻与对流换热热阻之比增大）而增大。井巷掘成后通风初期傅里叶准数 Fo 数值很小，$K_{u\tau}$ 随着毕渥数 Bi 的增大而迅速增大，说明通风初期巷道围岩与风流的热交换非常活跃，这时表面换热系数 h 也就是对流换热在围岩与风流的传热过程中起到主导作用。随着傅里叶准数 Fo 增大，经时系数 $K_{u\tau}$ 降低。通风时间一般到一年以后，随着毕渥数 Bi 增长，$K_{u\tau}$ 的增长幅度很小。说明井巷长时间通风后，围岩与风流已进行了充分的热交换，冷却带的扩大趋势减弱，巷道壁面的岩温逐渐接近风温，这时围岩内部热阻对经时系数 $K_{u\tau}$ 的影响要大于对流换热热阻的影响。

值得注意的是，不稳定传热系数 K_τ 与对流换热系数 h 均可用于计算围岩传递给矿井空气的热量。不稳定传热系数 K_τ 与对流换热系数 h 之间的关系比较复杂，具体见下式。

$$h = 0.0002326 \frac{\varepsilon W_p^{0.8} \gamma^{0.8} P_L^{0.2}}{F^{0.2}} + 0.00535 \frac{\left(\frac{T_b}{100}\right)^4 - \left(\frac{T_1 + T_2}{200}\right)^4}{T_b - \left(\frac{T_1 + T_2}{2}\right)}$$

式中，ε 为巷道壁面粗糙系数，与巷道支护方式有关，砌碹支护取 1，锚喷支护取 1.65，木支架和金属支架等取 2.4~2.8；W_p 为巷道平均风速，m/s；γ 为巷道风流密度，kg/m³；P_L 为巷道周长，m；F 为巷道断面积，m²；T_1、T_2 分别为巷道起点、终点的风流绝对温度，K；t_{y1}、t_{y2} 分别为巷道起点、终点的原始岩温，℃。t_p 为巷道的平均原始岩温，℃，一般用 $t_p = (t_{y1} + t_{y2})/2$；$T_b$ 为巷道壁温的绝对温度，K，$T_b = t_p - K_{u\tau}\{t_p - [(T_1 - 274) + (T_2 - 274)]/2\}\ln(e^{1/K_{u\tau}} + 1) + 274$。

7.3.2.4 巷道壁面潮湿程度的表征参数

巷道壁的潮湿程度在风流与巷道围岩的热交换过程中起到很重要的作用。在巷道完全干燥时，围岩通过巷道壁传递给空气的热量全部用于风流干球温度的升高，全部热量均作为显热。在巷道壁面处于潮湿状态下，一部分热量用于巷道壁面水分蒸发，视为潜热，剩余热量用于风流温度上升，视为显热。完全干燥的巷道壁面只是一种理想情况，实际中很少。因此在风流与巷道围岩热交换过程中需要考虑巷道壁面潮湿程度并对潮湿度进行量化。

巷道壁面的潮湿程度不同于矿井风流的潮湿程度，表征巷道壁面潮湿程度的参数也不同于表征空气潮湿程度的参数。同时，巷道壁面的潮湿程度又不同于自由水面。

表示巷道壁面潮湿程度的参数主要包括，放湿系数、显热比、湿度系数等参数。

A 放湿系数

由于潮湿壁面与风流间存在着单位湿势差（一般用饱和水蒸气压力差表示），壁面与风流之间存在传湿现象。在单位湿势差的作用下，单位时间单位面积巷道壁面传递给风流的湿量，称为放湿系数。

$$\beta = \frac{\varphi_1 p(t_1) - \varphi_2 p(t_2)}{p_{full} - p_\varphi} \times \frac{hD}{\lambda_k} \qquad (7.66)$$

式中，β 为放湿系数，kg/(m²·s·Pa)；φ_1、φ_2 分别代表巷道起始点风流相对湿度；λ_k 为空气导热系数，标准状态下为 2.1×10^{-2} W/(m·℃)；h 为对流换热系数，W/(m²·℃)；D 为空气中水蒸气在其分压作用下的扩散系数，kg/(m·s·Pa)，$D = 0.00023(273+t)/p$；

t 为风流平均风温，℃，$t = (t_1 + t_2)/2$；p 为巷道风流大气压，Pa；$p(t_1)$、$p(t_2)$ 分别为巷道起、始点风温 t_1、t_2 的饱和蒸气压，Pa；p_{full}，p_φ 分别代表相对湿度为 100% 和相对湿度 φ 为某值时的传湿势差，$p_{full} = 100$Pa，当相对湿度 $\varphi > 80\%$ 时，$p_\varphi = (\varphi - 0.7)/0.003$。

壁面对风流的放湿系数 β，一般采用如下经验公式表示：

$$\beta = 0.015 \times (G^{0.8} U^{0.2}/F) \times (273 + t)/p \tag{7.67}$$

式中，G 为质量流量，kg/s；U 为巷道周界长度，m；F 为巷道断面积，m^2。也可按井巷类型（井筒、巷道、工作面等）查表 7.14 确定；其他同式（7.66）。

表 7.14 放湿系数 β 的选取

井巷类型	$\beta/kg \cdot m^{-2} \cdot h^{-1} \cdot Pa$
井筒	1.333
主要巷道和运输巷道	2.00
工作面	1.333~5.333

得出放湿系数后，可求出单位时间某段井巷壁面 dF 传递给风流的湿量 dG，即单位时间某段巷道壁面蒸发的水蒸气量：

$$dG = \beta(P_V^H - P_V)dF \tag{7.68}$$

式中，P_V^H 为湿壁饱和层的水蒸气压力，Pa；P_V 为湿空气中的水蒸气压力，Pa；其他同式（7.67）。

B 显湿比（sensible heat ratio，SHR）

巷道在潮湿状态下，如无其他热源，则围岩通过巷道壁面放散的总热量，可理解为围岩向巷道壁面放散的总热量或热流密度 q，可表示为潜热 q_L 和显热 q_S 之和。总放热量，显热以及潜热可分别定义为：

$$q = \lambda_y\left(\frac{\partial t}{\partial r}\right)_{r = R_0}, \quad q_S = h(t_b - t_k), \quad q_L = \gamma G$$

式中，h 为巷道壁表面对流换热系数，$W/(m^2 \cdot ℃)$；t_b，t_k 分别为壁面与空气温度，℃；γ 为汽化潜热，kJ/kg；G 为质量流量，kg/s；λ_y 为岩石导热系数，$W/(m \cdot ℃)$。

显热比可定义为显热与总热量之比：

$$\varepsilon = \frac{Q_S}{Q} = \frac{Gc_p\Delta t}{G\Delta i} = \frac{c_p\Delta t}{\Delta i} \tag{7.69}$$

式中，ε 为显热比；Q，Q_S 分别为总热量、显热，W/m^2；G 为质量流量，kg/s；c_p 为干空气定压比热容，1.005kJ/(kg·℃)；Δt 为巷道始、末点风温差，℃；Δi 为巷道始、末点风流焓增，kJ/kg。

Δt 和 Δi 比较容易测定和确定，因此，按照上式（7.69）可方便求出显热比。

矿井热水与风流的热传递中，总热量也分为显热和潜热。对于自由水面来说，潜热存在的原因是由于自由水面的水分蒸发，这种情况下潜热至少占到 90%。这明显区别于壁面潮湿巷道与风流热传递过程中的潜热、显热占比。

C 湿度系数

湿度系数是指巷道的潮湿表面面积与巷道壁面总表面积之比。在实际计算中，湿度系数的选取具有很大的随意性，另外，风流流过干燥巷道后，其所含水分也会有增减。因此即使是干燥巷道，也会有水分的蒸发或凝结。在应用湿度系数时，不能简单地将潮湿壁面与自由水面等同，不能简单认为潮湿壁面附近的空气层已达到饱和。

D　巷道潮湿率 f

由于井巷潮湿程度不同，其与空气的湿交换量也有所不同，故在实际应用中乘以一个考虑井巷壁面潮湿程度的系数，称为湿壁的潮湿率。巷道潮湿率是以井巷蒸发水量之比表示湿壁的潮湿程度，即湿壁的实际蒸发量与其完全潮湿状态下理论水分蒸发量之比，而不是被水覆盖的壁面部分占巷道总表面积之比。

围岩通过壁面放散的总热量，即围岩向巷道壁面移动的热流密度 q 为：

$$q = \lambda_y \left(\frac{\partial t}{\partial r} \right)_{r=R_0} = h(t_b - t_k) + \frac{f\sigma_2 \gamma}{R_{sh} T}(p(t_b) - \varphi p(t_k)) \tag{7.70}$$

式中，q 为围岩通过壁面放散的总热量，W/m^2；λ_y 为岩石导热系数，$W/(m \cdot ℃)$；h 为巷道壁表面对流换热系数，$W/(m^2 \cdot ℃)$；t_b、t_k 分别为壁面与空气温度，$℃$；f 为巷道潮湿率，%；σ_2 为按照水蒸气分压差计算蒸发量的对流质交换系数，m/s，$\sigma_2 = h/(c_{pk} \rho_k)$；$c_{pk}$ 空气比定压热容，$kJ/(kg \cdot ℃)$；ρ_k 为空气密度，kg/m^3；R_{sh} 为水蒸气气体常数，$J/(kg \cdot K)$；T 为风流绝对温度，K；γ 为水的汽化潜热，kJ/kg；$p(t_b)$ 为壁面处饱和空气层水蒸气的饱和压力，是壁面温度 t_b 的函数；$p(t_k)$ 为对应风流温度 t_k 的饱和水蒸气分压，Pa；φ 为空气相对湿度，%。

（1）简化湿壁向风流的热流密度，有：

$$q = \lambda_y \left(\frac{\partial t}{\partial r} \right)_{r=R_0} = h^*(t_b - t_k^*)$$

式中，$h^* = h(1 + fAb_1)$，$A = \gamma/(c_p \rho R_{sh} T)$，修正温度 $t_k^* = \{t_k - fA[b_0 - \varphi p(t)]\}/(1 + fAb_1)$。

（2）显热比 ε 与修正温度 t_k^*、巷道潮湿率 f 之间的关系为：

$$\varepsilon = \frac{1}{1 + fAb_1} - \frac{h(t_k - t_k^*)}{q} \tag{7.71}$$

其中，用温度 t 的一次式表示常温条件下该温度 t 对应的饱和蒸气压 $p(t)$，$p(t) = b_0 + b_1 t$，其中 b_0、b_1 为与风流温度有关的常数，按表 7.15 取值。

表 7.15　b_0、b_1 取值表

$t/℃$	b_0	b_1
0~5	4.503	0.395
6~10	3.869	0.530
11~15	2.002	0.715
16~20	-1.512	0.445
21~25	-7.812	1.260
26~30	-16.48	1.600
31~35	-30.636	2.075
36~40	-50.88	2.650
41~45	-76.096	3.280

（3）确定湿壁的潮湿率。各类井巷的湿壁潮湿率，可以采用现场测定的方法进行确定。由热平衡关系式，即空气流经巷道 1、2 点之间吸热量等于该段湿壁放热量，可表示为：

$$G(c_{pk} + d_m c_{psh})(t_{k2} - t_{k1}) = ULh(t_{bm} - t_{km}) \tag{7.72}$$

参照公式（7.70）等号右侧第二项（潜热的热流密度，热流密度乘以散热面积即为热量），以及 7.3.1.2 节自由水面热湿交换中的湿交换量计算公式（7.52）（该公式乘以汽化潜热 γ，并考虑潮湿率 f，巷道壁面积 $= UL$），则风流流经巷道 1、2 两点潜热增加量 $G(d_2 - d_1)\gamma$ 可分别用下两式表示：

$$G(d_2 - d_1)\gamma = \frac{ULf\sigma_2}{R_{sh}T}(p(t_{bm}) - \varphi_m p(t_{km}))\gamma = \frac{ULfh}{R_{sh}Tc_{pk}\rho_k}(p(t_{bm}) - \varphi_m p(t_{km}))\gamma$$

$$G(d_2 - d_1)\gamma = ULf\sigma_1(d_{bm} - d_m)\gamma = \frac{ULfh}{c_{pk}}(d_{bm} - d_m)\gamma$$

即

$$G(d_2 - d_1) = \frac{ULfh}{R_{sh}Tc_{pk}\rho_k}(p(t_{bm}) - \varphi_m p(t_{km})) \tag{7.73a}$$

$$G(d_2 - d_1) = \frac{ULfh}{c_{pk}}(d_{bm} - d_m) \tag{7.73b}$$

式中，G 为质量流量，kg/s；c_{pk}、c_{psh} 分别为空气和水蒸气的定压比热容，kJ/(kg·℃)；t_{k2}、t_{k1} 分别为巷道终点、起点风温，℃；U、L 分别为巷道周界长、巷道长度，m；t_{bm}、t_{km} 分别为壁面平均温度、风流平均温度，℃；d_2、d_1 分别为巷道终点、起点风流含湿量，kg/kg 干空气；d_{bm}、d_m 分别为壁面处饱和空气层平均含湿量、风流平均含湿量，kg/(kg 干空气)。

按式（7.72）求出 t_{bm}，带入式（7.73a）或式（7.73b），均可求出潮湿率 f。一般来说，湿壁潮湿率 f 一般在 0.1 左右。

以上井巷传质（传湿）所用的方法，均是将传热传质过程割裂开来进行分析和计算的，实际上传热、传质在巷道壁面与风流的对流换热过程中是同时进行的，相互之间存在影响。

7.3.3 有热湿交换的风流能量方程

7.3.3.1 稳定流动体系的能量方程

假设以重力作用下不可压缩的非黏性流体为对象，分析稳定流动体系的能量方程，也即热量平衡方程。矿井正常通风条件下，风流可看作稳定流，参数不随时间而变化。

假设外界通过流动体系边界给予流动体系的外热能用热量 Q(kJ/s) 表示，流动体系通过体系边界输出的能量为 L(kJ/s)，在流动体系入口 1 处，流体带入体系内部的能量为 E_1，在体系出口 2 处，流体带出体系外的能量为 E_2，根据热力学第一定律，有 $E_1 + Q = E_2 + L$。

进入流动体系 1-2 的能量 E_1 不仅包含流体本身所保有的全能量 $G(u_1 + gZ_1 + v_1^2/2)$，还包含了流入体系时所做的流动功 Gp_1v_1，即：

$$E_1 = G(u_1 + p_1v_1 + gZ_1 + v_1^2/2)$$

式中，G 为质量流量，kg/s；p_1v_1 为单位质量流体流入体系时所做的流动功，kJ/kg；u_1 为单位质量流体内能，kJ/kg；gZ_1 为单位质量流体位能，kJ/kg；$v_1^2/2$ 为单位质量流体动能，kJ/kg。

同理，有：

$$E_2 = G(u_2 + p_2v_2 + gZ_2 + v_2{}^2/2)$$

由 $E_1 + Q = E_2 + L$ 以及上述 E_1、E_2 的计算式，并令 $q = Q/G$，$l = L/G$，有：

$$q = (u_2 + p_2v_2) - (u_1 + p_1v_1) + (v_2{}^2 - v_1{}^2)/2 + g(Z_2 - Z_1) + l$$

即：$q = (i_2 - i_1) + (v_2{}^2 - v_1{}^2)/2 + g(Z_2 - Z_1) + l = \Delta i + \Delta v^2/2 + g\Delta Z + l$

对于微元过程，有：

$$\mathrm{d}q = \mathrm{d}i + \mathrm{d}v^2/2 + g\mathrm{d}Z + l$$

上式称为稳定流动的基本能量方程式，是热学上流动体系的能量守恒表达式。风速不超过 30m/s 时，动能项经常忽略不计。可简化为：

$$\mathrm{d}q = \mathrm{d}i + g\mathrm{d}Z + l \tag{7.74}$$

式中，i 为单位质量流体的热焓，$i = u + pv$；q 为单位质量流体的热能，此基本方程是风温预测、制冷计算的基础。

7.3.3.2　风流温度变化的基本方程

以上讨论的是流动体系中没有物质变化的能量方程，但是在地下风流流动过程中，有水蒸气的加入，因此通风量不为定量，矿井空气质量流量是变化的。考虑到质量流量的变化，并忽略动能项，可得出以下能量守恒关系式：

$$G(u_1 + v_1p_1 + gZ_1 + v_1^2/2) + Q = G(u_2 + v_2p_2 + gZ_2 + v_2^2/2) + L$$

将湿空气质量流量 G 用干空气质量 G'（kg/s）和含湿量 d 表示，即 $G = (1+d)G'$，由于在流动过程中干空气质量流量保持不变，则有质量流量为 G 的能量方程式：

$$(1 + d_1)G'(u_1 + p_1v_1 + gZ_1 + v_1^2/2) + Q = (1 + d_2)G'(u_2 + p_2v_2 + gZ_2 + v_2^2/2) + L$$

等式两边同除以干空气质量流量 G'，忽略动能项，变形后有：

$$(u_1 + p_1v_1)(1 + d_1) + gZ_1(1 + d_1) + Q/G' = (u_2 + p_2v_2)(1 + d_2) + gZ_2(1 + d_2) + L/G'$$

由于等式两边同除以干空气质量流量 G'，上式的物理意义为每千克干空气的能量守恒方程式。$(u + pv)(1 + d)$ 为 $(1 + d)$ kg 湿空气的焓，即每千克干空气的焓用 $1/(1 + d)$ J/kg 或 J/kg 表示，则上式可写成：

$$i_1 + gZ_1(1 + d_1) + Q/G' = i_2 + gZ_2(1 + d_2)) + L/G'$$

含湿量 d 远小于 1，可忽略，近似认为 $G = G'$，则有：

$$Q/G = \Delta i + g\Delta Z + l$$

即

$$q = \Delta i + g\Delta Z + l$$

上式表明，在地下风流中，热源提供给每千克风流（湿空气）的热量，等于每千克风流焓增 Δi、位能引起的热量变化 $g\Delta Z$ 以及做功 L/G 之和。由于位能变化量、做功变化量均可以以热量的形式表示，也可将其看作热源，即用 $\sum q$ 表示风流流动过程中所有热源发出的单位质量热量，则有：

$$\sum q = q - g\Delta Z - l$$

即

$$\sum q = \Delta i \tag{7.75}$$

风流的单位质量热焓，可表示为：

$$i = c_{pL}t_\mathrm{d} + c_{pD}\mathrm{d}t_\mathrm{d} + \gamma d = 1.005t_\mathrm{d} + (2501 + 1.84t_\mathrm{d})d$$

式中，c_{pL} 为干空气比热容，1.005kJ/(kg·℃)；c_{pD} 为水蒸气比热容，1.84 kJ/(kg·℃)；t_d 为干球温度，℃；γ 为水蒸气在 0℃ 时的汽化潜热，2501kJ/kg；d 为含湿量，kg/kg 干空气。

风流单位热焓的变化量：

$$\Delta i = c_{pL}\Delta t_d + c_{pD}d\Delta t_d + \gamma\Delta d$$

可近似写成：

$$\Delta i = c_{pk}\Delta t_d + \gamma\Delta d$$

带入以上能量方程式（7.73），则有：

$$\sum q = c_{pk}\Delta t_d + \gamma\Delta d \tag{7.76}$$

等式右边第一项，是用于使风流温度升高的热量，称为显热；第二项为湿壁或水沟等自由水面的水分蒸发成同温度蒸汽时所需的热量，这部分热量用于相变，是隐藏的热量，不能明显表示出来，称为潜热。潜热是不利的，通过潜热可以反映出气候恶化程度，属于汽化热，是相变热，可以测量。此式称为风流热量平衡方程，即井巷中各种热源给予风流的总热量＝显热＋潜热。也就是说，井下热源传递给风流的热量等于风流的焓增，可分成显热和潜热两部分，显热用于升高风流温度，潜热用于水分蒸发。

以上热湿传递和交换过程以及能量守恒关系，可以用图 7.10 表示。

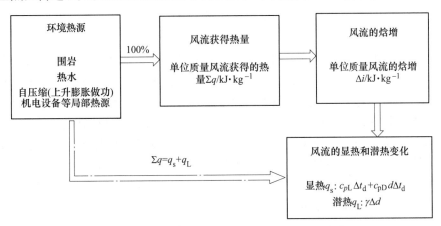

图 7.10 热湿传递和交换过程以及能量守恒关系示意图

热湿传递方式包括对流、蒸发、辐射共三种。其中，围岩与风流间以对流换热、蒸发为主。湿壁水分蒸发吸收围岩散发总热量的一部分热量，蒸发的水蒸气进入风流，使得风流潜热增加；热水与风流直接接触，以对流换热和自由水面蒸发为主，水蒸气获得的潜热也进入风流。热水与风流间的显热传递用于增加风流温度；自压缩产生的热一部分用于风流温升，一部分用于蒸发井壁淋水，对应的热量形式分别为显热和潜热两部分。

机械设备、井巷中运输的矿岩等局部热源散热，也可分为显热和潜热。

据此，无论井巷风流的热源形式如何（围岩、自压缩或自膨胀、矿井热水、机电设备等），热源发出热量均假定全部为风流吸收，热源发出的总热量即为风流吸收的总热量，总热量是以两种形式进入风流的，一部分是显热，一部分为潜热，显热使风流升温，潜热使井巷中的水分蒸发成水蒸气进入风流，使得风流含湿量变化。可见，热湿交换是同时发生的, 在风流与热源进行热交换时, 伴随着湿交换 (水分的蒸发和凝结), 因此称为热湿交换。由于矿井风流的组成均为湿空气 (干空气+水蒸气), 由于湿交换的存在, 此传质过程使得风流中水蒸气的量 (含湿量) 发生变化, 经过热湿交换, 风流的质量流量也会发生变化。为了计算方便, 可认为质量流量近似相等。

7.3.4 风流能量方程的应用及风温预测

风流能量方程是风温预测的基础, 以下分不同类型的井巷进行讨论。主要讨论井筒、平巷、倾斜巷道、采矿工作面、掘进巷道。

7.3.4.1 井筒风流的热交换及风温预测

井筒风流的热湿交换同样遵循上述能量守恒方程, 但与水平巷道相比, 有以下特点: 由于存在势能的变化, 产生矿井空气自压缩热; 入风井筒直通地表, 受地面温度影响较大; 垂直方向的地温梯度, 使原岩温度产生变化; 井筒经常有淋水, 井筒淋水参与热湿交换。

A 入风井筒的风温预测

入风井筒的风温预测方法通常有差分法、舍尔巴尼法以及实测回归法三种。差分法未考虑井壁淋水, 其实质上是将井筒沿井深方向分段, 再从井口逐段计算到井底, 井段高度一般划分取 50m, 每个井段的原始岩温用该段平均原始岩温代替。舍尔巴尼法认为井深小于 900m 时属于绝热加湿过程, 井深大于 900m 时为非绝热加湿过程。实测回归法是根据井下风流的热力参数, 在考虑淋水的情况下得到入风井筒的风温预测计算回归公式。一般情况下, 井筒穿越地层的岩石种类多于平巷, 各种岩石热物理参数各异, 沿井筒方向围岩原始岩温变化较大, 穿越含水层导致不同程度的井筒淋水, 井筒内敷设的各种管线, 下行风流自压缩热等因素增大了热力计算的难度, 使得井筒风温预测计算的难度增大。因此, 多采用数理统计方法建立井筒风温预测的实测回归计算模型, 如煤炭科学研究总院抚顺分院、中国矿业大学等提出的井底车场风温预测计算模型, 反映了预测的井底风温与地面或某一标高的常年统计风温、湿度以及大气压之间的回归关系。一般采纳多变量线性回归。

B 井筒内风流的热湿交换

井筒内风流流动的过程中, 通常情况下存在着热、湿交换, 该过程遵循热量平衡方程。即井筒内各种热源发散到空气中的热量, 等于空气显热与潜热之和。热能量平衡式如下:

$$G(i_2 - i_1) - \frac{Z_1 - Z_2}{427}G + \frac{v_2^2 - v_1^2}{2 \times 427} = Q_y + Q_1 + Q_s \qquad (7.77)$$

式中, G 为质量流量, kg/s; i_1、i_2 分别为井筒断面 1、断面 2 处的风流焓值, kJ/Kg; Q_y、Q_1、Q_s 分别为围岩放热量、局部热源放热量 (如机电设备、热水等, 为讨论方便, 可先忽略)、井壁淋水水滴表面蒸发的吸热量, J/s; Z_1、Z_2 分别为井筒 1、2 断面处的标高, m; v_1、v_2 分别为井筒 1、2 断面处的风速, m/s。

考虑到井筒内风速变化不大, 以及风流焓值计算关系式 (风流焓值与比热容、汽化热、干球温度以及质流量的关系)。可对式 (7.77) 进行相应的简化。

对井筒风流热湿交换规律的理解, 应注意以下特点:

（1）加湿的非绝热压缩过程。若井筒干燥，即井壁为干壁，围岩放热量将全部转化成空气显热，用于空气温度升高；一般情况为湿壁换热，即井壁是湿润的，因此围岩放热量中的相当一部分用于井壁水分蒸发所需的潜热。尽管水蒸气密度小于空气密度，有向井口扩散上升的趋势，但在风机负压作用下（风机负压远大于水蒸气的扩散力），水蒸气会混入总风流中，成为更湿的空气被带入井底，加上空气势能损失转换成压缩热，因此风流从井筒入口往下流动的热力变化过程为增温、增湿的焓增热力过程。由于存在着与井壁的热交换，因此这是一个加湿的非绝热压缩过程。

（2）加湿的绝热压缩过程。若将其看作绝热压缩过程，即热源仅有自压缩热，或风温与井壁温度相近，无热交换，也无局部热源。此时，压缩热用来提供风流温升的显热以及井壁水分蒸发所需的潜热。

（3）井筒淋水的影响。井筒淋水也参与了热湿交换过程，这个过程与喷雾洒水降温的机理相同，既有水珠融合到风流中形成气液两相流的降温作用，也存在水珠液面与空气进行对流换热以及水珠蒸发潜热的作用。此过程非常复杂，但由于风流与淋水同向，相对速度小，其热交换比较有限。

C 不计围岩散热的风流热湿交换与风温计算

在井筒深度较浅，通风量较大的情况下，井筒围岩对风流热力状态影响较小；或者如上所述，井壁温度与风流温度相近，围岩与风流无热交换，也无其他局部热源。这时可看作加湿的绝热压缩过程。这种情况下，风流热力状态参数主要取决于地面大气状态和风流在井筒内的加湿压缩过程。可根据热力学第一定律进行井筒内风流热湿交换计算。实质上，这种情况是上述 B 中（2）的特例，即以上热平衡公式中，围岩散热、局部热源放热以及井壁淋水蒸发吸热等外部热源不计，并考虑井筒内风速变化不大，有 $Q_y + Q_1 + Q_s = 0$，$(v_2^2 - v_1^2)/(2 \times 427) = 0$，$c_p(t_2 - t_1) + \gamma(d_2 - d_1) = \Delta i$。则不考虑井筒围岩散热的热平衡方程为：

$$c_p(t_2 - t_1) + \gamma(d_2 - d_1) = g(Z_1 - Z_2) \tag{7.78}$$

式中，c_p 为空气定压比热容，J/(kg·℃)；t_2、t_1 分别为井底、井口风温，℃；γ 为水蒸气的气化潜热，J/kg；$d_2 - d_1$ 为含湿量之差，kg/kg 干空气；$Z_1 - Z_2$ 为标高之差，m；g 为重力加速度，取 9.807m/s^2。

该式求出的井底风温 t_2，即为绝热压缩（仅考虑空气自压缩热源，其他热源不考虑）条件下井筒风温预测的理论计算方法。在一定大气压下，风流含湿量 d 与风温 t 之间存在近似线性关系，即：

$$d = 622b\varphi(t + \varepsilon')/(p - p_m) = A\varphi(t + \varepsilon')$$

将上式带入热平衡方程（7.78），经推导最终可得出井底风温 t_2 为：

$$t_2 = \frac{(1 + E_1\varphi_1)t_1 + F}{1 + E_2\varphi_2} \tag{7.79}$$

式中，p 为大气压，Pa，井口大气压为 p_1，井底大气压为 p_2，$p_2 \approx p_1 + g_p(Z_1 - Z_2)$，压力梯度 g_p 可按 11.3~12.6Pa/m 取值；φ 为相对湿度，%，井口空气湿度为 φ_1，井底空气湿度为 φ_2；b、p_m、ε' 分别为与风温有关的常数，可查阅辛嵩等编著的《矿井热害防治》或手册；E、A、F 无物理意义，仅为了简化表达，分别为 $A_1 = 622b/(p_1 - p_m)$，$A_2 = 622b/(p_2 -$

p_m），$E_1 = 2.4876A_1$，$E_2 = 2.4876A_2$，$F = (Z_1 - Z_2)/102.5 - (E_2\varphi_2 - E_1\varphi_1)\varepsilon'$。

在以上绝热压缩过程中，井筒湿壁、淋水水滴等的水分蒸发需要的吸热量来源于风流下行产生的压缩热以及风流本身，这部分热量将作为潜热用于水蒸气蒸发。因此风流沿井筒下行的过程中，既有吸热、也有放热，当自压缩热不足以支持水分蒸发所需的吸热量时，空气就会放热，也就是空气的放热量大于吸热量，会造成井底风温不升反降的现象。

D   井筒风流自压缩温升

这种情况仅考虑自压缩热源造成的温升，不考虑其他热源，为绝热压缩过程。且自压缩产生的热量全部用于空气温升所需的显热，不考虑加湿过程。在式（7.78）中，去掉含湿量变化一项，认为风流含湿量不变，则 $c_p(t_2 - t_1) = g(Z_1 - Z_2)$，所以有：

$$\Delta t = (Z_1 - Z_2)/102.48 \tag{7.80}$$

式中，Z_1、Z_2 分别为 1、2 两点处的标高，m。

即每下降或上升 100m，风流温度上升或下降约 1℃。以上是理想化的情况，以上公式计算值与实测值有一定差距，仅用于定性或半定量地说明自压缩温升效应。无论风流在井筒内上升或下降中，风流与井筒壁面、矿井淋水等进行热交换的同时，也进行湿交换。随着深度增加，无论实测值还是计算值，都会增大，而且实测值和计算值之间的差值也会变化。据相关观测资料，某矿山井口标高 49.85m，计算温度和实测温度均为 26.6℃，差值为 0℃；在井底车场（标高为 -660.00m）计算值与实测值分别为 33.5℃、29.3℃，差值为 4.2℃；在主井清理斜巷下车场（标高为 -745.00m）计算值和实测值分别为 34.3℃、30.3℃，差值 4.0℃。

风流通过井筒的热、湿交换非常复杂，此过程中同时发生风流的自压缩过程、加湿过程，以及围岩热交换过程，应采用公式（7.77）预测风温。自压缩和不计围岩散热风温这两种情况均是公式（7.77）的特例。总之，风流通过井筒的热湿交换要比平巷热湿交换复杂。

7.3.4.2 巷道风流的热交换及风温预测

由于巷道围岩与风流的热湿交换是一个复杂过程，在完全真实的条件下建立数学模型几乎不可能，因此有必要做如下假设：（1）矿内风流受地面大气季节性变化的影响较小，某一断面上风流参数不随时间而变化，认为风流通过巷道为一稳定流动过程。（2）巷道形状各种各样，断面形状对围岩的散热有一定影响，但为了简化，巷道形状简化为圆形，用水力半径代表巷道半径，围岩在巷道断面各个方向的传热是均匀的，热流方向均为径向。（3）巷道围岩均质且各向同性。（4）原始岩温在某一具体开拓巷道的位置是均一的，巷道开凿后通风前，围岩与风流热交换的初始温度为岩石的原始岩温。（5）围岩壁面换热条件一致。支护方式不同，换热条件不同，可以认为在某一段支护方式相同的巷道，其壁面换热条件是一致的、对流换热系数相同，在其周长边界上壁面换热条件也一致。（6）某段巷道内，在某段时间，假定空气温度恒定不变。（7）围岩传递的热量完全传递给风流。如果巷道壁面内部有裂隙或者热水，会带走一部分围岩散发的热量，巷道除尘散水降温导致的水温升高和水分蒸发也会吸收一部分围岩散发的热量，但这些将使得问题更为复杂。一般假定围岩散热全部传递给风流。

A   巷道风流热湿交换能量方程

如前所述，对于单位质量的风流，存在能量守恒关系 $\sum q = \Delta i$，即热源传递给单位质量风流的热量，等于单位质量风流的焓增。

根据前述关系，针对微元水平巷道 dy，可建立风流与环境热交换的微分能量方程：

$$dQ = M_B di = M_B c_p dt + M_B \gamma dx$$

式中，dQ 为微元 dy 长度上环境对风流的加热量，kW；M_B 为质量流量，kg/s；di 为微元 dy 长度巷道的焓，kJ/kg；c_p 为空气定压比热容，kJ/(kg·℃)；γ 为汽化潜热，kJ/kg；dx 为微元 dy 长度上含湿量变化，kg/kg 干空气；dt 为干球温度在 dy 长度上的变化量，℃。

巷道风流的热源主要有两类，一类为绝对热源，一类为相对热源。相对热源的放热量或吸热量与巷道长度成正比，绝对热源与巷道长度无关。在巷道中，相对热源主要是围岩、水管以及矿井热水等的放热（或吸热），绝对热源主要指机械设备、运输矿岩等热源。在长度为 L 的巷道内，用 dQ_{gu}，dQ_{tx}，dQ_s 分别代表围岩、水管以及水沟热水在巷道微元长度 dy 上的放热变化量，以 Q_m 表示计算段巷道 L 中绝对热源总放热量，可得：

$$dQ = dQ_{gu} + dQ_{tx} + dQ_s + dQ_m$$

综合上式，可知水平巷道微元 dy 长度上风流热湿交换微分方程式：

$$dQ_{gu} + dQ_{tx} + dQ_s + dQ_m = M_B c_p dt + M_B \gamma dx \tag{7.81}$$

式中，dy 长度上围岩放热量 $dQ_{gu} = K_\tau U_\tau (t_{gu} - t) dy$；水管放热量 $dQ_{tx} = [K_t U_t (t_t - t) - K_x U_x (t - t_x)] dy$；水沟放热量 $dQ_s = K_s B_s (t_s - t) dy$；绝对热源 $dQ_m = Q_m dy / L$；t 为风流温度，℃；t_{gu} 为原始岩温，℃；K_τ 为不稳定传热系数，kW/(m²·℃)；K_t、K_x 分别为热、冷管道的传热系数，kW/(m²·℃)；t_t、t_x 分别为热、冷流体温度，℃；U_τ 为井巷周长，m；U_t、U_x 分别为热、冷管道周长，m；K_s 为水沟盖板传热系数，kW/(m²·℃)；B_s 为水沟宽度，m；t_s 为水沟中水的平均温度，℃。对于倾斜巷道，还应考虑自压缩热 $(Z_1 - Z_2)/427$。

B 巷道末端风温计算

将 $dt = t_2 - t_1$、$dx = x_2 - x_1$ 代入以上热湿交换微分方程，可得热平衡方程式为：

$$M_B c_p (t_2 - t_1) + M_B \gamma (x_2 - x_1)$$
$$= [K_\tau U (t_{gu} - t) + K_t U_t (t_t - t) - K_x U_x (t - t_x) + K_s B_s (t_s - t)] L + \sum Q_m$$

同理，类似公式（7.79）考虑到在一定大气压下风流含湿量 d 与风温 t、相对湿度 φ 之间存在近似线性关系，并将此关系式带入上式，经整理后，可得巷道末端风温计算公式：

$$t_2 = \frac{(R + E\varphi_1 - N)t_1 + M + F}{(R + E\varphi_2)} \tag{7.82}$$

式中，$N = N_\tau + N_t + N_x + N_s$，$N_\tau = K_\tau U_\tau L / (M_B c_p)$，$N_t = K_t U_t L / (M_B c_p)$，$N_x = K_x U_x L / (M_B c_p)$，$N_s = K_s U_s L / (M_B c_p)$，$R = 1 + 1.05N$，$M = N_\tau t_{gu} + N_\tau t_t + N_x t_x + N_s t_s$，$\Delta \varphi = \varphi_2 - \varphi_1$，$F = \sum Q_m / (M_B c_p) - E\Delta\varphi\varepsilon'$；$E$、$\varepsilon'$ 见公式（7.79）中的符号解释；t_{gu}、t_t、t_x、t_s 分别为原始岩温、热水管热流体温度、冷水管冷流体温度、水沟中水的平均温度，℃；φ 为相对湿度，%；t 为风流温度，℃；K_τ 为不稳定传热系数，kW/(m²·℃)；U_τ 为井巷周长，m；L 为巷道长度，m；M_B 为风流质量流量，kg/s；c_p 为风流定压比热容，kJ/(kg·℃)；$\sum Q_m$ 为绝对热源之和，kJ/s 或 kW。

C 巷道末端湿度计算

风流流经巷道湿壁时，将产生矿井风流的湿交换。按照湿交换理论，井巷湿壁的水分蒸发量可采用下式计算：

$$W_{max} = h(t_{dp} - t_{wp})ULp/(\gamma p_0)$$

式中，W_{max} 为水分蒸发量，kg/s；h 为湿壁与风流的对流换热（表面换热）系数，kW/($m^2 \cdot$ ℃)，$h = 2.728 \times 10^{-3}\varepsilon_m v_p^{0.8}$；$\varepsilon_m$ 为湿壁粗糙度系数，光滑湿壁取 1，主要运输大巷取 1~1.65，运输平巷取 1.65~2.5，工作面取 2.5~3.1；v_p 为巷道平均风速，m/s；γ 为水蒸气的汽化潜热，$\gamma = 2500$kJ/g；$t_{dp} - t_{wp}$ 为风流的平均干球温度 t_{dp} 与平均湿球温度 t_{wp} 之差，℃，可用来表示空气中水蒸气的饱和程度，此值为零，说明达到饱和，水分蒸发量为零；p 为风流压力，Pa；p_0 为标准大气压，101.325kPa；UL 为巷道湿壁的面积，等于湿壁周界长 U 与湿壁长度 L 乘积，m^2。

对应的潜热交换量可用下式计算：

$$Q_q = W_{max}\gamma = h(t_{dp} - t_{wp})ULp/p_0$$

以上计算的湿壁水分蒸发量 W_{max} 是在巷道壁面完全潮湿的条件下得出，是理论上的最大值。对应的潜热是巷道壁完全潮湿的情况下水分蒸发从围岩散发的总热量中吸收的潜热。实际上壁面的潮湿程度是有区别的，实际湿交换量不超过完全潮湿情况下的理论蒸发值，实际湿交换量应考虑壁面潮湿程度。如前所述，对巷道壁面与风流湿交换的处理方法很多，一般在实际应用中考虑井巷潮湿程度系数，称为潮湿度系数 f，定义为井巷壁面实际水分蒸发量 $M_b \Delta d$ 与理论水分蒸发量 W_{max} 之比，即：

$$f = M_b\Delta d/W_{max} \tag{7.83}$$

式中，f 为潮湿度系数，%；M_b 为风流质量流量，kg/s；Δd 为风流含湿量变化量，kg/kg 干空气，$\Delta d = d_2 - d_1$，d_1，d_2 分别为计算段巷道始、末点风流含湿量；W_{max} 为水分蒸发量，kg/s。

潮湿度系数 f 可通过实验或实测求得，因此，可按上式（7.83）求得含湿量变化值 Δd，就可得到该计算段巷道风流末端的湿度情况，即 $d_2 = \Delta d + d_1$。相对湿度 $\varphi_2 = p_v \times 100\%/p_s$，其中水蒸气分压力 $p_v = p_2 d_2/(622 + d_2)$，Pa；可按风温 t_2 查表计算饱和水蒸气分压力 $p_s = 610.6\exp[(17.27t_2)/(237.3 + t_2)]$，Pa。

以上给出了巷道风流热、湿计算的基本公式，可据此逐段计算井巷末端风流温度和湿度。

7.3.4.3 采矿工作面热交换原则及风温预测

风流通过采矿工作面时的热平衡方程：

$$M_b c_p(t_2 - t_1) + M_b\gamma(d_2 - d_1) = K_\tau UL(t_{at} - t) + (Q_k + \sum Q_m) \tag{7.84}$$

式中，Q_k 为运输巷道中矿石的放热量，kW；其余符号意义同公式（7.78）和公式（7.81）。

巷道中运输矿岩的放热量一般按下式计算：

$$Q_k = mc_m\Delta t, \quad \Delta t = 0.0024L^{0.8}(t_r - t_{wn})$$

式中，L 为运输距离，m；t_r 为矿岩运输始点的温度，℃；t_{wn} 为运输巷道中风流的平均湿球温度，℃；m 为矿岩运量，kg/s；c_m 为矿岩比热容，kJ/(kg·℃)。

类似公式（7.79）考虑到在一定大气压下风流含湿量 d 与风温 t、相对湿度 φ 之间存在近似线性关系，并将此关系式带入式（7.84），经整理可得出采矿工作面风流出口的风温 t_2 为：

$$t_2 = [(R + E\varphi_1 - N)t_1 + M + F]/(R + E\varphi_2) \tag{7.85}$$

该式与巷道末端风温计算式形式上相同，仅其中的组合参数略有区别。

$$N = (K_\tau U_\tau L + 6.67 \times 10^{-4} mc_m L^{0.8})/(M_B c_p)$$

$$F = (\sum Q_m - 2.23 \times 10^{-4} mc_m L^{0.8})/(M_B c_p) - E\Delta\varphi\varepsilon'$$

式中，M_B 为风流质量流量，kg/s；U_τ 为巷道周长，m；m 为每小时矿岩运输量，t/h；其他参数意义见式（7.81）~式（7.84）。

按照井下作业气候条件阈限值要求，采矿工作面出口风流温度一般规定有一限值，即 t_2 已知，这时可得出采矿工作面入口风温 t_1 为：

$$t_1 = [(R + E\varphi_2)t_2 - Nt_{gu} - F]/(R + E\varphi_1 - N) \tag{7.86}$$

7.3.4.4 气象条件预测总结

在实际应用中，可将井筒、常年通风巷道、采矿工作面的气象条件（一般为井巷终点温度、湿度等气象参数）预测总结如下。

井筒、常年通风巷道、采矿工作面的温度、含湿量以及相对湿度计算如下：

$$t_2 = t_1 + \sum Q_i/(Gc_p) - \gamma h_L(d_2 - d_1)/c_p \tag{7.87a}$$

$$d_2 = d_1 + F_L f\sigma(p_{bs} - \varphi_p p_{ts})/[R_V TG(1 - h_L)] \tag{7.87b}$$

$$\varphi_2 = p_2/[p_{s2}(1 + 0.622/d_2)] \tag{7.87c}$$

式中，h_L 为巷道水分蒸发从空气中吸热的比例，其值与巷道原始岩温、巷道壁温以及巷道空气中干湿球温度的关系有关，一般情况下，空气干球温度高于壁温且湿球温度低于壁温时，壁面水分蒸发既要从空气中吸热也从围岩中吸热，$0<h_L<1$，计算时取 $h_L = 0.4 \sim 0.7$；当空气湿球温度高于壁温时，壁面水分蒸发所需的全部热量取自空气，$h_L = 1$，计算时 $h_L = 0.8 \sim 0.95$；如壁温超过空气的干球温度，则壁面水分蒸发只从围岩吸收热量，若无其他湿源时 $h_L = 0$，计算时取 $h_L = 0.1 \sim 0.3$；d_1、d_2 分别为巷道始、末端风流的含湿量，kg/kg 干空气；γ 为水蒸气汽化潜热，kJ/kg；c_p 为空气定压比热容，kJ/(kg·℃)；G 为风流质量流量，kg/s；ΣQ_i 为巷道中热量之和，kW；t_1、t_2 为巷道起、始点风温，℃；f 为巷道潮湿率，壁面完全潮湿时 $f = 1$，完全干燥时 $f = 0$，处于中间状态时 $0<f<1$；计算时，无明显湿痕（稍潮湿）f 取 $0.1 \sim 0.3$，有湿痕（一般潮湿）f 取 $0.3 \sim 0.7$，潮湿 f 取 $0.7 \sim 1$；F_L 为巷道壁面积，巷道周界长与巷道长度的乘积，m^2；p_{bs} 为壁面平均温度的饱和水蒸气分压，Pa；p_{ts} 为风流平均温度的饱和水蒸气分压，Pa；φ_p 为巷道起点、终点风流平均相对湿度，%；R_V 为水蒸气气体常数，$R_V = 0.46189$kg/(kg·K·s)；σ 为以水蒸气分压差计算蒸发量的对流质交换系数，也叫传质系数，m/s；T 为巷道壁面平均绝对温度 T_b 与风流平均绝对温度 $(T_1+T_2)/2$ 的平均值，$T = [T_b + (T_1 + T_2)/2]/2$，K；$\varphi_2$ 为巷道终点风流的相对湿度，%；p_{s2} 为巷道终点风流温度的饱和水蒸气分压，Pa；p_2 为巷道终点风流的大气压力，Pa。

按上述公式计算井巷终点气象条件时，应采用迭代方法，按照如下步骤计算：

（1）假设巷道终点风流温度 t_2 和相对湿度 φ_2；

（2）按上述假设值计算 $d_2 = 0.622\varphi_2 p_{s2}/(p_2 - \varphi_2 p_{s2})$，再按照式（7.87a）计算巷道终点风流温度 t_2^1；

（3）当 t_2 与 t_2^1 之差不符合要求的精度（如±0.01）时，则重新以两者平均值作为假设

的 t_2 重新计算，直到满足精度为止，这时假设的 t_2 即为所求的巷道终点风流温度的初算值，以 t_2^2 表示；

（4）用初算值 t_2^2、φ_2 及式（7.87b）计算出巷道终点风流的含湿量 d_2^1；

（5）若 d_2^1 与 d_2 之差在给定的精度范围内时，则 t_2^2、φ_2 即为所求的巷道终点风流温度和相对湿度，否则，用 t_2^2 及 d_2 按式（7.87c）计算 φ_2^1；

（6）以 φ_2^1 和 φ_2 的平均值作为 φ_2 的假定值，以 t_2^2 作为 t_2 的假定值，再按步骤（2）~（6）计算，直到巷道风流终点温度和含湿量的精度都能满足要求为止，这时计算的巷道终点风流温度和相对湿度即为所求值。

应分段进行矿井气象条件预测。分段预测的原则如下：

（1）按不同的井巷类型划分。不同类型的井巷应分段计算，如竖井、斜井、平巷、斜坡道等不同类型井巷。

（2）考虑断面、支护方式的变化。同类型井巷，井巷断面形状、尺寸以及井巷支护方式等井巷几何特征不同，应进行分段。

（3）考虑巷道是否有分叉或回合（分风和混合风）。风量发生变化，应进行分段预测。

（4）考虑巷道标高的变化，而且巷道长度一般不超过 1km。

矿井气象参数计算可以从地面开始，按不同井巷类型及风量、断面等的变化分段计算，也可以从某一已知风流参数点开始计算，直到计算段的终点。

7.3.4.5　掘进工作面的热交换及风温预测

掘进工作面热湿交换与有贯穿风流的巷道以及采场的热湿交换不同，主要有以下区别：首先新掘进的围岩壁面与风流热交换强烈，围岩的调热圈半径较小。再者，掘进巷道中有进风流和回风流，风流在风筒末端（指压入式风筒出口、抽出式风筒入口）与掘进迎头之间（所谓的掘进头近区）各处的进风、回风流所占的通过面积和风速不等。风筒参加热交换过程。

风流在掘进工作面的热湿交换主要是通过风筒进行的，热交换过程一般可以看成是等湿加热过程。以压入式为例，由于掘进巷道特殊的供风关系，压入式通风的掘进工作面可以按风流的流向分成四个计算段，即局扇入口到局扇出口、局扇出口到风筒末端、风筒末端到掘进工作面、掘进工作面到掘进巷道出风口。

A　局部通风机出口风温计算

局部通风机出口风温的计算公式为：

$$t_1 = t_0 + k_b \frac{N_e}{c_p M_{b1}} \tag{7.88a}$$

式中，t_1 为局部通风机出口风温，℃；t_0 为局扇入口处巷道风温，℃；k_b 为局扇放热系数，可取 $0.55 \sim 0.7$；N_e 为局扇额定功率，kW；M_{b1} 为局扇有效风量，即风机出口风量，等于风筒入口风量，kg/s；c_p 为巷道风流定压比热容，一般取 1.005kJ/（kg·℃）。

在实际中经常按以下公式（7.88b）计算局扇出口的风温，即：

$$t_{j1} = t_1 + \frac{A p_F K_{jd}}{9.81 c_p \gamma \eta_1 \eta_2} \tag{7.88b}$$

式中，t_{j1} 为局扇出口的风流温度，℃；p_F 为局扇的工作风压，Pa；K_{jd} 为局扇电动机容量安全系数，一般取 1.15；η_1 为局扇效率，取 0.5~0.8；η_2 为电机效率，一般取 0.8~0.9；c_p 为巷道风流定压比热容，一般取 1.005kJ/(kg·℃)；γ 为巷道风流密度，kg/m³；t_1 为风机入风口风流温度，等于局扇入风口处巷道风流温度，℃；A 为功热当量，$A = 9.81 \times 10^{-4}$ kJ/(kg·m)。

局扇工作风压可按下式计算：

$$p_F = \frac{R_F L_F Q_{md}}{100 - N_F L_F} + 0.973 \frac{Q_{md}^2}{D_F}$$

式中，R_F 为风筒百米风阻值，N·s²/m⁸，可参照类似矿山选取，或按表 7.16 选取；L_F 为风筒的总长度，m；Q_{md} 为风筒出风口的风量，m³/s；D_F 为风筒直径，m；N_F 为风筒百米漏风率，1/100m，可参照类似矿山选取，或按表 7.17 选取。

表 7.16 风筒百米风阻值 R_F

风筒直径/m	0.4	0.5	0.6	0.7	0.8	0.9	1.0
百米风阻/N·s²·m⁻⁸	130	50~96	35~50	10~20	10	5	3

表 7.17 风筒百米漏风率 N_F

风筒长度/m	100	200	300	400	500	600	700	800	900	1000
百米漏风率/%	0.2	0.18	0.1~0.15	0.1	0.09	0.08	0.07	0.06	0.055	0.05

B 风筒出口风温计算

$$t_2 = \frac{2N_t t_b + (1 + N_t) t_1 + 0.01(Z_1 - Z_2)}{1 + N_t} \tag{7.89a}$$

式中，$N_t = K_\tau S_\tau / [(p + 1) M_{b1} c_p]$，单层风筒时 $K_\tau = (h_{\tau 1}^{-1} + h_{\tau 2}^{-1})^{-1}$，隔热风筒时 $K_\tau = [h_{\tau 1}^{-1} + h_{\tau 2}^{-1} + R_2 \times \ln(R_2/R_1)/(2\lambda)]^{-1}$；$t_1$、$t_2$ 分别为风筒入口、出口风流风温，℃；K_τ 为风筒总传热系数，kW/(m²·℃)；$h_{\tau 1}$ 为巷道风流对风筒外壁的对流换热系数，$h_{\tau 2}$ 为风筒风流对风筒内壁的对流换热系数，kW/(m²·℃)，分别称风筒外、内对流换热系数；λ 为风筒壁的导热系数，kW/(m·℃)；R_1、R_2 分别为风筒外壁、内壁半径，m；S_τ 为风筒传热面积，m²；p 为风筒有效风量率，$p = M_{b2}/M_{b1}$；M_{b1}、M_{b2} 分别为风筒入口、出口风流质量风量，kg/s；c_p 为空气定压比热容，kJ/(kg·℃)；t_b 为风筒外平均风温，℃，指巷道风流平均温度；Z_1、Z_2 分别为风筒入口、出口标高，m。

风筒外部和内壁的对流换热系数可按下式计算：

$$h_{\tau 1} = 0.006\{1 + 1.471[0.6615 v_b^{1.6} + (2R_1)^{-0.5}]\}^{1/2}$$

$$h_{\tau 2} = 0.00712(2R_1)^{-0.25} v_m^{0.75}$$

式中，v_b，v_m 分别为巷道平均风速和风筒内平均风速，m/s；$v_b = 0.4167(1+p) M_{b1}/S_\tau$，$v_m = 0.5308(1+p) M_{b1}/(2R_2)^2$。

在实际中也可使用公式（7.89b）计算风筒内包括风筒出口处的任意位置的风温，即：

$$t_{j2} = t_{jh} - (t_{jh} - t_{j1}) e^{-A_j L_j} \tag{7.89b}$$

式中，$A_j = 0.86\pi D_F K_j/(G_{j1} c_p)$，$K_j = (1/\alpha_1 + \sum dh_j/\lambda_j + 1/\alpha_2)^{-1} \times 10^{-3}$，$\Delta t_2 = \Delta t_1/[\alpha_2(1/\alpha_1 + \sum dh_j/\lambda_j + 1/\alpha_2)]^{-1}$，$\alpha_1 = 2.236 W_F^{0.8} \gamma^{0.8} U_F^{0.2}/F_F^{0.2}$，$\alpha_2 = 1.319(\Delta t_2/dh_j)^{1/2} + 5.35(T_{F1}^4 - $

$T_{F2}{}^4)/(T_{F1} - T_{F2}) \times 10^{-6}$; t_{j2} 为风筒内任意处（含风筒出口）的风流温度，℃；t_{jh} 为计算段风筒外巷道风流的平均温度，℃；L_j 为计算段风筒的长度，m；G_{j1} 为风筒内风流的平均质量风量，kg/s；K_j 为风筒的总传热系数，kW/(m²·℃)，相当式（7.89a）中的 K_τ；D_F 为风筒直径，m；c_p 为风流定压比热容，kJ/(kg·℃)；α_1 为风筒内壁面对风筒内风流的放热系数，W/(m²·℃)，相当于式（7.89a）中的 $h_{\tau2}$；α_2 为风筒外壁面对巷道风流的放热系数，W/(m²·℃)，相当于式（7.89a）中的 $h_{\tau1}$；λ_j 为风筒壁及隔热层的导热系数，J/(m·s·℃)；dh_j 为风筒壁及隔热层的厚度，m；W_F 为风筒内的平均风速，m/s；U_F 为风筒内壁周长，m；F_F 为风筒内截面积，m²；γ 为巷道风流密度，kg/m³；Δt_2 为巷道风流平均温度与风筒外壁面平均温度之差，℃；Δt_1 为风筒内风流与巷道风流间的平均温度差，℃；T_{F1}、T_{F2} 分别为风筒内壁面、外壁面的平均绝对温度，K。

风流从风机入口到风机出口段、风机出口（风筒始端、压入式风筒入口）到风筒出口（风筒末端）段，即为风机段和风筒段，简称风机、风筒段。

风机段、风筒段风温预测的特点是：不考虑围岩散热的影响，风机段仅考虑局扇做功对风流的升温，风筒段仅考虑风筒内、外风流的热交换。这个过程风流含湿量不发生变化，可认为是等湿加热过程，即只有热交换，没有湿交换。

C   掘进迎头风温 t_3

风流从风筒流出，进入工作面，与掘进迎头近区围岩发生热交换。根据热平衡方程，掘进迎头风温可按下式计算：

$$t_3 = \varepsilon t_4 \tag{7.90a}$$

$$t_4 = \frac{\alpha_3 F_2 (t_y - 0.5 t_3) - 0.597 \Delta d G_2 + 0.24 t_3 G_2}{0.5 \alpha_3 F_2 + 0.24 G_2} \tag{7.90b}$$

式中，$\alpha_3 = 2.64 M \rho_2^{0.8} v_2^{0.8} / D_2^{0.2}$，$M = (t_y/36)^{0.1}$，$v_2 = E G_2 / (450 \pi \rho_2 D_0^2)$，$D_2 = 2 R_2$，$R_2 = (R_0 L + R_0^2)$，$F_2 = 2 \pi R_2 L$，$G_1 = G_2$，$N = L/D_0$，$E = \exp(3.279 - 0.576 N)$；$t_3$ 为掘进迎头风流温度，℃；t_4 为巷道出口回风流温度，℃；α_3 为掘进头近区围岩向风流的折算放热系数，kJ/(m²·℃)；ε 为由围岩温度 t_y、风量、掘进头机电设备等决定的系数，围岩温度不高时取 1.01~1.05，围岩温度 t_y 较高（30~45℃）取 0.95~0.99；F_2 为掘进迎头近区巷道计算表面积，m²；G_1、G_2 分别为掘进工作面风流、风筒出口风流的质量流量，kg/s；Δd 为风筒出口和与之对应巷道断面的空气含湿量的差，g/kg，可参照类比矿山资料按表 7.18 取值，原岩温度高、巷道断面大时取大值；R_2 为掘进迎头近区巷道等值半球半径，m；R_0 为掘进巷道等值半径，m；L 为掘进头近区巷道长度，m；ρ_2 为掘进迎头近区风流密度，kg/m³；v_2 为掘进头近区计算用风速，m/s；D_0 为掘进巷道的等值直径，$D_0 = 2 R_0$，m；E 为掘进迎头近区无因次长度影响系数；N 为掘进头近区巷道的无因次长度。

表 7.18 Δd 取值

掘进巷道类型	$\Delta d / \text{g} \cdot \text{kg}^{-1}$
完全干燥	0
煤巷	0.2~0.6
半煤岩巷	0.8~1.5
岩巷	1.5~2.5

掘进头风温也可按下式计算：

$$t_3 = [(1 + E\varphi_2 - M)t_2 + 2Mt_r + F]/R \tag{7.90c}$$

式中，$M = zK_{\tau 3}S_3$，$z = (2KM_{b1}c_p)^{-1}$，$R = 1 + M + E\varphi_s$，$F = z\sum Q_{m3} - E\Delta\varphi\varepsilon'$；$t_r$ 为原岩温度，℃；$\Delta\varphi = \varphi_3 - \varphi_2$ 为掘进头风流相对湿度 φ_3 与风筒出口风流相对湿度 φ_2 之差，%；S_3 为掘进迎头近区围岩散热面积，m^2；$\sum Q_{m3}$ 为掘进迎头近区局部热源散热量之和，kW；$K_{\tau 3}$ 为掘进头近区围岩不稳定换热系数，kW/($m^2 \cdot$℃)，$K_{\tau 3} = \lambda\varphi/[1.77R_3(F_{03})^{1/2}]$，$\varphi = [1 + 1.77(F_{03})^{1/2}]$，$R_3 = (R_0L_3 + R_0^2)^{1/2}$，$R_0 = 0.564S^{1/2}$，$F_{03} = \alpha\tau_3/R_0^2$；$\lambda$ 为围岩导热系数，kW/($m \cdot$℃)；α 为围岩导温系数，m^2/h；τ_3 为掘进迎头平均通风时间，h；L_3 为掘进迎头近区长度，m；其他符号意义同公式（7.90a）和公式（7.90b）。

以上两种方法是从不同的角度进行分析的，第一种方法是按照 t_4 来计算 t_3 的，第二种方法是按照 t_2 来计算 t_3。实际工程中掘进工作面风温也可按下式计算：

$$t_{j3} = t_{j2} + \sum Q_{ji}/(G_{j2}c_p) - \gamma h_L(d_{j3} - d_{j2})/c_p \tag{7.90d}$$

式中，t_{j3} 为掘进面风流温度，℃；t_{j2} 为风筒出口的风流温度，℃；$\sum Q_{ji}$ 为掘进面热源放热量，kW；G_{j2} 为掘进面风流的质量流量，kg/s；d_{j3} 为掘进面风流的含湿量，kg/kg 干空气；d_{j2} 为风筒末端风流的含湿量，一般可视与局扇入风口风流含湿量相等，kg/kg 干空气；γ 为水分挥发成水蒸气的汽化热，2500kJ/kg；h_L 为巷道水分蒸发从空气中吸热的比值，取值见公式（7.87）；c_p 为风流的定压比热容，kJ/(kg $\cdot$ ℃)。

D 掘进工作面到掘进巷道出风口

C 部分中公式（7.90a）和公式（7.90b）已经计算出返回风流的温度 t_4，即掘进巷道出风口的风温，但其他两种方法是借助风筒出口风温计算掘进面风温，因此需计算掘进巷道出风口风温。

$$t_{j41} = t_{j3} + \sum Q_{ji}/(G_{j2}c_p) - \gamma h_L(d_{j4} - d_{j3})/c_p \tag{7.91a}$$

$$t_{j4} = [t_{j41}G_{j2} + (t_{j1} + t_{j2})(G_{j0} - G_{j2})/2]/G_{j0} \tag{7.91b}$$

式中，t_{j41} 为不考虑风筒漏风时的回风流末端温度，℃；d_{j4} 为回风流的含湿量，kg/kg 干空气；t_{j4} 为考虑风筒漏风时的回风流末端温度，℃；G_{j0} 为风机出风口处的风流质量风量，kg/s；γ 为水分挥发成水蒸气的汽化热，kJ/kg；h_L 为巷道水分蒸发从空气中吸热的比值，取值如前；c_p 为风流的定压比热容，J/(kg $\cdot$ ℃)。

从以上内容可以看出，掘进工作面气象条件预测计算是按分段进行计算的，一般分成四段，即：局扇入口到出口段 0—1，局扇出口到风筒出口段 1—2，风筒出口到掘进迎头 2—3，掘进迎头到巷道口回风流段 3—4；前两个计算段风流先后流经风机内部和风筒内部，即 0—1—2 段，一般不考虑风流湿度变化，即等湿过程，在此过程中，围岩与风筒风流不直接进行热交换；而后两个计算段，即 2—3—4 段，涉及到风流含湿量的变化，显然不是等湿过程，另外，围岩直接参与风流的热湿交换。

采用抽出式通风的掘进巷道，进风段（0—1—2 巷道段）可按照 7.3.4.4 一节内容中公式（7.78a）～公式（7.78c）计算温度、湿度等气象参数，风筒段（即回风段 2—3—4）气象参数与压入式风筒段计算类似。根据降温工程实践，在降温工程设计中，巷道不太长的掘进巷道的通风方式建议不用抽出式，而采纳压入式。掘进巷道气象条件预测点布置如图 7.11 所示。巷道过长的掘进巷道，一般采纳抽压混合通风，随后论述其气象参数计算。

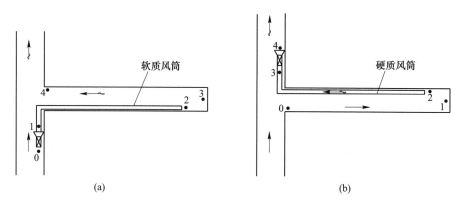

图 7.11　掘进巷道风温预测点布置图

（a）压入式；（b）抽出式

7.3.4.6　混合风流气象参数计算

在风流汇合处要考虑混合风流的影响。混合风流的参数可以按照下式计算。

$$t = \sum (t_i G_i) / \sum (G_i) \tag{7.92a}$$

$$\varphi = \sum (\varphi_i G_i) / \sum (G_i) \tag{7.92b}$$

式中，t 为混合风流的温度，℃；t_i 为汇入该点的第 i 分支巷道的风流温度，℃；G_i 为汇入该点的第 i 分支巷道的风流质量风量，kg/s；φ 为混合风流的相对湿度，%；φ_i 为汇入该点的第 i 分支巷道的风流相对湿度，%。

7.3.5　气象条件预测方法综述

矿井气象条件预测方法主要有三类，分别为数学分析法、实验室模型模拟法和实测统计法。三种方法各有优缺点。普遍采用的方法为数学分析与实测统计相结合的方法。目前在矿井降温工程设计中，一般采用数学分析与实测统计相结合的方法对矿井风温度、湿度等气象条件进行预测，计算结果可以满足矿井降温工程要求。

7.3.5.1　数学分析法

数学分析法是以工程热力学、传热学以及流体力学等为基础，建立热传导微分方程，以矿井实际热状况为边界条件和初始条件，求解热状态参数。主要有以下三种数学模型。

福斯法数学模型：

$$M_B c_p \mathrm{d}t = K_{u\tau} \frac{U}{R_0} c_p \frac{\Delta t}{\Delta i} \lambda (t_{gu} - t) \mathrm{d}y \tag{7.93}$$

舍尔巴尼法数学模型：

$$M_B c_p (t_2 - t_1) + M_B \gamma (d_2 - d_1) = K_\tau UL \left[t_{gu} - \frac{1}{2}(t_1 + t_2) \right] + \sum Q_M \tag{7.94}$$

田野平松数学模型：

$$M_B \Delta i = \eta \lambda L \left[t_{gu} - \frac{1}{2}(t_1 + t_2) \right] + \sum Q_M \tag{7.95}$$

式中，M_B 为风流质量流量，kg/s；c_p 为定压比热容，J/（kg·℃）；$K_{u\tau}$ 为实效系数，$K_{u\tau} =$

$K_{\tau}R_0/\lambda$，也叫经时系数，为无因次不稳定传热系数；t 为风流平均温度，$t = (t_1 + t_2)/2$；t_1、t_2 分别为巷道始、末端风温，℃；d_1、d_2 分别为巷道始、末端风流含湿量，kg/kg 干空气；R_0 为巷道当量半径，$R_0 = 0.564(F)^{1/2}$；F 为巷道截面积，m^2；λ 为围岩热导率，W/(m·℃)；U 为巷道周界长，m；L 为巷道长度，m；K_{τ} 为不稳定换热系数，kW/(m^2·K)；$\sum Q_M$ 为绝对热源的放热量，kJ/kg；γ 为水蒸气的汽化潜热，J/kg；t_{gu} 为围岩原始岩温，℃；η 为由巷道尺寸 R_0、壁面对流放热系数 $h[kW/(m^2·℃)]$、围岩密度 $\rho(kg/m^3)$、围岩比热容 $c[J/(kg·℃)]$ 及通风时间 $\tau(s)$ 决定的值。

福斯法以风流的等湿加热过程为基础，不考虑含湿量的变化，因此具有片面性，只适用于干燥巷道。舍尔巴尼法和田野平松法均考虑了风流的湿交换过程，体现在公式左侧含湿量变化导致的潜热项，适用于潮湿巷道的情况，更符合实际情况。在前面有关井巷风流热湿交换计算及气象条件预测内容中，均采用舍尔巴尼的数学模型。田野平松的模型实质上与舍尔巴尼公式类似，区别仅在等号右侧第一项围岩传热的计算。即 $\eta\lambda = K_{\tau}U$，则 $\eta = K_{\tau}U/\lambda$。

7.3.5.2 实验室模型模拟法

模拟巷道法是由苏联学者麦德杰维夫提出的。这种方法是根据几何相似和热力相似原理，用模拟巷道来代替实际巷道，用有限的实验数据来反映同一类现象的普遍性，从而计算出各类井巷不同热状态条件下的风温近似计算式。

根据风流能量方程，在长度为 dy 的巷道中，相对热源和绝对热源放出的热量之和等于该段巷道内风流的焓增，因此风流与环境的热交换微分方程为：

$$dq = \frac{K_{\tau}U}{M_B}(t_{gu} - t_B)dy + q_m dy \qquad (7.96)$$

式中，dq 为 dy 长度微元巷道内平均 1kg 质量风流的焓增，kJ/kg；K_{τ} 为围岩与风流的不稳定换热系数，kW/(m^2·℃)；U 为巷道周界长，m，可按断面形状系数、巷道断面面积计算；M_B 为风流的质量流量，kg/s；t_{gu} 为围岩的原始岩温，℃；t_B 为风流的平均温度，℃；q_m 为 dy 长度微元巷道内绝对热源的放热量，kJ/kg。

上式中，等号右侧第一列为相对热源放出的热量，第二列为绝对热源放热量。令 $c_g = dq/dt$，从物理意义上讲，c_g 可定义为湿空气在定压状态下的全微分比热容。c_g 带入式（7.96），可得：

$$dt = \frac{K_{\tau}U}{M_B c_g}(t_{gu} - t_B)dy + \frac{q_m}{c_g}dy \qquad (7.97)$$

对于巷道 1 和巷道 2，由式（7.97），可得：

$$dt_1 = \frac{K_{\tau 1}U_1}{M_{B1}c_{g1}}(t_{gu1} - t_{B1})dy_1 + \frac{q_{m1}}{c_{g1}}dy_1 \qquad (7.98a)$$

$$dt_2 = \frac{K_{\tau 2}U_2}{M_{B2}c_{g2}}(t_{gu2} - t_{B2})dy_2 + \frac{q_{m2}}{c_{g2}}dy_2 \qquad (7.98b)$$

若两条巷道的换热过程相似，则有以下比例关系：

$$K_{\tau} = \frac{t_{gu1}}{t_{gu2}} = \frac{t_{B1}}{t_{B2}}, \quad K_{K_{\tau}} = \frac{K_{\tau 1}}{K_{\tau 2}}, \quad K_L = \frac{L_1}{L_2}, \quad K_U = \frac{U_1}{U_2}$$

$$K_M = \frac{M_{B1}}{M_{B2}}, \quad K_c = \frac{c_{g1}}{c_{g2}}, \quad K_q = \frac{q_{m1}}{q_{m2}}$$

由式（7.98b），并考虑以上比例关系，可得：

$$K_t \mathrm{d}t_2 = \frac{K_{K\tau} K_{\tau 2} K_U U_2}{K_M M_{B2} K_c c_{g2}}(K_t t_{gu2} - K_t t_{B2}) K_L \mathrm{d}y_2 + \frac{K_q q_{m2}}{K_c c_{g2}} K_L \mathrm{d}y_2$$

即

$$\mathrm{d}t_2 = \frac{K_{K\tau} K_U K_L}{K_M K_c} \cdot \frac{K_{\tau 2} U_2}{M_{B2} c_{g2}}(t_{gu2} - t_{B2}) \mathrm{d}y_2 + \frac{K_q K_L}{K_t K_c} \cdot \frac{q_{m2}}{c_{g2}} \mathrm{d}y_2 \quad (7.99)$$

式（7.98b）和式（7.99）两式恒相等，因此有：

$$\frac{K_{K\tau} K_U K_L}{K_M K_c} = \frac{K_q K_L}{K_t K_c} = 1$$

因此可得两条巷道热力相似的充要条件：

$$\frac{K_{\tau 2} U_2 L_2}{M_{B2} c_{g2}} = \frac{K_{\tau 1} U_1 L_1}{M_{B1} c_{g1}} = \mathrm{const} \quad (7.100\mathrm{a})$$

$$\frac{q_{m2} L_2}{c_{g2} t_{B2}} = \frac{q_{m1} L_1}{c_{g1} t_{B1}} = \mathrm{const} \quad (7.100\mathrm{b})$$

若两条巷道对应点的气温 t_{B1} 和 t_{B2} 满足以上关系，则两条巷道一定是热力相似巷道。

根据以上关系，可以用一条虚拟的相似巷道等价替代具有不同断面、风量、热源的实际巷道。假设实际巷道的长度为 L_1，L_2，…，L_n，模拟巷道的长度为 l_1，l_2，…，l_n，则定义模拟巷道的长度为

$$l_i = K_{\tau i} U_i L_i / M_{Bi} \quad (7.101\mathrm{a})$$

式中，l_i 为第 i 条模拟巷道的长度，kJ/(kg·K)；$K_{\tau i}$ 为实际巷道 i 的不稳定换热系数，kW/(m²·K)；U_i 为第 i 条巷道的实际周界长，m；L_i 为第 i 条巷道实际长度，m；M_{Bi} 为实际巷道 i 的质量风量，kg/s。

模拟巷道的总长为：

$$l_{ob} = \sum_{i=1}^{n} l_i \quad (7.101\mathrm{b})$$

模拟巷道的绝对热源放热量：

$$q_i = \sum Q_{Mi} / M_{Bi} \quad (7.101\mathrm{c})$$

式中，Q_{Mi} 为实际巷道 i 的绝对热源放热量，kW。

模拟巷道的绝对热源总放热量：

$$q_{ob} = \sum_{i=1}^{n} q_i \quad (7.101\mathrm{d})$$

式中，q_{ob} 为模拟巷道的绝对热源总放热量，kJ/kg。

模拟巷道的平均围岩温度：

$$t_{gum} = \frac{\sum_{i=1}^{n} t_{gui} l_i}{l_{ob}} \quad (7.101\mathrm{e})$$

根据以上模拟巷道的虚拟参数计算式，可以建立风流热平衡方程式如下：

$$i_k - i_1 = l_{ob}[t_{gum} - (t_1 + t_k)/2] + q_{ob} \tag{7.102}$$

上式运用多元回归分析，可推得矿井某点 k 的风流焓值与风温计算公式：

$$t_k = 0.5 + (0.25A^2 + D)^{1/2} \tag{7.103}$$

式中，下标 1，k 分别为风流起始点和任一点；t_1 为计算起始点风温，℃；i_k 为 k 点空气单位热焓，kJ/kg；A，D 为组合参数，可根据相似模拟实验结果回归分析取值；l_{ob} 为模拟巷道的总长，kJ/(kg·K)；l_i 为第 i 条巷道的模拟长度，kJ/(kg·K)；t_{gui} 为第 i 条巷道的原始岩温，℃。

7.3.5.3 实测统计法

实测统计法是根据井下长期的气象观测资料，利用数理统计、回归分析等方法，得出各类井巷风流热状态参数的统计计算式。

巷道风流热状态参数一般包括巷道末端风温、湿度等参数。南非学者勃列希茨通过对运输巷道气象参数的大量观察，采用线性回归分析方法，建立了干燥、较潮湿、潮湿三种不同潮湿程度巷道的风温计算公式。并针对不同巷道条件，提供了巷道风速、巷道周长以及通风时间的修正系数，扩大了应用范围。该风温计算公式的特点是通过获知原始岩温和风流湿球温度的差值，来计算巷道始、末两端风流湿球温度差值，从而获得巷道末端风流湿球温度。

苏联学者那依马诺夫建立了综采工作面、掘进工作面的指数回归方法风温计算公式。工作面风温计算公式反映了综采工作面末端风温与工作面始端风温、巷道原始岩温、工作面产量、工作面长度、巷道平均风速之间的指数回归关系。掘进面风温计算公式反映了风筒出口风温 t_2、迎头风温 t_3、巷道回风口风温 t_4 与局扇入风口风温 t_1、风筒长度、风筒风量、原始岩温 t_{gu}、巷道风量、巷道断面积之间的关系。应注意的是，该方法引入了分段计算风温的思路，即先根据局扇入口风温 t_1、风筒内外传热、风筒长度、风筒风量计算风筒出口风温 t_2，再根据风筒出口风温、原始岩温计算迎头风温 t_3，最后根据迎头风温、原始岩温、巷道长度、巷道风量、巷道断面面积计算出巷道出口风流温度 t_4。

中国矿业大学针对平顶山八矿建立了井底车场风温的线性回归计算式。该计算公式反映了井底车场风温与地表月平均气温、地表月平均相对湿度、地表月平均气压之间的线性回归关系。煤炭科学研究总院抚顺分院也针对具体矿山给出了井底车场风温计算、回采工作面风温计算的线性回归方程。国内其他学者也做了相似的研究工作，在此不再赘述。

实测统计的计算结果与实际测量值比较吻合，但由于统计数据的范围限制，回归方程的使用有一定的适用范围。

7.4 通风降温以及非制冷降温措施

矿井热害防治技术最早起源于 20 世纪 20 年代巴西 1.5 英里（约 2400m）井深的 Morro Velho 金矿的热害防治，到 20 世纪 70 年代得到迅速发展，并在矿井生产实践中得到广泛应用。目前矿井热害防治技术已经在深井开采过程中起着重要作用，并取得很大进展。

矿井热害防治的方法和措施，可以分为非制冷降温技术和制冷降温技术两大类。非制冷降温技术也称为非人工制冷降温，制冷降温也叫人工制冷降温技术。由于非制冷降温技术降温幅度的局限性，限制了其应用范围，只能在一定的采深内使用，超过此极限开采深度则起不到降温作用。制冷降温技术成本较高，只有当非制冷降温技术不适用时才予以应用。非制冷降温措施的主要优势在于其经济性，一般在选择矿井热害防治方法时应优先采用，只有当非制冷降温措施达不到要求的降温效果时，才选用制冷降温措施。

7.4.1　极限开采深度

7.4.1.1　矿井降温方法的判定原则

如前所述，非制冷降温措施对于高温矿井来说，是必不可少的热害防治技术手段之一，但非制冷降温的使用有其局限性，也有其优越性。矿井降温是选用通风降温等非制冷降温措施，还是选用制冷降温措施，判定原则显得尤为重要。目前主要包括按照生产水平岩温判断、按采掘工作面风温判定、按降温经济风量判定、按照极限开采深度判定等四种判定方法。

（1）生产水平岩温。当生产水平岩温低于35℃时，增风降温有效；生产水平岩温超过35℃，应考虑其他降温措施。生产水平岩温与工作面风温的关系可表示如下：

$$t_1 = 0.36t_2 + 19.07 \tag{7.104}$$

式中，t_1为工作面气温，℃；t_2为生产水平岩温，℃。

公式（7.104）是从生产水平岩温与工作面风温之间的关系得出。即当生产水平岩温不高于35℃时，采取增大风量降温措施后工作面风温基本能满足现行卫生标准的要求。

（2）采掘工作面风温。采掘工作面温度低于26℃时，采取通风降温效果比较明显；当采掘工作面气温超过26℃，采用单一通风降温不会取得理想的降温效果。

（3）经济通风量。通风降温可使风流温度大幅降低。当通风量达到一定量时风流温度下降幅度急剧加快，若继续增加风量，风流温度下降幅度减弱，因此存在最经济的通风量。高温工作面最经济的风量为800～1000m³/min。

（4）通风降温极限开采深度。所谓极限开采深度，是指在不采取人工制冷降温措施（也称为制冷降温、机械制冷降温等）的情况下，要维持安全规程规定的矿井气候条件标准，矿井可能的最大开采深度。也就是说，开采深度超过极限开采深度，就应采取制冷降温措施。

7.4.1.2　基于回采工作面末端允许风温的极限开采深度分析

影响回采工作面末端风温的因素非常复杂。为了简化分析，不考虑其他热源，仅考虑围岩散热热源。由湿热交换知识可知，要知道回采工作面末端风温 t_2，必须知道围岩原始岩温 t_{gu}。开采深度与围岩原始岩温存在一定关系，原始岩温与末端风温存在关系，因此开采深度与回采工作面末端风温存在相应的关系。参照《矿井热环境测定与评价方法》（NB/T 51008—2012）得到以下关系式：

$$t_2 = t_{gu} - (t_{gu} - t_1)\exp[-U\lambda_t K_{u\tau}L/(m_w c_{PL}r_0)] \tag{7.105}$$

式中，t_2为预测巷道末端干球温度，℃；t_1为预测巷道始端干球温度，℃；t_{gu}为深度 Z 处的原始岩温，℃；可按照地层地温梯度计算，$t_{gu}=t_0+G_\tau(Z-Z_0)$，t_0为实测深度 Z_0 处的地温，℃；G_τ为地层地温梯度，℃/100m；U 为巷道周长，m；L 为巷道长度，m；r_0为巷道的当量半径，m；c_{PL}为风流的定压比热容，J/(kg·℃)；m_w为质量风量，kg/s；λ_t为围岩导热率，W/(m·℃)；$K_{u\tau}$ 为通风时间影响系数，即 $f(Fo, Bi)$，可查表获取；Fo，Bi 分别为傅里叶准数、毕渥准数，亦称为无因次换热系数、经时系数、时效系数等。

按照公式（7.105）可得回采工作面末端风温 t_2 与开采深度 Z 的关系，进而确定对应于末端风温允许值的极限开采深度。另外，还可绘制出回采工作面末端风温与开采深度曲线。由于增加风量受到工作面最大允许风速的限制，因此根据工作面断面积及最大允许风速可计算出工作面最大允许风量；假设通风量为最大允许风量，可得出开采深度 Z 与回采工作面末端风温 t_2 之间的关系曲线。反过来，依据回采工作面末端风温与开采深度曲线，根据工作面末端风温 t_2 不超过规定的标准值，在曲线上可求出极限开采深度。

7.4.1.3 基于地温平均梯度的极限开采深度分析

按照深度 Z 处原始岩温 t_{gu} 与地温梯度 G_τ、恒温带温度 t_0 和恒温带深度 Z_0 的关系 $t_{gu} = t_0 + G_\tau(Z - Z_0)$ 及原始岩温与降温后风流温度差值 S 和采掘工作面气温卫生标准 t_s 的关系 $t_{gu} - S \leqslant t_s$，可计算出极限开采深度为

$$Z \leqslant (t_s + S - t_0)/G_\tau + Z_0 \tag{7.106}$$

由式（7.106）可知：对于某个确定的矿井，地温梯度 G_τ、恒温带温度 t_0、恒温带深度 Z_0 等数据可根据矿山地质地温资料获取，气候条件阈值标准 t_s 可按相关规范确定，采掘作业面取 26℃，硐室取 30℃。要确定极限开采深度，主要是确定 S 值。S 值为现有技术水平条件下通过通风降温与制冷降温等热害防治技术能达到的岩温与降温后空气温度之差的极限值。岩温与降温后采掘面空气温度之差越大，说明降温效果越好，但在现有技术条件下岩温与降温后采掘工作面气温之差有一最大值 S。此最大值可根据相似矿山类比资料获取，从而预测出极限开采深度。基于该思路，若设 S 值对应于采用通风降温等非制冷措施所获得的最大温度差值，那么依据上式计算出的 Z 值为通风降温的极限开采深度。若降温方式包括通风降温和制冷降温，上式计算也可得出极限开采深度，但对应的是采取所有降温手段后的开采极限深度。仅采用了通风降温的极限开采深度小于后者。该分析方法仅考虑地温梯度变化导致的原始岩温的影响，没有考虑其他热源。另外对于极限降温值 S 的确定也是该方法的难点。

7.4.1.4 基于模拟巷道理论的通风开采极限深度预测

根据井巷热力学相似模型原理，可建立从井底车场到回采工作面末端的热平衡方程：

$$i_b - i_2 = \left[\sum l_j t_{guj}/l_{ob} - (t_2 + t_b)/2 \right] l_{ob} + \Sigma Q_{mj}/M_{bj} \tag{7.107}$$

式中，井底车场风流的单位热焓 i_2 与井口入风流单位热焓 i_1、模拟巷道长度 l_j 与实际巷道长度 L_j 的关系式分别表示为 $i_2 = 10^{-3}gHK_H + i_1$，$l_j = K_{\tau j}U_j L_j/M_{bj}$；$i_b$ 为回采工作面风温为 t_b 时的风流单位热焓值，kJ/kg；i_1 为地面井口入风流的单位热焓值，kJ/kg；i_2 为井底车场风流的单位热焓值，kJ/kg；t_2 为井底车场风温，℃；t_{guj} 为第 j 条实际巷道围岩的平均温度，℃；ΣQ_{mj} 为第 j 条实际巷道中绝对热源放热量之和，kW；M_{bj} 为第 j 条实际巷道的质量风量，kg/s；l_j 为第 j 条实际巷道对应的模拟巷道长度，kJ/(kg·K)；l_{ob} 为模拟巷道总长度，$\sum l_j$，kJ/(kg·K)；K_H 为井筒潮湿程度的影响系数，可取 0.45~1.00；H 为井深（井底车场距离地表垂深），m；g 为重力加速度，9.8 m/s²。$K_{\tau j}$ 为第 j 条巷道中风流与围岩的不稳定换热系数，kW/(m²·K)；U_j 为第 j 条巷道的实际周界长，m；L_j 为第 j 条巷道实际长度，m。

由式（7.107）可得出矿井无人工制冷时的极限开采深度 H_g：

$$H_g = \left\{ \left[0.0444p + c/(2a) \right]^2 + \left[21244f(t_b) - 0.088cp \right]/a \right\}^{1/2} -$$
$$\left[0.0444p + c/(2a) \right] + \Delta h_2 \tag{7.108}$$

式中，$p = p_1 + 11.305\Delta h_2$，$a = l_{ob}\left[R - F/(4.2E^{1/2}) \right] + 0.0098K_H$，$c = i_1 - 1.01t_b + l_{ob}\left[(t_c - Rh_0) - 0.5(E^{1/2} + t_b + 0.2) \right] + R(\sum l_2\Delta h_1 + 0.5\sum l_3\Delta h_2) + q_{ob}$。

当井筒比较潮湿时：

$$E = 13.5t_1 + 34.1\varphi_1 f(t_1) - 287.82$$
$$F = 0.00154t_1 + 0.00389\varphi_1 f(t_1) + 0.131$$

井筒比较干燥时：

$$E = 15.72t_1 + 39.7\varphi_1 f(t_1) - 287.82$$
$$F = 0.00179t_1 + 0.00453\varphi_1 f(t_1) + 0.1572$$

模拟巷道的总放热量：

$$q_{ob} = \sum (\Sigma Q_{mj}/M_{bj}) \tag{7.109}$$

地面入风相对湿度系数：

$$f(t_1) = 9.9297 - 0.4643t_1 + 0.0345t_1^2$$

式中，$f(t)$ 为相对湿度系数，是温度 t 的关联式，当 $t = 26℃$ 时，$f(t) = 21.4$；$t = 28℃$ 时，$f(t) = 24.0$；同理可计算 $f(t_b)$；Δh_1 为采面进风水平与井底水平高差，m；Δh_2 为采面回风水平与井底水平高差，m；l_2 为与井底水平不同标高的模拟巷道长度，kJ/(kg·K)；l_3 为倾斜巷道的模拟长度，kJ/(kg·K)；t_1、φ_1、p_1 分别为地面入风温度、相对湿度以及大气压力；p 为采面回风水平的大气压力，Pa。

以上预测结论应用了模拟巷道相关理论和知识，从理论上来说可以用来计算矿井临界开采深度，但由于关联系数较多，计算过程烦琐，计算结果误差较大。采用模拟巷道理论对极限开采深度进行预测的方法除以上方法之外，还有模拟巷道风路法，可参阅辛嵩等的《矿井热害防治》。

值得注意的是，以上对开采极限深度的讨论仅限于地热领域的分析，采矿中广义的极限开采深度，是一个更广泛的概念，不仅受到高地热的限制，更重要的还应考虑高地压等问题。

非制冷降温措施从其实现的技术途径，可以分成以下几种：通风降温，井下热水防治技术，其他技术措施和个体防护措施等。

7.4.2 通风降温

矿井通风系统的根本作用就是使井下空气按照人们的需要做定向、定量的流动，在流动的过程中除了能够对矿井空气中的有毒有害气体、粉尘以及放射性物质等有毒有害物质进行稀释和排除以外，还能起到调节矿井气候条件的作用。在深热矿井中，利用通风方法对井下采掘工作面、硐室等作业点的风流进行降温，是一种经济实用的方法，在矿井降温措施中应优先考虑。

7.4.2.1 缩短通风路线

风流流动过程中与流经井巷围岩之间的换热，是风流到达工作面后风温升高的主要原因。缩短通风路线的方法可以有效降低围岩与风流之间的传热量。这里所说的缩短通风路线，是指缩短进风流的通风路线，也就是缩短矿井进风部分的路线。可见，采用缩短通风路线的方法对矿井风流进行降温，势必涉及不同通风系统的问题。

矿井通风系统按照其服务范围可分成统一通风系统和分区通风系统。分区通风系统是将一个矿井生产系统划分成多个相互独立的通风系统，各分区通风系统之间互不干扰，系统独立。分区通风系统各个分区的通风路线短于统一通风系统风流路线，风流路线缩短的程度取决于分区通风系统的特点。矿井通风系统按照风井布置位置，可以分为中央式、对角式以及混合式通风系统。

中央式通风系统进回风井集中布置在矿体走向中央或一翼，通风路线较长；对角式通风系统进回风井分散布置，进风路线相对较短；中央对角混合式通风系统的特点是开采初期采用中央式通风系统，后期采用对角式通风系统，因此通风路线相比单一中央式通风系统短。

可见，缩短矿井通风系统的进风风流路线，必须着眼于矿井通风系统总体方案的选择和优化。缩短矿井通风系统的风流路线，无论是对于矿井降温还是对于降低矿井阻力、减少能耗两个方面来说，都是有益的。因此对于高温矿井，在确定通风系统时，应尽量选择分区通风系统，分区通风系统可以按照不同矿体、采区、中段以及通风方式等进行划分。另外，应该优先考虑双翼对角以及混合式等多井筒通风系统。采用分区通风以及多井筒通风系统，风流流经进风井巷到达工作面的风温要低于不分区中央式通风系统的工作面风温。

无论是分区通风系统，还是多井筒对角式通风系统，风流路线的缩短主要是缩短进风井底到采掘工作面的长度，而对于缩短井筒深度的风流路线长度几乎无影响。因此，通过选择合理的通风系统缩短进风风流路线适用于矿体走向长度大、厚度大的情况，不适用于矿体走向长度小的情况。这点与不考虑降温的通风系统设计等一般情况下的分区通风系统、多风井通风系统的适用条件吻合。

多井筒分区通风系统的缺点是井筒数量多、通风设备多，井巷工程量和设备投资较大。

7.4.2.2　增大通风强度

增加巷道通风量，可以使井巷壁面对空气的对流散热量增加，风流在带走更多热量的同时，单位质量风流获得的热量减少，从而使风温降低。同时，风流对井巷的冷却作用加强，减少了围岩的散热强度。

非制冷降温技术措施中首先应该考虑增大风量。现有的矿内风流温度预测模型从理论上已经证明，增大通风强度具有降温作用。大量的现场实验也说明增加风量具有较好的降温作用，可使工作面风流温度降低 $1 \sim 4$℃。在井巷断面尺寸不变的情况下，增大风量可提高风速，高温环境下可增加人体舒适感。

按照矿井热源与风速的关系可将矿井热源分成相对热源和绝对热源，相对热源与风速有关，比如巷道围岩散热、氧化放热等，绝对热源与风速无关，如机电设备、人体散热等。下面以无局部热源存在的水平巷道为例，分析增风降温效果。

当巷道始端风温为 t_1 时，风流通过长度为 L 的巷道，末端风温 t_2 可表示为：

$$t_2 = \sqrt{\frac{B_2 t_1}{8635.28\varphi_2} + \frac{K_\tau U L B_2}{8722 M_B \varphi_2}\left(t_{gu} - \frac{1}{2}t_1\right) + 28.986\frac{\varphi_1 B_2}{\varphi_2 B_1}f(t_1)} - 287.82 \quad (7.110)$$

由式 (7.110) 可知，当其他参数保持不变时巷道末端风温与风流质量流量 M_B 成反比关系，增加风量可以降低风温。假设 $t_1 = 25.5℃$，$\varphi_1 = 95\%$，$B_1 = 107996Pa$，$f(t_1) = 20.4$，$\varphi_2 = 97\%$，$L = 529m$，$B_2 = 107996Pa$，$U = 12.98$，$K_\tau = 0.0005kW/(m^2 \cdot K)$，$t_{gu} = 34.9℃$。则巷道终点气温为：

$$t_2 = (607.88 + 970.72/M_B)^{1/2} \tag{7.111}$$

可见，式 (7.111) 可表示巷道末端风温随风量变化的关系，具体计算见表 7.19。

表 7.19　巷道末端风温随风量变化关系

$M_B/kg \cdot s^{-1}$	15	25	34.5	45	55
$t_2/℃$	25.9	25.4	25.2	25.1	25

由表 7.19 可见，巷道末端风温 t_2 随着风量增加而减小，但当风量继续增大，末端风温的减小幅度变小。以上没有考虑其他影响因素，只考虑风量变化对降温的影响，显然考虑的因素是不完善的，或者说是一种理想情况。

增加风量的降温效果及降温幅度受进风温度和围岩温度等因素的影响，在矿井进风流气温较低时，增加风量的降温效果明显。当矿井进风温度较高时，加大风量不仅不会降温，反而会增加矿井风流的温度。据有关资料，岩温升高 1℃，工作面气温约增加 0.5℃，当围岩温度升高到一定程度时，风流经井巷围岩加热后温度升高，这时增加风量无法起到降温的作用。一般认为，当生产水平的岩石温度超过 35~40℃ 时，增大风量无法将工作面气温降到允许的标准值，这时就不能采取增大通风强度的降温方法，应考虑其他措施进行降温。

另外，考虑到扬尘情况，井下风速有最高允许风速的限制，这也限制了增大风量降温的使用范围。

加大风量降温不同于缩短通风路线的降温。风量增大，负压也增加，会使主扇功率消耗增大，风机的功率与矿井总风量的三次方成正比，风量增大到一定程度，往往导致经济不合理。如果考虑最高允许风速的限制，增加风流也会导致井巷断面尺寸相应扩大。在采用人工制冷降温的矿井中，减少矿井风量可以减少制冷量，缩小巷道断面尺寸有利于降低风流和围岩的热交换。可见，对于采用制冷降温的热害矿井，不应加大作业地点的通风量。

增大风量降温措施还涉及矿井需风量确定、最大允许风速等问题。

7.4.2.3　其他通风降温措施

A　采用后退式回采顺序

在开采条件相同的情况下，后退式开采顺序较前进式开采顺序工作面漏风小，有效风量大，从这个角度讲，可以增加风量，有利于工作面降温。另外，采用后退式开采，中段生产初期尽管从井底车场到采场的通风路线较长，使工作面进风温度有增高的趋势，但是通风作用使矿岩散热形成冷却带，有助于抵消前者引起的温升效应。据统计，后退式回采工作面风流温升会降低 0.6~1.6℃，前进式回采工作面风流温升会升高 2~2.5℃。

B　利用自然冷源和调温巷道通风

地面冷水、冰、雪、冷空气以及浅部低温岩层等天然冷源也可以对矿井进风流实施冷却降温。最常用的冷源是冷空气和低温岩层。在利用这些天然冷源时，一般要采用调温巷道或采空区作为热量交换的场所。所谓的调温巷道是指利用巷道围岩的吸热或放热对入井风流进行气温调节的一种方式。调温巷道一般开凿在上部岩温较低的位置或者开凿在恒温带中。利用调温巷道对风流进行降温主要有两种方式，一种方法是储冷降温，一种是恒温带降温。

储冷降温方法可分为储冷和降温两个步骤。储冷是指利用冬季的冷空气作为自然冷源，对调温巷道围岩进行冷却，使得岩温降低，围岩形成强冷却带进行储冷。夏季，当入井空气温度升高时，调温巷道围岩吸收空气热量，能够对风流起到降温作用。储冷过程中还可以洒水结冰来进一步保持低温状态，加大蓄冷作用。一般情况下，当空气温度低于0℃时，将入风流引入调温巷道进行蓄冷，空气温度回升到0℃以上时，关闭调温巷道，等到夏季时再启用。这种方法国内外不乏成功案例。（1）我国淮南九龙岗矿利用-240m水平旧巷道作为调温巷道，冬季储冷，春季封闭，夏季启用，通过冷却矿井进风流，使-540m水平井底车场风温降低2℃。（2）在加拿大安大略省萨德伯里镍矿区，也有类似的储冷降温系统。该矿区位于高纬度地区，冬季将地面冷空气引入两个巨大的近地表采空区后再进入矿井，借助向进风流洒水的方式使得水结冰储冷，进风流温度升高，湿度增大；夏季储冰吸热融化，对进风流进行冷却。该储冰降温系统借助冬季蓄冰夏季融冰的循环使风量为190m³/s的矿井进风流温度全年保持在0~2℃，系统的自然降温效果相当于5280~7030kW空调。这种特殊的自然降温系统能否成功，取决于冬季与夏季的极端温度变化。因此，这种调温巷道不是在所有条件下都可以使用的，主要取决于矿区所在地区气候条件。

另外一种方法是将调温巷道开凿在恒温带中，利用恒温带岩温恒定且保持在当地年平均气温的特点，对进风流进行冷却或加热的一种方法。

调温巷道既可以利用上部的废弃巷道、采空区等，也可开凿专用巷道作为调温巷道。调温巷道的降温效果是有限的，一般情况下作为降温辅助手段。开凿专用调温巷道时应做相关的技术经济比较。

C　利用下行通风降温

金属矿山通风的特点是多中段通风，中段采场常采用上行通风方法，即采场工作面的风流路线是由本中段进风，经过回采工作面后由上中段结束回采的巷道回风。这种方法进风路线比下行通风路线长，进入工作面的风流温度会高于下行通风方式。将回采工作面上行通风方式改成下行通风，有利于工作面风温的降低。另外，上中段巷道开凿时间早于下中段，岩温在理论上应该低于本中段。再者，下行通风在减少局部热源传热方面也有一定的优势，如机电设备散热、运输矿岩的散热等。

下行通风相较于上行通风来说，其他方面的缺点也是很明显的。如下行通风排烟效果较差，风流管理起来比较复杂。采用下行通风方式降温时，也应综合考虑其他因素。

D　充填采矿方法对风流降温的影响

充填法对矿井风流降温影响的资料，多见于煤矿开采，金属矿井还未见报道。充填法对风流的降温作用，主要体现在对顶板的管理上。充填法管理顶板比全面垮落法管理顶板更有利于风流降温，尤其是当充填料温度较低时，效果更显著。充填体支撑顶板，可以避免顶板垮落而引起围岩散热量增大，若充填体温度较低时可吸收围岩的散热量，从而减少空气吸热量达到风流降温的目的。如日本鹿岛井原煤矿采用全面垮落法管理顶板，采空区气温高达 70℃，改用风力全面充填法管理顶板后工作面的温度下降了 10℃。

E　进风井巷的布置

对进风井巷的布置，主要采用如下措施调节矿井温度：进风井口应布置在背阴处，避免高温气流影响；主要进风巷道应尽量布置在原岩温度低的岩层中，避免高温原岩散热；避开井下局部热源对进风井巷的影响；对发热量较大的机电硐室，通过设置独立的回风井巷排放热量，避免向进风流传热。

F　其他措施

开拓、采准、切割等掘进工作面可以采用高压水引射器或者压缩空气引射器通风来增加作业地点风速，起到降温作用。局部通风系统设备选型，应考虑选择高效节能局部通风机，满足通风要求的情况下尽量降低功耗减少产热量。其他发热量大的地区，也可采用小型局扇来进行局部散热。

7.4.3　井下热水治理

井下热水（underground hot water）是指流入矿山井巷内的水温高于所在井巷岩温的矿井涌水。我国热水型矿井的涌水水温一般达到 40℃ 以上。金属矿山如原核工业部湖南 711 矿、水口山康家湾铅锌矿和江苏韦岗铁矿等均属于热水涌出型矿井。煤矿系统的平顶山八矿、湖北黄石胡家湾煤矿、湖南资兴矿业集团有限责任公司周源山煤矿等。

地下热水在运移的过程中，通常会沿着含水层、透水性强的岩层以及断层裂隙带等通道进入矿山井巷，造成矿井涌水的同时，也使得井下风流的湿度温度增加，造成高热高湿环境，恶化井下作业环境。井下热水的治理是热水型矿井降温技术措施必须考虑的一个问题。井下热水的治理措施，主要包括如下三个方面：（1）从主要进风井巷的布置采取规避措施；（2）对进风井巷的热水涌出采取封水、截水、导水、防水以及隔热等措施；（3）对热水排水沟、热水水仓的隔热。

7.4.3.1　热水对风流的增热增湿作用

矿井热水的热量传递给风流的途径有两个：一是涌出的热水通过对流作用直接对风流加热加湿；二是通过岩体内的高温热水加热围岩，提高原始岩温后间接加热矿井风流。

在热水型矿井，井下热水对风流的增温和增湿作用非常显著。例如平顶山八矿东翼 -275 水平岩温 30℃，热水水温 35~37℃，热水涌出点的风温升高 3~5℃，由 26℃ 上升到 29~31℃。可见，由于热水引起的风流温度升高可达到或超过岩石温度。又如康家湾铅锌矿，巷道热水使 9300m 长巷道岩温从 28℃ 升高到 32.85℃，风流流入该热水巷道 200m 后干球温度增加 10℃，湿球温度增加 7℃。热水巷道中风流吸热量来源于矿井热水散热和围岩散热这两部分散热量，由于热水温度超过岩温以及岩体与风流温差减小等原因，热水对风流的加热效应大于围岩对风流的加热效应，也就是说，流经热水巷道的风流吸热量大部分来源于热水散热量，围岩散热仅占小部分。据有些矿山测算，热水巷道中风流吸热量 82% 来自热水，仅有 18% 来自围岩散热。在热水巷道环境下，风流吸热量以及温升主要取决于热水水温、流量、热水自由水面面积、流经距离以及风量等因素。

7.4.3.2 热水治理措施

A 热水疏干

在矿山防水措施中，地下水疏干是常用的防水措施。热水疏干的原理、方法与含水层疏干相同。含水层疏干的目的在于确保矿山开采不受矿井突水等水害影响，热水疏干目的在于避免或减少热水温度对风流的加热影响。按照疏干与开采的时间关系，可以分为预先疏干和平行疏干。

预先或超前疏干是在矿山开采之前利用疏干建构筑物将热水位降低到开采深度以下，使矿床开采范围处于地下热水疏干漏斗范围内，消除或减小地下热水的影响。一般采纳在出水点附近钻凿疏干钻孔等设施将地下热水直接排出地表。这种方法适用于热水埋藏浅、水量较大、出水点较多的条件。可有效消除或减少热水对矿井进风流的加热。

平行疏干是在矿山开采过程中采取的疏干措施，一般采用放水钻孔、放水硐室、放水巷道等设施疏干地下热水。平行疏干排放热水应合理安排矿山生产衔接关系，超前做好开采区域的热水疏干工作。江苏韦岗铁矿应用平行疏干方法治理热水，通过设置放水孔、放水硐室等疏水构筑物，将热水水位降低到开采标高以下，使开采中段风温从 30~33.4℃ 降低到 21.4~22.4℃，降温效果明显。

疏干地下热水是热水型矿井热害治理的主要手段。采取疏干排水的方法，应考虑地下水强排可能导致的不利影响。

B 热水排放措施

对井下热水的治理应考虑涌出热水的排放措施。井下涌出的热水也属于矿井涌水，将矿井涌水排出地表的设施称为排水系统，有集中式排水系统和分段式排水系统之分。排水系统由排水沟、水仓以及排水泵、排水管等排水设备组成。热水排放应重点考虑热水对矿井进风部分、用风部分风温的影响，从这一点上看，与常规的排水措施主要有以下不同之处，主要包括：（1）将主要水沟或者排水管道布置在矿井回风巷中，经由回风井排出地表，避免热水向进风流传热；（2）设置专门热水排水巷道，这种方法一般应用在热害严重的区域，通过设置专用的泄水巷，而且要求独立通风；（3）采用隔热措施排放热水，这种方法主要针对布置在进风巷道的热水水沟和排水管所采取的隔热措施；（4）在井底车场水仓与井底车场井巷之间采取隔热措施，主要原因是井底车场是主要的进风井巷，同时也是水泵房所在位置。

总体上看，第（1）、（2）措施是将热水排放路线与进风流路线分离，这与常规排水路线将水仓布置在副井井底车场、排水管通过副井井筒敷设出地表的差异较大，基本上能杜绝热水排放过程对进风流的加热，条件允许时应优先考虑。第（3）、（4）条措施是采用常规排水系统，增加了隔热措施来减少热水排放过程中对进风流的加热效应，在实际应用中措施得当也能起到较好降温效果。

C 进风井巷布置及封水、截水、导水措施

在矿井通风系统设计时，主要进风井巷的布置应避开井下热水涌出的局部高温区、含水层、透水岩层以及断层裂隙带。如果由于条件限制，无法避开以上区域时，可以采取封水、截水和导水等措施对热水出水段进行处理。利用封水或截水方式把出水段涌出的热水和进风流分开，然后将热水集中导入隔热排水系统。对于出水岩壁上缓慢渗出的高温水，可用水机环氧树脂喷刷的方式加以封堵。

7.4.4 其他技术措施

（1）利用冰块降温。利用冰块在温度升高以及融化时的吸热能力对进风流降温，是一种有效的空气冷却方法。

矿井如有大量天然冰的储存条件，可使风流在进入矿井通风系统前，先经过储冰场所利用天然冰进行吸热降温。也可以将一定量的冰块放置在井下采掘工作面入风口吸收热量，降低风流温度。例如，1kg 冰从零下上升到 0℃时，每升高 1℃，吸热 2.09kJ；0℃的冰融化成 0℃的水，吸热 335kJ/kg；0℃的水每升高 1℃，吸热 4.187kJ/kg。根据冰的吸热量以及风流冷却温度可计算出每班所需冰块量。通常将冰块放置在容器中，容器与局部通风机相连，容器分上中下三格，分别为冰盘、冰水盘以及积水盘。如图 7.12 所示。

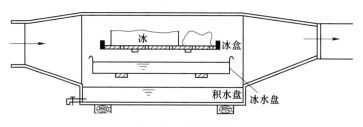

图 7.12　冰块容器

（2）局部人工制冷。涡流器又称为冷气分离器，亦称为雷格希尔许管，是使用压缩空气制造冷空气和热空气的简单装置。将压缩空气输入 T 形管的中间段，经过节流使气流高速旋转，气体充分膨胀，在 T 形管的冷端放出冷气，另一端放出热气。冷气可低于 0℃，能作为冷源对附近几米范围内的风流进行降温。该冷气分离器结构简单、操作简便，井下压气充分，因此可作为井下局部降温的手段之一。

（3）井下作业用水采用天然冷水。工作面综合防尘、防火灌浆、混凝土支护以及煤壁注水等作业用水，应采用天然冷水。例如，在采煤工作面顺槽沿倾向平行工作面布置钻孔对煤层注水后，不仅可降低空气中的粉尘含量，还可使工作面气温降低 1~1.5℃。可见煤壁注冷水，冷却煤层和顶底板围岩，能达到降尘和降温的目的。

（4）洒水降温。在局部地点可以喷洒冷水。向风流喷洒低于空气湿球温度的冷水可以降低风流温度。喷洒时水温越低，效果越好。

（5）巷道壁面隔热措施。对局部地段或者主要进风井巷的壁面进行隔热处理，可以减少围岩的散热量。隔热效果与隔热材料隔热性能、喷涂厚度以及巷道干燥程度等因素有关。

（6）防止热源放热。防止热源放热的措施主要包括如下几种：1）阻化剂降温。阻化剂降温主要用于阻止煤炭等氧化生热。2）采用双巷或多巷布置方式。3）矿井设计应减少采、掘工作面数量。4）减少机电设备散热量。井下设备选型时不宜采用超大能力的设备。井下大型机电设备的冷却宜采用水冷方式。5）采用隔热风筒。这可以减少风筒内、外的新鲜风流与污浊风流之间的传热。

7.4.5 个体防护措施

微气候人体降温系统与常规的矿井空调制冷方法不同，区别在于后者是对整个工作环境或者矿井一部分进行空气制冷调节，而前者仅对人体紧邻的空间进行制冷。也就是说，如果常规的矿井空调系统不能给井下每一个工人提供所需的足够冷量或者矿井集中制冷成本较高导致经济上不合理时，应考虑微气候人体降温系统。微气候人体降温系统常被称为冷却服，在矿井高温区域短时间作业的人员，可采取冷却服进行个体防护。

可以采用涡流管产生空气冷却，这是一种高压气体制冷方式。既可以用于防热头盔、防热外套等个体防护，也可以给相对封闭的空间提供制冷。涡流管必须与压缩空气管相连，压缩空气经过涡流管后产生的冷空气送入防护服或者要冷却的封闭空间。主要缺点是降温服或降温头盔软管携带不便，另外头盔和外套比较笨重，而且压缩空气中的油雾对人有影响。

液体冷却服，是基于太空服发展而来，早期使用时需要用软管连接冷水源。与早期的压缩空气个体防护服一样，笨重、软管携带不便以及耐久性差。

目前比较常用的降温服是冰储冷式降温系统和微型压缩机制冷系统，消除了早期冷却服的缺陷。

7.5 制冷降温技术

通风降温等非制冷降温技术无法满足矿井降温要求时，就必须采用制冷降温技术。制冷降温技术是对矿井空气进行冷却和除湿处理，达到调节矿井气候条件的目的，创造良好舒适的工作环境。

7.5.1 基本原理

7.5.1.1 制冷工艺原理

液体的蒸发需要吸收热量，蒸发成气态后进行冷凝需要放出热量。对压缩式制冷循环来说，实质上是液体（制冷剂）的蒸发和冷凝过程中产生的制冷效应，并使制冷剂蒸发和冷凝过程循环重复进行，以便持续产生制冷效果。压缩式制冷需要四个主要装置来完成制冷循环，具体包括蒸发器、压缩机、冷凝器和膨胀阀（节流阀），以及主要装置之间的连接管件、控制及安全仪表，如图 7.13 所示。

图 7.13 中，水平虚线以上为高压部分，以下为低压部分；垂直虚线左侧为液态，右侧为气态。W_k 为压缩机做功，q_k 为冷凝器放热量；q_0 为蒸发器吸热量。

压缩机吸入蒸发后的制冷剂蒸气，压缩成较高压力 p_k 的气体，进入冷凝器，在压力为 p_k（对应的沸腾温度或冷凝温度为 t_k）的冷凝器中，气态制冷剂的热量被冷却水吸收，制冷剂蒸气凝结为液体制冷剂，液化后的制冷剂流向膨胀阀，经过膨胀阀的节流膨胀向较低压力 p_0（对应蒸发温度为 t_0）的蒸发器喷射，并迅速蒸发。蒸发过程中制冷剂吸收载冷剂（冷水）的热量，使得载冷剂温度降低，达到所需要的温度，从而获得需要的低温冷水。蒸发后的气态制冷剂再次被压缩机吸入，开始下一个循环。工作原理如图 7.14 所示。

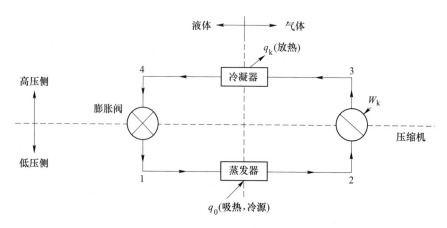

图 7.13　压缩式制冷装置结构示意图

离心式压缩机能力大，是大型矿山常用的压缩机类型。按照压缩机种类，还有往复式（活塞式）和回转式压缩机。

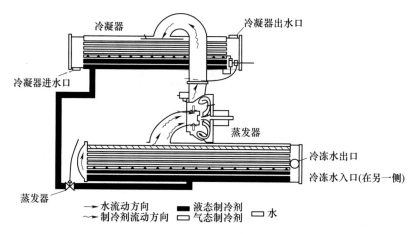

图 7.14　单级离心式制冷机示意图

　　以上循环过程可归纳成四个过程，即为压缩过程、冷凝过程、节流膨胀过程、蒸发过程。单级压缩制冷装置理论循环的压焓变化如图 7.15 所示。

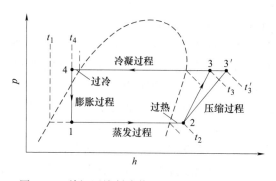

图 7.15　单级压缩制冷装置理论循环的压焓图

图 7.15 曲线左侧为饱和液体线，右侧为饱和蒸汽线；饱和液体线左侧为过冷区域液体区，常温线可从饱和液体线垂直向上延伸；饱和蒸汽线右侧为过热区。饱和液体线和饱和蒸汽线之间称为湿区，表示制冷剂相变过程，此过程通过制冷剂潜热变化（蒸发或冷凝过程）实现。在常压下，当液体变为气态或气体变为液体，尽管吸收或释放了潜热，但相变过程温度不变。因此该区域温度线为水平直线。

A　蒸发过程

以过程线 1—2 表示，制冷剂以状态点 1 进入蒸发器，在蒸发器内受热而蒸发，此过程属于等压汽化吸热过程，从而产生并维持载冷剂的低温，制冷剂不断汽化为干饱和蒸汽，即状态点 2。每 1kg 制冷剂在蒸发器中蒸发吸收的热量称为单位制冷量 q_0，i_2、i_1 分别表示制冷剂在状态点 2、1 时的单位热焓值，则存在以下关系，可通过压焓图计算。

$$q_0 = i_2 - i_1 \tag{7.112}$$

B　压缩过程

压缩过程起始状态点为 2，制冷剂为干饱和蒸汽，被压缩机吸入，经压缩机绝热压缩后以较高压力释放至冷凝器，即状态点 3。实际上压缩机效率因素引起压缩过程中过多的热加到制冷剂蒸气中，从而压缩过程按照 2—3′ 过程线进行。在压缩过程中，压缩机每输送 1kg 制冷剂消耗的功称为单位功 Al_0，由于节流过程中制冷剂对外不做功，所以循环的单位功就是压缩机的单位功。可按以下关系通过压焓图计算。

$$Al_0 = i_3' - i_2 \tag{7.113}$$

C　冷凝过程

以状态变化过程线 3′—3—4 表示，压缩机出来的过热蒸汽（状态点 3′）在冷凝器中先等压冷却为干饱和蒸汽（状态点落在饱和蒸汽线上），而后继续等温等压冷凝为饱和液体（状态点 4）。前者制冷剂温度降低，无相变，制冷剂放出显热；后者制冷剂温度不变，有相变，制冷剂放出潜热。此过程中每 1kg 制冷剂在冷凝器中放出的热量称为单位冷凝热 q_k。

按热力学第一定律有 $q_k = q_0 + Al_0$，代入式（7.112）和式（7.113），有：

$$q_k = i_3' - i_1 \tag{7.114}$$

冷凝热也称为冷凝器的换热量，可按以上关系式（7.114），通过压焓图计算。

D　节流膨胀过程

由冷凝器出来的高压液体制冷剂状态点，落在饱和液体线上。通过膨胀阀节流过程，其压力和温度下降，由冷凝压力降低到蒸发压力，此过程状态变化线为 4—1。制冷剂没有做功，传递的热量可以不计，因此该过程为常焓过程，即：

$$i_4 = i_1 \tag{7.115}$$

经过膨胀阀时液态制冷剂有少量蒸发。蒸发需要的热量来自制冷剂本身，因此导致制冷剂温度有所降低。

E　循环过程的相变、制冷效应以及制冷效果

离开膨胀阀的制冷剂状态为气液两相混合物，混合物的饱和液体状态点位于饱和液体

线上，混合物的饱和蒸汽状态点位于饱和蒸汽线上。混合物状态点定义为 1 点。气液两相混合物中的液态制冷剂在蒸发器中受热蒸发，制冷剂吸热而产生制冷效应，完成制冷循环。整个制冷循环的实现是压缩机消耗的功，制得的冷量不断从低温制冷剂流出，实现降温目的。单位制冷量与单位压缩功之比，称为制冷系数，可表示为：

$$\varepsilon = q_0 / A l_0 \tag{7.116}$$

制冷系数表示制冷剂的制冷效率，属于制冷装置的主要技术经济指标。在给定条件下，制冷系数越大，经济性越优。

7.5.1.2 制冷剂

在制冷循环中，利用液体汽化过程吸收被冷却物体的热量，而后在外功作用下，又将热量传递给水或者空气等周围介质的工作介质称为制冷剂。合适的制冷剂对制冷装置尤为重要，应满足安全、无毒、无燃烧爆炸危险等要求。

氟利昂是饱和碳氢化合物的氟、氯、溴衍生物的总称。由于其种类繁多，分子式复杂，为便于表述，一般以 R 字母开头，辅以阿拉伯数字下标表述。可用作井下降温装置的制冷剂有以下几种：（1）无机化合物。水和氨是最早使用的两种无机化合物制冷剂。目前，氨主要用于大中型冷库和制冰系统。水仅用于溴化锂吸收式制冷装置中，矿井降温系统使用很少。（2）碳氢化合物。主要用于石化行业。空调制冷系统不采用。（3）混合制冷剂。包含两种以上制冷剂，按一定比例混合而成的混合物。包括共沸混合制冷剂和非共沸混合制冷剂两种。在制取某一区间低温时，循环运行效果优于单一化合物。

由于氟利昂中的氯原子对大气臭氧层的破坏作用，目前禁止使用含氯氟利昂。

7.5.1.3 载冷剂和冷却水

载冷剂是制冷系统中借以传递热量的中间媒介。借助载冷剂在制冷系统中循环，吸收周围介质热量，冷量通过载冷剂的循环流动传递给被冷却对象，产生冷效应。载冷剂的主要特点：在传递冷量过程中不应冷凝或汽化；当传递的冷量一定时，比热容大的载冷剂流量就小，有利于循环泵功率的降低；密度小、黏性小的载冷剂循环过程中阻力小，循环泵的功耗小；热导率高，可减少热交换器的传热面积；稳定性好，与大气接触不分解，物理化学性质稳定；价格较低；不腐蚀设备及管路。常用的载冷剂为水。

水的凝固点 0℃，沸点 100℃，比热容大，密度小，化学性能稳定，价格低廉，在一般空调制冷系统中，如中央空调系统的冷水机组，是一种理想的载冷剂。用水作载冷剂，在空气和制冷剂之间传递冷量，凝固点高等缺点限制了其使用范围。由于在循环过程中为了避免载冷剂结晶凝固（结冰），制冷剂的蒸发温度（进入蒸发器的温度）应比载冷剂凝固点高出 5~8℃。因此工作温度低于 0℃时，如冰块制作、低温工艺冷却时通常采用盐水做载冷剂。常用的盐水载冷剂有氯化钠、氯化钙，其凝固点分别为 -21.2℃、-55℃，这限制其分别只能用于不低于 -15℃、-48℃ 的低温制冷系统。

7.5.2 矿井制冷降温主要方式

根据热力学特点，高温矿井制冷降温空调系统可分为机械制冷水降温矿井空调系统、冰冷却矿井空调系统、空气压缩制冷矿井空调系统。矿井空调系统的热传递循环如图 7.16 所示。

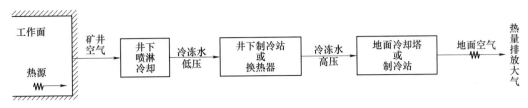

图 7.16 矿井空调系统的热传递循环框图

7.5.2.1 机械制冷水降温空调系统

机械制冷水降温矿井空调系统是利用制冷机制出冷水，通过管道输送至用冷地点，然后通过风流热交换装置将冷量传递给风流，达到制冷降温的目的。目前国内外常见冷冻水供冷、空冷器冷却风流。由制冷、输冷、传冷和排热四个环节组成，其不同组合构成了如下不同形式的冷水降温矿井空调系统。

A 井下集中式降温系统

制冷机布置在井下硐室中，通过管道集中向各个工作站供冷水。这种系统比较简单，供水管道短，没有高低压换热器，仅有冷水循环管路，但必须开凿大断面硐室，电机和控制设备安全性要求高、造价高，煤矿还要求防爆。随着开采深度增大，冷凝热排放成为最突出问题。这种形式只适用于需冷量不太大的矿井。按照冷凝液排放敷设管路的方式分地下水源排热、地面冷却塔排热、回风流排热、混合排热四种形式。

B 地面集中式降温系统

制冷站位于地面，冷凝液也在地面排放。井下设置高低压换热器将一次高压冷冻水转换成二次低压冷冻水，最后在需冷点用空冷器冷却风流。这种空调系统还有集中冷却矿井总进风、在用冷点采用高低压空冷器等另外两种方式。前者用冷点的空调效果不好，经济性也较差；后者安全性差。在三种形式中，后两种不可用于深井。井下冷却风流系统的载冷剂输送管道中的静压很大，所以必须在井下增设一个中间换热装置（高低压换热器）。高压侧的载冷剂循环管道承压大，易腐蚀损坏，且冷损量较大。

C 地面与井下联合降温系统

在地面和井下同时布设制冷站，冷凝液在地面排放。实际上相当于两级制冷，井下制冷机的冷凝热是借助地面制冷机冷水系统冷却。因地下最大限度的制冷容量受制于相应的空气和水流排热能力，所以通常需要在地表安装附加制冷机组，这就使得混合制冷系统成为深井冷却降温的主要方式。其主要优点是提高了一次载冷剂（地表冷水机组的载冷剂，或者叫地表冷水机组的冷冻水）回水温度，减少冷损，还可利用一次载冷剂将井下制冷机组的冷凝液带到地面排放。这些优点决定了联合降温系统能承担大负荷，相较于单一的地面降温系统，井下降温系统更适合深井降温。

D 井下分散式（移动式）降温系统

当实际工程中只有少数点需要降温时，即需冷点较少且相距较远时，可以在矿井中不设置统一的大型制冷站，只在需要降温的地点附近建立小型制冷站，对局部地区进行降温。如掘进工作面、大型机电硐室等高温需冷点。在此情况下井下分散式局部空调系统是一种高效经济的降温措施，在我国应用较广泛。空调系统优缺点比较见表 7.20。

表 7.20　空调系统优缺点比较表

种类	优　点	缺　点
地面	基建、安装、维护、操作、管理方便； 可采用一般型制冷机组，安全可靠； 冷凝热排放方便； 排热方便； 无须施工大型硐室； 冬季可利用天然冷源	高压冷水处理困难； 供冷管道长，冷损大； 井筒中安设大直径管道； 一次载冷剂须用盐水，对管道有腐蚀； 空调系统复杂
井下	供冷管道短，冷损小； 无高压冷水系统； 可利用矿井水或回风流排热； 供冷系统简单，冷量调节方便	需开凿大断面机电硐室； 制冷设备矿用许可、防爆等特殊要求； 安全性差； 基建、安装、运行管理维护等不便
联合	可提高一次载冷剂回水温度，减少冷损； 可利用一次载冷剂排除井下制冷机的冷凝热； 可减少一次载冷剂的循环量	系统复杂； 制冷设备分散，不易管理
局部	冷量损失小； 无需开凿大断面硐室； 系统简单	设备分散，不易管理； 冷凝热排放困难； 安全性差

7.5.2.2　冰冷却降温空调系统

20 世纪 80 年代南非开始应用冰冷却降温空调系统，我国 2004 年首次试用。

制冰冷却系统就是利用粒状冰或泥状冰作为输冷媒介，通过风力或者水力输送到井下，进入融冰装置，把冷量传递给用冷地点。由于冰具有很大的热容量，因此该系统制冷能力很大，已受到国内外许多高温矿井重视，但投资较大，在冰输送过程中管道堵塞、破裂以及冰熔化率难于控制。

人工制冰降温系统主要包括制冰系统、输冰系统、融冰系统以及需冷点输配管路系统、融冰回水系统（大部分回水进入融冰系统、多余回水进入制冰系统）。在地面建立制冰站，生产的冰屑通过井筒中的输冰保温管道输送至井底车场的融冰池，冰屑融化后冷水泵将融冰池中的低温水通过管路输送至需冷点，借助空冷器进行热湿交换，降低工作面温度。

开采超过 2000m 的大采深、大冷负荷矿井时，冰冷却降温系统需水量少，输送到空冷器的冷水温度低，换热效率高，成本低。但人工制冰降温的静水压力过高，冷凝热排放困难。

7.5.2.3　空气压缩制冷矿井空调系统

空气压缩制冷降温系统是基于气体膨胀过程原理的新型空气制冷技术，研究上多将其看作多变过程处理。目前适用于航空、制氧、石油等工业领域。把井下作业用压缩空气作为膨胀介质的矿井空气制冷方法在国内也有应用。矿山压缩空气站及其井下输送管路为这种制冷方法的井下使用提供了方便。其载冷剂为空气，成本较低，突出其节能性。但其最大缺点在于产生相同制冷量的情况下，空气压缩制冷降温系统需要庞大的装置，同时单位制冷量的投资以及运营费用均高于蒸气压缩制冷系统。

压缩空气制冷系统主要由空气压缩机、压力引射器、涡流管制冷器等装置组成。矿山压气系统压气量的限制，无法保障全矿井制冷量要求。

7.5.3 矿井机械制冷降温系统设计

矿井机械制冷降温系统设计内容涉及采矿、通风、空调、制冷等相关知识，设计内容非常广泛。以下就设计依据及主要内容做简要介绍。

7.5.3.1 矿井降温系统设计依据

矿井降温系统设计的主要依据包括：相关规范，矿区气候条件，矿山地温地质资料，矿山设计资料，采掘过程平面图，通风系统图，通风系统阻力及分析数据，井巷穿越岩层的岩石热物理性质（导热系数、比热容、导温系数、密度等），矿井涌水量及水温。

7.5.3.2 主要内容及步骤

矿井制冷降温系统设计的主要内容与步骤为：（1）调查及分析矿井热源；（2）根据实测或预测的风温，确定采掘工作面的合理配风量，并计算采掘工作面需冷量，做到风量和冷量的合理匹配，以减少矿井空调系统的负荷；（3）根据采掘工作面需冷量，并考虑已采取的非制冷降温措施和生产发展情况，确定全矿井所需的制冷量；（4）拟定矿井空调系统方案，主要包括制冷站选址、供冷排热方式、管道布置、风流冷却地点的选择等，通过技术经济比较，确定最佳方案；（5）根据选定的空调系统方案，进行系统设计，包括供冷、排热设计计算，进行设备选型；（6）进行制冷机站（硐室）的土建设计，合理确定设备布局和布置方式；（7）自动监控和安全防护设计，制定设备运行、维护相关制度；（8）概算矿井空调的吨矿成本及其他技术经济指标。

参 考 文 献

[1] 杨德源，杨天鸿. 矿井热环境及其控制 [M]. 北京：冶金工业出版社，2009.

[2] 卫修君，胡春胜. 矿井降温理论及工程设计 [M]. 北京：煤炭工业出版社，2007.

[3] 胡汉华. 深热矿井环境控制 [M]. 长沙：中南大学出版社，2009.

[4] 菅从光. 矿井深部开采地热预测与降温技术研究 [M]. 徐州：中国矿业大学出版社，2014.

[5] 罗海珠. 矿井通风降温理论与实践 [M]. 沈阳：辽宁科学技术出版社，2013.

[6] 严荣林，侯贤文. 矿井空调技术 [M]. 北京：煤炭工业出版社，1994.

[7] 蒋仲安. 矿山环境工程 [M]. 2版. 北京：冶金工业出版社，2009.

[8] 韦冠俊. 矿山环境工程 [M]. 北京：冶金工业出版社，2008.

[9] Howard L. Hartman, Jan M Mutmansky, Raja V Ramani, et al. Mine Ventilation and Air Conditioning [M]. 3rd Edition. John Wiley and Sons, 1997.

[10] 范剑辉. 高温矿井风流热湿交换与热害控制 [M]. 北京：电子工业出版社，2018.

[11] 辛嵩. 矿井热害防治 [M]. 北京：煤炭工业出版社，2011.

[12] 王英敏. 矿井通风与除尘 [M]. 北京：冶金工业出版计，1993.

[13] 中国煤炭建设协会. GB 50418—2017 煤矿井下热害防治设计规范 [S]. 北京：中国计划出版社，2017.

[14] 国家能源局. 矿井热环境测定与评价方法：NB/T 51008—2012 [S].

[15] 谢和平，周宏伟，薛东杰，等. 煤炭深部开采与极限开采深度的研究与思考 [J]. 煤炭学报，

2012, 37 (4)：535~542.

［16］周福宝，王德明，陈开岩．矿井通风与空气调节［M］．北京：中国矿业大学出版社，2009.

［17］吴超．矿井通风与空气调节［M］．长沙：中南大学出版社，2009.

［18］舍尔巴尼 A H．矿井降温指南［M］．黄瀚文，译．北京：煤炭工业出版社，1982.

［19］梅甫定．高温矿井是否进行增风降温的判别［J］．煤矿设计，1992 (4)：9~12.

［20］淮南矿务局九龙岗矿，辽宁省煤炭研究所．淮南九龙岗矿矿井降温试验［J］．煤矿安全，
1976 (5)：14~34.

［21］冯兴隆，陈日辉．国内外深井降温技术研究和进展［J］．云南冶金，2005, 34 (5)：7~10.